AI-메타버스 융합의 기회

AI-메타버스 융합의 기회

초판 1쇄 인쇄 │ 2023년 02월 21일

초판 1쇄 발행 │ 2023년 03월 02일

지은이 │ 정승욱, 한정환

펴낸곳 │ 쇼팽의서재

편집기획 │ 남광희

편집디자인 │ 윤재연

표지디자인 │ 정예슬

출판등록 │ 2011년 10월 12일 제2021- 000253호

주소 │ 서울시 강남구 역삼동 613- 14

연락처 │ 010 4477 6002

도서문의 및 원고모집 │ jswook843100@naver.com

j44776002@gmail.com

인쇄 제본 │ 국인사

배본 발송 │ 출판물류 비상

ISBN │ 979-11-981869-2-8 (03500)

값 │ 22,000원

AI-메타버스
융합의 기회

Artificial Intelligence-Metaverse

정승욱 · 한정환 (내과전문의)

쇼팽의서재

책을 내며

AI와 인재개발

생성형 AI, 즉 스스로 학습하는 인공지능이라는 챗GPT로 전세계가 들썩이고 있다. 그도 그럴것이 묻는 답변에 그런대로 답해주기 때문이다. 아직 극히 초기 모델이고 부정확한 답변으로 오류투성이지만, 조만간 능숙한 AI가 등장할 것이다. AI는 곧 우리 사회 필수품인 시대가 올 것이다. 마치 휴대폰이나 인터넷 없는 시대를 상상할 수 없는 것과 같다. AI의 충격이 어느 정도일지 아직 예측하기 어려운, 그래서 두렵기도 한 AI가 주도하는 미래가 펼쳐질 것이다.

두렵지만 이는 곧 새로운 기회 창출을 의미하며, 전 산업 분야에 대단한 혁신을 가져올 것이 분명하다. 특히 통계와 확률값으로 실험 실습을 하는 건강의료 분야에서 게이체인저가 될 것이 확실하다.

개인 생활은 편리하기 이를데 없을 것이다. 아침이면 기상 시각에 맞춘 스마트 머신이 만들어 준 커피 향기로 졸린 눈을 깨운다. 커피에 물 붓는 소리와 콜롬비아산 커피콩의 감미로운 향기가 뇌를 간지럽히고, 흐릿한 각성감을 가져온다. 머릿속에선 흙향기 같은 풍요로움이 느껴지며 오늘도 하루를 시작한다. "오늘은 3개의 약속과 1개의 중요한 작업이 있어요. 지금 바로 확인해 보지 않겠습니까?"

커피 2잔을 마신 후 데스크에 앉으면 디지털 어시스턴트가 일정을 제시한다. 디지털 어시스턴트는 뇌에 전기 신호를 보내 뇌파를 모니터 해서 나를 업무 최적 상태로 조정한다. 이를 통해 생산성과 창조성을 높일 수 있도록 설계되었다.

지금 세계는 3년여 코로나19로 빚어진 팬데믹과 싸우고 있다. 앞으로 더욱 감염력 강한 신형 바이러스가 인류를 괴롭힐 것이다. 백신은 물론 믿을 만한 치료법도 아직 부족하다. 현대 생활에 빼놓을 수 없는 모든 것들이 폐쇄되거나 대폭 축소되고 있다. 대신 나홀로 업무 내지 재택근무가 일반화 되었다. 그 사이 인터넷의 이용은 폭발적으로 증가하고 있다. 세계적인 위기 대응은 이번이 처음은 아니다. 과거에도 몇번 있었지만, 초현대 시대에 닥친 전염병은 이번이 처음이다.

현재 전염병 퇴치를 위한 가장 중요한 툴의 하나가 AI인 것은 분명하다. AI 플랫폼인 캐나다의 블루닷BLUEDOT의 알고리즘은 이미 동물에서 인간으로 점프할 새로운 바이러스 출현을 예고했다. 현재 신경과학자들은 치료법이나 백신을 찾기 위해 방대한 데이터를 걸러내고 선택하는 머신러닝ML, 딥러닝DL을 활용하고 있다. AI는 패턴의 인식, 가설의 확인과 반증, 트렌드의 예측, 수십 년에 걸친 연구의 정밀 조사 등 기계 학습에 매우 유용하다. AI는 전문 인력보다 훨씬 빠르고 정확하게 수행할 수 있다. 연구자가 수십년간 해야할 계산을 AI는 단 몇초만에 해낸다.

이 책은 인간 뇌(생명지능)과 AI의 차이점에 초점을 맞출 것이다. 아울러 차세대 인터넷이라 불리는 메타버스와의 융합 및 기업 비즈니스 전망에 목표를 두고 있다. 특히 인간 뇌의 생태적 요소가 AI에 어떻게 접목되는지, 그리고 인재 개발에 어떻게 응용되는지 설명할 것이다. 인간 뇌를 모방해 발전하는 AI를 보다 잘 만들고 제대로 활용하기 위해서는 먼저 인간 뇌를 이해하는게 순리이기 때문이다. 과연 인간 뇌의 생물학적 지능은 어디까지 확장할 것인가. 아직 뇌 과학자 심지어 심리학 전문가들조차 인간지능에 관한 통일된 견해가 없다. 다만 추정할 따름이다.

이 책은 간단함과 어려운 문제 두가지를 설명한다. 간단한 문제란, 경험이 감각을 통해 어떻게 뇌에 들어와 의미있는 무언가에 코드화되는 것이다. 이것이 AI를 개발하는 첫 관문이다. 어려운 문제란 감각을 어떻게 조합하면 개개인에게 고유한 경험과 지식으로 축적되어 가는지를 이해하는 것이다.

이 구조가 해명되면 인간과 같은 내면 융합을 가진 지성, 내지 의식을 가진 AI가 탄생할지도 모를 일이다. 칼 세이건은 2002년에 출판한 저서 '코스모스'에서 이 문제를 잘 정리했다. 지성이란 정보분만 아니라 판단력, 즉 정보를 조정하고 이용하는 능력이다. 지성이란 "현실적 환경에 적응하고, 그것을 형성하며, 선택하기 위한 목적의식을 가진 능력"이다.

미국 현지에서 내과전문의로 활동 중인 80대 중반의 본 저자는 1년여 전부터 중견 언론인 정승욱님과 함께, 미국 현지의 첨단 AI 지식을 통해 한국 청년들의 능력 개발에 도움을 주고자 이 책을 펴냈다. 이 책은 2022년 전미과학도서상에 출품했던 작품이다.

2023년 2월 미국 버지니아 연구실에서 한정환

글 싣는 순서

CHAPTER. 1

생명지능과
AI의 차이

인간 뇌의 특성

◆ ◆ ◆

인간 뇌는 어떤 목적을 위해 진화하고 있다. 인간이 갖고 있는 가장 강력한 생존 특성 중 하나는 배우고자 하는 욕구이며, 새로운 것에 대한 매료이다. 사람은 퍼즐 맞추기, 게임, 미스터리, 콘테스트 등에 열중하는 이유는 새로운 것에 대한 열망에서 비롯된다. 뭔가가 해결되면 뇌는 강력한 보상기전을 발동한다. 이를테면 도파민의 분비이다. 도파민이 분비되어 기분을 좋게하고 기쁨을 얻는 것이다. 식사나 운동, 성생활 등 무엇인가에 만족할 때 사람은 그것을 다시 찾는 경향이 강하다. 역시 기쁨을 얻기 때문이다. 도파민이란 물질은 매우 강력해서 중독되는게 보통이다. 한 번 빠지면 더 먹고 더 하고 싶어지는 것은 주로 도파민 때문이다.

뇌는 이 보상 기전으로 생명체가 행동하고 움직이도록 촉구한다. 그 행동의 하나가 학습이다. 무신론자 리처드 도킨스가 역작

'이기적인 유전자'에서 석명하게 해석했다. 인간의 뇌가 어떻게 해서 생존하는 존재로 진화해나왔는지, 그리고 이 단 하나의 특징이 어떻게 인류를 바꾸었는지를 설명하고 있다.

현재 우리는 삶 주변 곳곳에서 고감도의 컴퓨터, 즉 인공지능 AI*의 혜택을 받고 있다. 인터넷 검색 기술도 그 일종이다. 궁금하거나 모르는 것이 있으면 인터넷부터 찾는다. 스마트폰이나 컴퓨터는 답이 될 만한 것들을 자동으로 찾아준다. 따라서 검색의 질적 문제, 즉 퀄리티는 구글이나 네이버, 다음 같은 포털 기업 비즈니스의 생명선이다. 퀄리티를 결정하는 것은 미리 탑재된 검색 알고리즘의 능력이다. AI가 탑재된 스마트폰은 스스로 약점을 생각하고 극복하기 위한 노력을 계속할 것이다.

사진을 입력하면 꽃 이름을 알려주는 인공지능이 있다고 치자. 그런데, 아직 초기 수준인 인공지능은 매화꽃과 복숭아꽃을 제대로 식별할 수 없다. 잘 모르는 사람이라면 "매화꽃과 복숭아꽃의 차이를 모르겠다. 분별하는 요령을 가르쳐 달라"고 할 것이다. 자신의 대답에 자신이 없을 때는 '이게 매화인가요?' 라고 재차 질문하고 스스로 학습한다. 이처럼 자신의 지식을 늘리기 위해 적절하게 질문하는 것은 지금 AI 기술 단계에서는 불가능하다.

현재 AI는 '예상 밖'을 상정하고 있지 않다.(챗GPT 등이 세상에 탄생했다하더라도 아직 불완전하다) 미리 상정되어 있는 질문이나 상황에만 대처할 수 있도록 알고리즘이 구성되어 있다. 예상치 못한 질문에

---

* 인공지능 약자로 AI를 사용할 것이다. 문장 필요에 따라 인공지능 또는 AI로 표기한다.

대해 인공지능은 "모르겠다" 고 답한다. 예상 밖이나 미지의 상황에 닥쳤을 때 사람은 어떻게든 대처해 나가지만, 현 단계의 AI는 그렇지 못하다.

최근 고객응대 업무에서 챗봇이라는 초기 AI가 활약하고 있다. 챗봇은 문자나 음성 질문에 자동 응답해준다. 그러나, 예상 외 질문에 인공지능은 대처하지 못한다. 자신의 약점을 생각해 스스로 질문하고 능력을 향상시키는 AI, 즉 상황 변화에 대처하는 AI는 시간은 좀 걸리겠지만, 곧 출시될 것이다.

사람 지능의 특징은 AI와는 본질적으로 다르다. 이를 '생명지능'이라고 한다. 사람 지능의 현명함, 지성은 어떠한 메커니즘으로 생성되는가. 가장 특징적인 것 하나는 인공지능은 '자동화' 기술이지만, 생명지능은 '자율화'에 있다.

사람의 지능에는 인공지능적인 특징과 생명지능적인 특성이 공존하고 있다. 현재의 AI에는 생명지능적인 특성이 거의 없다. 자동화란 미리 정해진 규칙이나 관행에 따라 일을 진행한다. 생산라인에 일하는 로봇은 정해진 작업을 정확하고 빠르게 구현하는 대표적인 자동화 기술이다. 장기나 바둑과 같은 복잡한 게임도 엄격한 규칙이 있기 때문에 AI를 적용하면 자동화가 가능하다. 반면, 자율화란 자기 스스로 규칙을 정하고 그에 따라 일을 진행한다. 사람에는 못 미치더라도 조만간 자율 작동이 가능한 AI가 곧 나올 것이다.

1000억 개의 뇌 신경세포
하루 20W 전력 소비

◆ ◆ ◆

대뇌피질에서 정보처리를 담당하는 신경세포(뉴런)는 1000억 개 정도로 알려져 있다. 대뇌피질 1㎟에는 직경 10㎛(1㎛=1백만분의 1m) 의 세포가 9만개 정도 채워져 있다. 이처럼 꽉꽉 채워진 신경세포들은 서로 전기신호를 주고받으면서 정보를 처리한다. 정보처리를 위해 뇌는 통상 하루 동안 20W 정도의 에너지를 소비하는 것으로 알려져 있다.

사람의 신체는 대략 65조개의 세포로 이루어져 있는데, 전체적으로 하루 100W(하루 2000kcal)정도 에너지를 소비한다. 체중 60kg의 성인이 100W, 1.5kg의 뇌가 20W를 소비한다면, 뇌의 에너지 효율은 다른 신체 부위에 비해 비교적 많은 에너지를 쓰는 편이다.

반도체 업계에서 '뮬러의 법칙'이 있다. 대규모 집적회로의 트랜지스터수가 일정하게 증가한다는 법칙이다. 1971년 인텔에서 4004마이크로프로세서 2300개의 트랜지스터가 집적된 반도체가 세상에 나왔다. 이후 집적회로 소자(반도체)의 트랜지스터 수는 5년에 두배, 10년에 100배, 15년마다 1000배로 증가한다는 법칙이 있다. 2021년 현재 무어의 법칙은 계속되고 있다.

이제 마이크로프로세서의 집적회로 소자는 대뇌피질이 포함하는 세포 숫자를 따라 잡았다. 노트북은 휴대시 20와트 정도로 동작한다. 기술개발로 인해 PC의 에너지 효율은 해마다 향상되어, 소비 에너지는 뇌와 비슷한 수준에 가까워지고 있다. 게임이나 무거운 계산을 시키면 컴퓨터는 급격히 발열하기 때문에 냉각팬으로 식힌다. 인간 뇌도 일하면 발열한다. 하지만, 사람의 뇌의 경우 풀회전해도 소비 에너지의 증가는 1℃ 정도 상승에 그친다. 뇌는 컴퓨터보다 압도적으로 에너지 절약형이다. 아마도 반도체 엔지니어가 뇌에서 배워야 할 것은 뇌 에너지 절약 기술, 즉 에너지 효율이다.

뇌에는 방열 구조가 없다. 굳이 말하자면 뇌의 냉각액은 혈액이다. 뇌의 온도 환경은 체온 조절로 수행되며, 체온조절은 자율신경계의 작동으로 이뤄진다. 체온이 오르면, 땀을 적극적으로 분비하여 기화열로 체온(혈액의 온도)을 낮춘다. 또한 피부 가까이에 위치한 혈관을 확장하고 혈류량을 늘려 방열을 촉진한다. 열사병은 급격한 수분 부족 등 외부 충격 등으로 인해 이런 시스템이 제대로 작동하지 않아 걸리게 된다. 반대로 추울 경우 대사작용을 활발히 하거나 몸의 떨림으로 몸속 에너지를 만들어내 체온을 올린다. 원숭이나 개의 경우 피부에 털이 있다. 차가운 외기온과 따뜻한 피부와의 거리를 유지하며 단열효과로 체온을 보호한다.

사람의 신경세포에는 아주 복잡한 회로가 존재한다. 신경세포에는 축삭돌기라는 직경 1㎛ 정도의 배선을 통해 다른 세포에 정보를 전달한다. 대뇌피질 1mm³의 뇌에는 약 4km 길이의 축삭돌기가 있다. 뇌 조직 전체 축삭돌기 길이는 뇌 전체를 실측한 연구자는 없지만, 약 10만 km 정도로 추산한다. 지구를 두 바퀴 반 돌아 온 거리에 해당한다고 알려져 있다. 각 세포를 연결하는 축삭돌기와 같은 역할을 하는 컴퓨터 배선은 향후 큰 문제이다. 사람 두개골 정도의 크기에 10만 km이상 배선을 깔아야 한다. 지금 기술로는 불가능하다.*

---

* 신경세포(뉴런) : 뉴런은 정보 전달에 특화된 세포이다. 한 신경 세포에서 긴 축삭(신경 전달 물질의 투사)과 복잡하게 분기된 수상돌기(신경 전달 물질의 수용)로 이뤄지며, 복잡한 신경망을 형성한다. 신경세포 1개 당 약 10,000 개의 수상돌기가 붙어있으며, 핵, 미토콘드리아, 리소좀 등이 신경세포막으로 둘러쌓여 있다. 축삭은 정보를 보내는 단일 돌출부이며, 수상돌기는 정보를 받는다. 정보 수신이 없는 수상돌기는 사라진다. 가장 많은 정보입력을 받는 수상돌기가 분기를 증가시켜 더 효율적인 신경망을 형성한다. 각 뉴런은 10,000개의 뉴런과 정보 교류한다. 신경세포는 전기 흐름으로 정보를 전송하고 신경세포와 신경세포 사이의 시냅스 연접부를 통해 교감한다. 신경교세포는 신경계를 구성하는 세포는 아니지만, 영양분을 공급하고 신경세포에 자신의 위치를 고정시키며, 체내외부의 환경적 요인의 변화에 관계없이 생체의 상태가 일정하게 유지되는 성질(항상성)을 유지하는 역할을 한다.
시냅스 : 신경 세포 사이를 연결하는 연결 창구이다. 전기신호가 신경세포의 축삭에 전달되면, 신경 전달 물질에 싸인 시냅스는 시냅스 전막(스냅스 소포막)에 닿고, 칼슘 이온 채널이 열려, 칼슘이 주입되고, 축삭 끝의 시냅스 소포막과 세포막이 융합된다. 이어 시냅스 소포의 신경 전달 물질이 방출되고, 정보는 수상돌기 수용체에 흡수되어 전달된다.
시냅스의 소포 크기는 약 50nm이고 정보 전달 시간은 약 0.1 ~ 0.2 밀리초이다.

뇌 조직 축삭돌기
길이는 10만 km

◆ ◆ ◆

배선 길이는 모두 합쳐봐야 1000km 정도이다. 수퍼컴에 내장된 손톱만한 반도체를 트랜지스터로 환산하면, 60조개이며, 수퍼컴의 소비 전력은 무려 10MW(1MWh=1000kw)를 넘는다. 예나 지금이나 수퍼컴퓨터의 배선은 골칫거리다. 그러나, 인간 뇌의 배선 길이에 비하면 아주 귀여운 수준이다. 대뇌피질 배선, 즉 축삭돌기의 길이는 앞에서도 설명한 수준의 이상이다. 뇌 속 신경회로나 수퍼컴의 회로는 유선으로 정보 전달이 이뤄진다. 그러나, 두 회로에는 큰 차이가 있다. 축삭돌기가 다른 신경세포와 맞닿아 있는 부위가 시냅스(정보전달 창구)인데, 여기서 신경세포 간의 정보전달이 이뤄진다. 하나의 신경세포에는 시냅스가 보통 1만개 정도 연결되어 있고, 또 하나의 신경세포는 1만개의 신경세포로부터 입력을 받는 동시에 1만개 신경세포로 출력하는 셈이다.

디지털 세계에서 '팬인-팬아웃'이라는 용어가 있다. 다른 말로 하면, 입력 용량과 출력 용량을 일컫는다. 단순 계산하면 팬아웃이 많을수록 출력용량이 커져 수퍼컴퓨터의 능력을 높이는데 유리할 것이다. 그러나, 팬아웃, 즉 출력은 정격 전압 때문에 높일 수 없다. 수퍼컴 등 디지털 회로에서 만일 뇌 수준 정도로 출력을 높인다면 정격 전류를 초과해 터져버릴 것이다. 그리고, 인간 뇌처럼 1만개 정도의 '팬인-팬아웃' 소자를 1000억 개 정도 연결한다면 배선은 그야말로 방대해지기에 물리적으로 불가능하다. 현 기술 수준으로는 불가능하다. 인간의 신경회로와 수퍼컴 전자회로는 근본적으로 다르다는 의미다.

　신경회로 내 신호 흐름을 생각해보자. 신경세포 한 개 당 약 1만개의 시냅스가 존재한다. 1만 개의 다른 신경세포에 시냅스가 결합되어 있으면, 1억개의 신경세포에 접속되는 셈이다. 대뇌피질의 신경세포는 1000억개 이상으로 알려져 있다. 한 신경세포가 신호를 출력한 후 3회 정도의 신호 전달을 거치면, 바로 자신의 원래 신호로 돌아온다.

　이를 인간사회와 비교해보자. 만일 SNS를 하는 사람에게 1만 명의 팔로워가 있다면 세상의 어떤 사람과도 두 사람만 통하면 자신에게 되돌아오는 이치와 유사하다. 이러한 '재귀적인 결합'(한 번 나간 정보가 다른 소자로 처리된 후 다시 자신에게 돌아옴)의 신경회로 모델은 인공지능 분야에서 오래전부터 연구되고 있다.

AI에 필요한
뉴로모픽 반도체

◆ ◆ ◆

　인간의 뇌 용량은 2L가 채 안 된다. 하지만 어떤 초대형 수퍼컴보다 빠른 지각 능력을 갖고 있다. 지각 능력은 시각 등의 정보를 빠르게 처리해 종합 판단하는 능력이다. 컴퓨터의 경우 계산 능력은 월등하지만 이런 능력은 인간을 따라가지 못한다. 이유는 인간 뇌와 컴퓨터가 사고하는 방식이 다르기 때문이다. 하지만, 미래 컴퓨터 모습은 점점 인간 뇌에 가까워질 것이다. 현재 인간 두뇌를 모방한 획기적인 컴퓨터 칩이 개발중이다.

　IBM은 컴퓨터와 스마트폰에 쓰이는 반도체 칩과 달리 인간 뇌를 닮은 반도체 칩, 즉 뉴로모픽칩Neuromorphic chip을 개발, 이를 '트루노스True North'라고 이름을 붙였다. 인텔과 퀄컴 등도 뉴로모픽칩을 개발했다고 발표했다. 하지만, 실험실 수준이 아닌 양산 가능 형태로 이런 칩을 만든 기업은 IBM이다.

1000억 개 이상 인간 뇌 신경세포는 약 100조 개의 시냅스 Synapse를 통해 복잡하게 연결돼 있다. 뇌 신경세포는 시냅스를 통해 전기 신호를 주고 받으며 정보를 처리하고 저장한다. 하나의 정보를 여러 개의 뉴런이 나눠 맡아 처리하고 시냅스 연결도 가변적이다. 일을 많이 하는 뇌 부위는 시냅스 연결이 늘어나고, 일을 안 하는 부위는 연결이 사라진다. 이런 효율적인 구조 때문에 에너지 소모를 최소화하며 대용량 정보를 고속 처리하고 저장할 수 있다.

반면, 컴퓨터는 이와 반대다. 정보 처리 칩CPU과 저장 칩(메모리)으로 나뉘어 있다. 1945년 수학자 요한 폰 노이만은 '폰 노이만 방식'을 고안했다. 컴퓨터는 CPU로 데이터를 처리한 뒤 메모리에 보내 저장한다. 저장된 데이터가 필요할 땐 다시 메모리에서 CPU로 불러온다. 이렇게 순차적으로 정보 처리를 하다보니 CPU와 메모리 사이에 '병목 현상'이 생겨 속도가 느려진다. 컴퓨터가 사용할수록 느려지는 원인이다.

이세돌 9단과 바둑 대국에서 승리한 구글의 AI 알파고엔 결정적인 약점이 있다. 구동하는데 엄청난 전력이 필요하다는 사실이다. 알파고는 1200개의 중앙처리장치CPU와 176개의 영상처리장치GPU, 그리고 920테라바이트TB의 기억장치를 갖추고 12기가와트GW의 전력을 소모한다. 일반 성인이 식사하는 데 소모하는 에너지가 20W인 점을 고려하면 알파고의 전기 효율은 너무 원시

뇌의 뉴런구조를 제현한 뉴로모픽 반도체

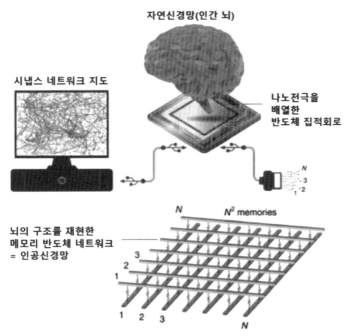

나노전극이 측정한 전기신호를 연결해 시냅스 네트워크 지도(모니터 내부)를 만든다. 이어 나노전극이 측정한 전기신호를 메모리반도체에 거의 그대로 붙여 넣어 뇌 구조와 유사한 반도체를 구현할 수 있다.

적이다. 알파고와 같은 고성능 컴퓨터를 일상적으로 구현하기 위해서는 인간 뇌와 유사한 저전력 고효율 반도체가 나와야 한다.

현재 컴퓨터는 CPU가 프로그램의 연산을 실행하고, D램과 하드디스크드라이브가 저장을 맡는다. 지금까지는 반도체의 구조와 크기를 줄이는 데 주력했다. 하지만 이런 방식은 속도와 효율에서 한계점에 직면해 있다. 그래서 인간 뇌를 약간 닮은 뉴로모픽 반도체를 개발해냈다. 별개로 작동하는 CPU와 메모리를 사람의 뇌처럼 합쳐보는 방식이다.

뇌 신경세포는 서로 연결된 시냅스를 통해 신호를 전달한다. 사람의 두뇌는 1000억 개의 신경세포(뉴런)를 100조 개의 시냅스가 연결하고 있다고 앞에서 설명했다. 뉴런은 전기 자극을 통해 정보를 전달하고, 시냅스는 도파민·세로토닌 등 신경 전달물질을 통해 뉴런 간 정보를 교환한다.

뇌 신경세포끼리 신호를 주고받는 방식과 거의 유사하게 반도체를 만든다면, 전력 소모를 크게 줄이면서 대용량 데이터 처리가 가능해진다. 이론적으로 뉴로모픽 반도체는 현재 반도체가 소비하는 에너지보다 최대 1억 분의 1 정도를 소비하면서 작동할 수 있다. 인간 뇌는 기억·연산·학습·추론 등 다양한 행위를 동시에 수행하면서도 소비 전력은 20W에 불과하다.

2025년이면 미국, 한국 등 반도체 선진국이나 글로벌 기업들은 뉴로모픽 반도체의 상용화 초기 단계에 진입할 수 있다고 한다. 이렇게 되면 자율주행차·스마트기기 등 충전식 전력을 사용하는 이동형 기기의 소비 전력량이 보다 효율적으로 줄일 수 있다.

딥러닝은
뉴럴 네트워크의 일종이다

◆ ◆ ◆

AI 관련 저작물에는 항상 복잡하게 생긴 뉴럴 네트워크Artificial Neural Network(인공 신경망)가 등장한다. 뉴럴 네트워크는 AI 연구의 날개가 되어 준 기술이다. 뉴럴 네트워크란 말그대로 뇌 신경구조를 복사한 인공 신경망이다. 뇌의 신경을 닮았기에 사람처럼 생각하는 힘을 갖게 될까? 그럴 수 없다.

뉴럴 네트워크는 생각하는 특성보다는 기억을 잘 하는 특성을 갖고 있다. 데이터 사이의 연관 관계를 기억하는 데 사용된다. 데이터 사이의 연관 관계를 나타내는 수식을 찾아낼 수 있다. 뉴럴 네트워크, 즉 인공신경망은 인간 뇌 신경세포를 모방하여 수학적으로 모델링한 것이다. 바로 딥러닝의 개념의 출현이다.

딥러닝은 새로운 개념이 아니다. 딥러닝은 인공신경망의 한 종류이며, 인공신경망의 여러 한계점을 극복하여 문제를 해결하는

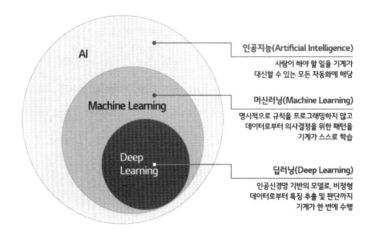

출처 : LG CNS

알고리즘이다. 데이터를 학습시켜 분류 및 예측의 최적화를 구현하는 머신러닝의 한 분야이다. 머신러닝은 기계에 방대한 분량의 데이터와 그것을 처리하기 위한 모델을 제시하고 훈련시키는 컴퓨터 학습법이다.

반면, 딥러닝은 데이터를 입력받아 스스로 학습하고 훈련하는 과정을 인공신경망에 구현하는 것이다. 다시 말해 기계가 직접 데이터로부터 결과 도출을 위한 의사결정을 하고, 이를 스스로 추출하는 과정이다. 뇌의 초보적인 단계로 볼 수 있다. 머신러닝에서는 주로 정형 데이터를 다루는 반면, 딥러닝은 이미지나 음성, 영상 같은 비정형 데이터를 주로 처리한다.

딥러닝을 이용한 방법은 자연어 처리(말을 글로 표현하는 행위), 이미지 처리 등 다양한 분야에서 유용한 결과를 도출할 수 있다. AI가 스스로 학습하면서 학습 목적에 맞는 데이터의 비선형적(비대칭적) 특징을 추출하여 추정해내는 유형이다. 이를 표현학습이라고 한다. 종합하면, AI 스스로 인공신경망을 통해 학습하여 사물의 특징을 알아내고, 관련 정보도 연결시키는 능력이다. 최근 선풍을 일으키고 있는 챗GPT가 바로 딥러닝 기반의 인공지능이다. 이에 대해 뒤에 자세히 설명할 것이다.

기존 머신러닝ML의 경우, 사람(분석자)이 사물이나 과제에 관한 데이터를 입력하면 ML이 분석하는 형태이다. 반면, 딥러닝은 데이터로부터 단순한 특징을 추출하고 상위층으로 갈수록 하위층에서 추출된 특징들을 조합하여 추상적인 특징들을 추출해낸다. 이는 뇌의 학습 유형과 유사하다. 추상적 특징을 추출하는 과정을 통해 표현학습이 가능해지면 인간 사회에서 그 쓰임새가 그야말로 다양해질 것이다. 특히 데이터 처리와 분석 및 예측에는 최적이다.

인간의 두뇌를 구성하는 신경세포 즉, 뉴런Neuron의 동작 원리를 모방하여 만든 모델이 인공신경망이라고 앞에서 설명했다. 인공신경망을 좀더 이해하기 위해 과거 뉴런의 작동 원리를 이해할 필요가 있다.

앞에서 설명했지만, 뇌는 1000억 개 이상의 뉴런이 100조 개 이상의 시냅스로 병렬 연결되어 있다. 뉴런은 수상돌기Dendrite를 통해 다른 뉴런으로부터 신호를 받아(입력신호) 축삭돌기^{Axon*}을 통해 다른 뉴런으로 신호를 내보낸다. 입력신호가 모여 일정 용량을 넘어설 때 출력신호가 일어난다. 인공신경망의 장점은 과거의 통계학적인 분석법에 비해 수학적으로 해결이 어려운 복잡한 문제를 짧은 시간 안에 해치운다. 다만, 입력 데이터의 품질에 따라 결과가 달라진다.

---

* 축삭돌기(Axon) : 축삭, 축색, 축색돌기 등으로 불린다. 미국과학진흥협회www.eurekalert.org 논문에 따르면 모든 세포는 미토콘드리아에서 생성되는 ATP로 에너지를 만들어 쓴다. 뇌의 신경세포(뉴런)는 다른 유형의 세포보다 훨씬 더 많은 ATP가 필요하다. 최고 1m인 기다란 축삭돌기를 따라 미토콘드리아가 촘촘히 배치된 것도 수시로 올라가는 에너지 수요를 맞추기 위해서다. 중추신경계의 희돌기교세포는 축삭돌기를 감싸서 보호하는 역할을 한다.

디지털 신경망의 개념

사람이 깨어 있는 동안 눈은 쉼없이 전기를 생성한다. 안구 뒤의 망막을 구성하는 수만 개의 작은 세포들이 빛을 무수한 펄스(전기 신호)로 바꾼다. 이 전기 신호는 축삭돌기를 따라 전달된다. 축삭은 시신경이라 불리는 장소에 모여 있다가 다른 신경세포에서 뻗어나온 수상돌기들과 만나 전기신호, 즉 정보를 전달한다. 이런 작용을 반복하면서 또 다른 신경세포로 들어가 다시 더 많은 펄스를 생성한다.

이런 작용은 모든 감각 기관에서 비슷하게 벌어진다. 입 안의 화학물질은 모스식 전신 부호로 변환되어 뇌로 전달된다. 냄새, 촉감, 소리, 열, 고통, 평형감각, 팔다리의 위치 감각, 방광이 꽉 찼다거나 위가 비었음을 알려주는 감각들… 신경세포에서 전기신호로 변환된 다음, 축삭돌기를 통해 뇌 속의 다른 신경세포들로 전달된다. 들어오는 전기가 있으면 나가는 전기도 있다. 전기 신호는 축삭돌기를 통해 뇌에 전달되고 뇌는 지령을 내려 근육을 움직인다. 이를 통해 호흡, 움직임, 환호, 달리기 등등… 인간 행동의 근본이 된다.

사람의 신체는 우주에서 가장 정교한 전기 설비망이라고 해도 과언이 아니다. 신경세포의 묶음, 즉 신경 계통의 배선은 지구상의 모든 전기 설비를 합친 것보다 더 복잡하다.

몸속에서 대부분의 신호 체계는 출생 후 2, 3년 내에 완료된다. 뇌 신경세포는 이미 자궁 속에서 수상돌기를 뻗는다. 이미 산모 자궁 속에서부터 성장하고 있다. 식물이 빛을 찾아 가지를 뻗는 것처럼, 축삭돌기는 태아가 분비한 화학물질을 따라 각 신체의 올바른 부위를 찾아간다. 이를 테면 망막에서 자라는 신경세포는 뇌의 시지각 중추를 찾아가는 식이다.

뇌 신경세포들은 훨씬 복잡하게 연결된다. 출생 직후 시냅스는 한 신경세포 당 2500개에서 1만8000개로 급증한다. 이후 5년간 뇌 속 신경세포는 가지를 뻗거나 불필요한 것들은 사라진다. 두 살 무렵 출생 당시와 비교해 약 60% 수준의 연접 부위(시냅스)만 남는 것으로 추정한다. 이처럼 뇌는 스스로 쓸모없는 연결 부위를 가지치는 방법으로 없앤다. 마치 건설 현장을 연상시키듯이 다리를 건설한 다음 불필요한 장치를 제거하는 식이다.

최근 연구에 따르면, 극한적 환경에 처하면 인간 뇌는 연접 부위의 수를 갑자기 늘린다. 이후 상황 종료 후엔 불필요한 것들을 쳐낸다고 알려져 있다.

대개 뇌는 정상적이고 만족스러운 활동에 필요한 복잡한 방법들을 아주 잘 수행해 낸다. 뇌는 사람이 학습 능력, 기억 능력, 새로운 환경에 적응하도록 능력을 부여한다. 이제 이 회색 물질에 관한 마지막 문제를 제기할 때이다.

신경세포들로 구성된 이 똑똑한 신경망은 어떻게 작동하는가? 그 작은 신경세포들 모두에게 어떤 일이 벌어지고 있는가? 그들은 어떻게 학습이나 기억이나 그 밖의 일들을 수행하는가?

사람의 뇌는 주식회사에 비유할 수 있다. 주식회사에는 많은 수의 직원으로 구성되고, 한 사람이 전체를 통솔하지 않는다. 경영관리는 엄격한 계급구조 아래 이루어지지만, 모두가 민주주의를 믿는다. 회사의 고객들은 감각과 근육이다. 직원들과 여러 층의 상사들은 신경세포들이다. 방금 회사가 수행한 것은 회사를 위험에서 구해내는 업무이다. 업무는 간단하지만 그에 필요한 계산은 엄청난 양이다. 신경세포는 이런 종류의 일에 독보적이다. 신경세포의 계산 능력이 탁월한 데에는 몇 가지 이유가 있다.

첫째, 신경세포의 배선은 계급구조 망으로 되어 있다. 마치 사다리 타기에 비견된다. 하나의 정보가 계급 구조의 망을 따라 위로 전달되면, 그곳에서는 정보를 요약하여 다음 단계로 올라간다. 결국 확인 가능한 어떤 물체를 인식하거나 판단한다. 이 처럼 각각의 신경세포는 극히 간단한 신호만을 처리한다. 그 신호들이 의미하는 정보는 갈수록 구체적으로 요약된다. 그리고 신경세포들은 서로 망상으로 연결되어 있기에, 현재 요약중인 정보를 다른 정보와 통합할 수 있다. 필요한 정보를 기억 또는 감각 정보의 형태로 제공받을 수 있다. 단순한 신경세포들이 모여 매우 영리한 일들을 해낼 수 있는 것은 이처럼 계급구조 망으로 이뤄져 있기 때문이다.

사람의 뇌는 '방대한 병렬식'이다. 한 번에 한 가지 명령만을 수행하는 컴퓨터와는 달리, 신경세포는 수억 개가 동시에 활동한다. 심장을 뛰게 하고, 폐를 작동하고, 바른 자세를 유지하고, 머리를 돌게 하고, 눈을 움직이는 등의 수많은 일은 신경세포의 계급구조 망으로 처리된다. 특히 뇌의 결정 양식인 사다리 구조 또는 계급구조망은 스스로를 정밀하게 조정하는 장점이 있다. 귀를 통해 어떤 소리를 듣는 경우, 신경세포는 각자의 상사, 즉 윗 단계에 보고한다. 두 신경세포가 상사에게 서로 다른 보고를 올리는 경우, 윗 단계는 기본 학습된 지식을 토대로 '모'아니면 '도'식으로 판단한다. 뇌는 이처럼 우주에서 가장 큰 계급구조 망으로 연결된 방대한 병렬식 신경세포들이 동원되어 결정한다. 또 한편으로 사람의 뇌에는 별도의 세계가 있다. 전문화된 중추들이다. 신경망 속에는 서로 무관하게 활동하는 더 작은 망들이 있다. 이를 테면 시각 능력, 냄새, 언어 등을 전담하는 부위들이 이런 부류이다. 따라서 사람의 몸 속 신경망은 하나로 연결된 거대한 그물만이 아니다. 마치 뇌 주식회사 안에 수많은 부서들이 있는 듯하다. 여기서 디지털 신경망 개념이 나온다. 디지털 신경망이란 무엇인가?

뇌는 거대한 주식회사

    뇌 신경 연구자들이 뇌질환자 뇌에 전기 자극을 가했다. 전류를 가하는 부위에 따라 환자는 팔다리를 떨거나, 맛을 느끼거나, 신경질적으로 웃는 등의 반응을 보였다. 오늘날의 실험 방식은 훨씬 더 부드럽다. 신경학자들은 환자들의 뇌 활동을 측정하기 위해 뇌 스캐너를 이용한다.

    뇌는 여러 부위들뿐 아니라 여러 층으로 이루어져 있다. 척추와 뇌가 만나는 뇌의 중심부는 후뇌라 한다. 이 가운데 척수라 불리는 부위는 호흡, 심장과 혈관 활동, 삼키기, 토하기, 소화 작용을 제어한다. 소뇌라 불리는 이 부위는 운동과 자세를 감지하고 조절하는 일에만 전념하는 신경세포들의 연결망이다. 뇌 속으로 더 깊이 들어가보면 중뇌가 있다. 중뇌는 청각과 시각 정보와 같은 감각 정보를 불러들이는 첫 도착지이다. 더 앞으로 가면, 시상, 시상하부, 종뇌 등의 부위들이 가득 들어찬 후뇌가 있다. 그 앞에는 대부분의 다른 부위들을 감싸고 있는 대뇌피질이다. 대뇌피질에는 4개의 뇌엽이 있다. 전두엽(이마에서 약간 아래쪽)은 학습과 계획, 심리적 과정 등을 맡는다. 후두엽 (뒤통수 쪽)은 시지각을 담당한다.

뇌는 아주 복잡하다. 각 부위의 이름은 발음조차 어렵다. 왜 대뇌피질은 바깥쪽에 있고 소뇌는 뒷쪽에 있는가? 왜 시 지각 중추는 간뇌에 있는가? 눈과 가까운 머리 앞쪽에 있는 것이 더 유용하지 않을까?

이는 왜 손가락은 세 개가 아닌 다섯 개인가, 왜 갈비뼈나 척추골이나 이빨은 하필 그 숫자인가를 묻는 것과 같다. 사람이 현재 살아가는 방식을 보면 모르지만, 지구상에서 오랫동안 진화해 온 방식과 더욱 밀접하게 연관되어 있다.이름하여 '창조적 진화'라고 할 수 있다.*

---

* 대뇌피질 : 대뇌피질의 뉴런(신경세포) 수는 100억~180억 개로 알려져 있다. 침팬지 약 80억 개, 붉은털 원숭이는 약 50억 개로 추산한다. 인간 소뇌에는 1000억 개 이상의 뉴런이 존재한다. 따라서 중추신경의 전체 뉴런 수는 1,000억 ~ 2000억 개 추산한다. 몸이 성장함에 따라 신경세포 연결망도 성장한다. 보통 10대 후반까지 성장한다. 성장은 시력, 청력 및 자연 감각의 순서로 성장하며, 대개 4살 무렵부터 성장해 운동과 언어 (운동 피질 및 언어 피질)와 관련된 부분과 판단 및 계획을 통제하는 영역(전두엽) 순서로 성장한다. 최근에는 운동, 반복 및 연속성을 통해 새로운 신경망이 형성된다는 연구 결과가 있다. 즉 사람은 학습으로 성장할 수 있다는 말이다. 뇌를 연구하면 어릴적부터 천재교육이 가능할 수 있다.

AI와 디지털 신경세포

　AI는 기계 지능이다. 향후 인류는 AI라는 기계를 통해 디지털 세계를 창조할 것이다. 컴퓨터에게 지능적인 행동을 시키고 싶을 때에는 디지털 신경세포를 이용한다. 디지털 신경세포란 뇌 속의 신경세포와 똑같이 기능하고, 똑같은 신경망을 이루도록 설계된 것이다.

　AI는 앞으로 디지털 뇌로 존재하며, 학습, 예측, 신분 확인, 제어, 기억을 포함한 수백 가지 일들을 수행할 것이다. AI에 탑재되는 디지털 신경세포는 뇌 속의 개별 신경세포처럼 작동할 것이다. 디지털 신경세포도 입력신호의 합이 한계를 넘을 때 발화한다. 컴퓨터 내부의 디지털 신경망은 비록 인간 뇌에서 영감을 받은 것으로, 일종의 뇌 모조품이다. 디지털 세계 내부에 존재하는 신경망은 기초적으로 생물학적 뇌와 똑같은 과정을 따른다. 그래서 디지털 뇌라는 이름으로 불릴 수 있다. 앞으로 디지털 신경세포는 어떤 일을 할까?

사람의 신경세포에는 세 개의 중요 부분이 있다. 세포체, 축삭돌기, 수상돌기가 그것이었다. 디지털 신경세포도 그와 비슷한 구조이다. 세포체에 하나의 출력부와 다수의 입력부가 있다. 각각 축삭돌기와 수상돌기에 해당한다.

디지털 신경세포는 출력부와 입력부를 통해 신호를 보내거나 받는 대신, 0이나 1 같은 신호를 꾸준히 송출하고 감각기나 다른 신경세포들로부터 그와 비슷한 신호를 받는다. 이는 사람의 신경세포가 내보내고 받아들이는 구조와 유사하다. 이것이 대표적인 디지털 신경세포이다. 사람의 뇌 역시 0이나 1로 된 수많은 입력물과 출력물을 받는다. 디지털 신경망에 사용되는 연결 방식에는 크게 두 종류가 있다.

피드포워드feedforward: 실행에 옮기기 전에 결함을 미리 예측해 행하는 피드백 제어 방식과 회귀recurrent방식이다. 피드포워드 망은 신경세포를 오직 앞 방향으로만 연결시킨다. 망막의 신경들처럼 말이다. 맨 앞의 신경세포 층은 다음 층과 연결되고, 다음 층은 다시 그 다음 층과 연결되는 방식이다. 어떤 신경세포 층도 이전 단계의 신경세포 층과는 연결되지 않는다. 그래서 피드포워드라는 명칭이 붙었다. 반면, 회귀식 (또는 피드백) 망은 어떤 신경세포와도 연결된다.

앞에서 인간의 뇌가 하나의 거대한 신경망만이 아니라고 설명했다. 여러 부위들이 기능에 따라 분화되어 별도로 움직이는 독특한 구조이다. 뇌는 여러 부위들이 기능에 따라 분화되어 있다. 인간 뇌가 분업화된 여러 부위로 구성되어 있듯이, 로드니의 '로봇뇌'도 독립된 과제를 수행하는 독립된 회로와 뇌로 구성되어 있다. MIT의 로봇공학 교수였던 로드니 브룩스는 포섭 구조를 적용하여 전혀 새로운 형태의 로봇 뇌를 개발했다. 병렬식으로 작동하는 로봇뇌는 다수의 처리기가 다수의 감지기를 동시에 검사하고 다수의 행동을 제안하는 방식이다.

로드니 브룩스가
개발한 로봇 뇌

◆ ◆ ◆

포섭 구조를 이용하여 개발된 최초의 로봇 이름이 '앨런'이다. 앨런에게는 세 개의 간단한 제어층으로 구성된 디지털 뇌가 있었다. 첫 번째 층은 음파 탐지기다. 어떤 것이 너무 가까이 접근하면 앨런은 안전 거리 밖으로 이동하거나, 어떤 물체를 보면 그 자리에 정지했다. 두 번째 층은 첫 번째 층을 포섭했다. 즉 10초마다 주변을 무작위로 배회하고자 하는 욕구가 내장되었다. 장애물을 피하는 첫 번째 층이 활성화된 상태에서 앨런이 물체에 너무 가까이 접근하면 두 번째 층에 의해 운동 방향이 새롭게 규정된다. 세 번째 층은 로봇으로 하여금 먼 장소들을 찾고 그 장소를 향해 나아가도록 했다. 세 번째 층도 나머지 두 층을 포섭하여 운동 방향을 규정했다. 결국 앨런의 뇌는 독립된 세 과정 '어떤 물체에도 부딪히지 말라', '탐험하라', '목표를 향해 전진하라'에 의해 창출된다. 이 세 과정이 병렬 작용한다. 이를 통해 앨런은 장애물을 돌아 목적지에 도달하는 영리한 '길 찾기'를 수행한다.

로드니의 로봇 뇌에는 서로 다른 과정들이 담겨 있다. 각 과정은 독립적으로 작동하면서 다른 과정의 효과를 압도하거나 그에 영향을 미칠 수 있다. 병렬식으로 존재하는 다수의 과정들이 자기 자신의 일을 동시에 수행하는 덕분에 로봇 뇌는 빠르고 적응력이 높다.

인간 같은 로봇 뇌 등장할까

1968년에 나온 영화 '2001:스페이스 오디세이'에서는 로봇이 우주선을 조정하여 목성까지 날아간다. 이어 과학자들은 모두 이제 곧 인간이 하는 모든 일을 기계가 하게 될 것이라 예측했다. 그러나 1970년대 이르러 예상이 빗나가기 시작한다. 체스를 두는 기계는 오직 체스만 둘 뿐, 그 외의 일은 전혀 할 수 없었다. 당시 가장 진보한 로봇이라 여겨졌던 '샤키'도 낯선 환경에서는 길을 잃었다. 그러나, 컴퓨터의 계산 능력은 꾸준히 향상됐고, 80~90년대를 거쳐 2020년대 이르러 AI는 다시 중흥기를 맞고 있다. 우리 생전에 터미네이터처럼 마음, 즉 의식을 가진 AI를 만날 수 있을까.

현재 AI는 적어도 두 가지 문제에 직면에 있다. 인식과 상식이다. 사람은 오만가지 물체를 아무런 노력없이도 자연스럽게 인식한다. 반면, 로봇은 온갖 데이터를 입력해 주어야 비슷한 길 찾아 낸다. 인간 뇌는 물체의 방향이나 거리가 달라져도 인식하는데 문제가 없다. 로봇은 엄청난 연산을 거쳐야 비슷한 물체를 인식한다. 로봇에게는 상식이 없다. 인간 세계에서 당연한 것도 당연하게 인식하지 못한다. 인간사회 상식에 대한 방정식이 만들어지지 않는 한 로봇은 인간의 상식을 따라올 수 없다. 이를테면 비가 오면 기온이 내려간다. 노인은 젊은이보다 나이가 많다 등등….

인간 뇌가 컴퓨터와 비슷하다는 가정은 맞지 않다. 인간 뇌는 컴퓨터가 아니라 고도로 복잡한 신경망 네트워크다. 디지털 컴퓨터, 즉 디지털 신경망은 고정되어 있지만 뇌 신경망은 새로운 일을 습득할 때마다 신경세포 연결이 개선되고 강화된다. 사람의 뇌에는 프로그램이나 운영체제가 없고, 중앙처리장치도 없다. 대신 뇌 신경망은 하나의 목적(학습)을 이루기 위해 수백만 개의 신경세포가 동시에 활성화된다.

로드니 브룩스 교수는 현재 시행착오를 통해 새로운 기술을 습득하는 지능형 로봇을 제작하고 있다. 인섹토이드와 버그봇은 물체에 수시로 부딪히면서 비행기술을 익혀나간다. 화성탐사로봇 큐리오시티와 오퍼튜니티는 지금도 화성 표면을 돌아다니며 임무 수행 중이다. 인간의 형상을 하고 있지 않지만 분명 딥러닝 기술(스스로 학습)이 장착된 컴퓨터들이다. 모기의 뇌 속 뉴런은 불과 수만 개에 불과하지만, 어두운 공간을 아무런 불편없이 비행한다. 하지만, 로봇 뇌가 이 정도로 움직이려면 수많은 연산이 가능하도록 알고리즘을 만들어 탑재되어야 한다.

AI를 연구하는 학자들은 인식의 핵심을 감정이라고 했다. 감정 중추가 손상된 환자들을 보면, 아주 단순한 선택을 해야할 때조차 결정을 내리지 못한다. 감정이 없다면 무엇이 중요하고 무엇이 사소한지 결정할 수 없다. 그러나, 로봇에게 감정의 알고리즘을 장착하기란 쉽지 않다. 감정은 종종 비논리적인데 반해, 로봇은 논리의 최상급인 수학에 의존하기 때문이다. 로봇에 감정이 추가되면 곧바로 윤리적 문제가 발생한다. 동물에게 고통을 주는 것이 비윤리적이라고 생각하는 것처럼 로봇의 권리에 대해서도 기준이 정해져야 한다.

이런 문제가 발생할 수 있다. 만약 로봇의 주인이 사회적 통념에 벗어난 도덕관을 지녔다면 어떻게 할 것인가. 결국 법정으로 갈 수밖에 없다. 로봇은 언제든 해로운 존재로 돌변할 수 있다. 그러면 인간의 능력을 뛰어넘어 인간을 노예로 삼고 지배하게 될 것이라는 공상적 스토리가 나온다. 로봇이 사람을 능가할 것이라는 전제 아래 두려움을 투사하는 것이다. 로드니 브룩스는 이렇게 말한다.

"로봇공학과 신경 보철 기술이 충분히 발달하면, 우리 몸속에 인공지능을 직접 이식할 수 있다. 이 과정은 이미 시작되었다. 똑똑한 로봇을 두려워할 필요없이 우리도 그들처럼 변하면 된다."

인간과 같은 두뇌를 가진 기계를 만드는 것이 얼마나 어려운 작업인지 두뇌 역설계 과정을 보면 알 수 있다. 뇌의 신경망을 트랜

시스터와 철로 만드는 작업은 실제로 도전 중이다. 그러나, 아무리 괴물같은 컴퓨터로 유사 뇌를 만든다 한들 아직 불가능에 가깝다. 엄청난 면적과 전기 에너지는 어떻게 해결할 것인가.

가장 적은 수의 뉴런을 가진 초파리나 선충의 뇌를 보자. 극미세 동물의 뇌 하나만 완벽하게 설계하려고 해도 거의 한 도시의 면적과 에너지가 필요하다. 인간 뇌는 순전히 기계같으면서도 인간 기술로 따라잡기에는 여전히 머나먼 신비의 세계이다.

뇌를 이해한다는 것은 까다로운 문제이다. 그러나, 과학기술은 발전하고 있다. 뇌는 신경세포의 이용을 생각하고 학습한다. 신경세포들로 이루어진 수많은 신경망들은 각각 여러 계층의 직원과 상사들로 구성된 주식회사처럼 작동한다. 또한 뇌에는 여러 부위가 있고, 이 부위들은 건물이 증축되듯이 학습과 진화에 의해 서서히 추가된 것들이다.

디지털 뇌는 인간 뇌보다 훨씬 간단하다. 디지털 뇌는 보통 컴퓨터의 디지털 세계 안에 있다. 디지털 신경망에는 피드포워드와 회귀식이 있다(앞에서 설명했다). 이 신경망은 학습할 줄 안다. 예를 들어, 어떤 신경망은 출력과 훈련된 예들을 비교하도록 모든 신경세포의 입력 가중치를 조정하는 방법을 학습한다. 디지털 신경망은 능률적이다. 폭약 탐지기, 혈당 평가, 전화 소음제거 필터 등 대단히 많은 곳에 응용될 것이다. 이밖에도 포섭 구조로 개발된 로봇 뇌에는 개별 과제들을 병렬식으로 수행하는 분업화된 부위나 과정들이 있다.

인간 뇌는
알아서 스스로 움직인다

◆ ◆ ◆

신경세포의 작용

뉴런은 신경계를 구성하는 최소 단위다. 사람의 뇌에는 약 1000억 개의 뉴런이 있다. 하나의 뉴런은 최대 1만개까지 다른 뉴런들과 연결되어 있다. 뇌는 뉴런끼리의 연결을 통해 신호를 주고받는다. 뇌의 정보는 전기신호를 통해 처리된다. 앞에서 설명한 것을 복기해보면, 뇌 세포체에는 연접부인 '시냅스'가 있다. 이곳을 통해 전기신호나 화학물질을 주고 받고, 전기신호를 전송해 사물을 인지할 수 있도록 한다.

뉴런에서 발생하는 전기신호는 뇌의 활동 상황을 살펴볼 수 있는 가장 중요한 지표다. 인간의 생각과 감정 같은 모든 활동은 뉴런의 전기적·화학적 신호에서 비롯된다. 뉴런의 전기신호를 인식하고 해독할 수 있다면 신체의 움직임을 예측할 수 있다.

뉴런은 세포의 생명유지 기능을 담당하는 신경세포체somacell body, 외부에서 정보를 받아들이는 수상돌기dendrite, 정보의 이동 통로인 축삭돌기Axon로 이뤄진다. 뇌 연구자(전기생리학자)들은 뇌의 전기신호를 소리로 변환해 뇌의 상태를 파악한다. 전기신호는 펄스(순간적으로 커져 바로 원래대로 돌아가는 유형) 형태이다. 이들 신호의 소리는 '똑똑… 우산에서 빗물이 튕기는 듯한 소리로 들린다. 뇌 속에서는 시시각각 대량의 시냅스로부터의 입력 신호를 처리한다. 신경세포는 아날로그 신호를 통합하여 디지털 신호로 변환한다.

디지털 신호는 시냅스를 통해 다시 아날로그 신호로 변환되어 각 세포에 전달된다. 전기신호의 운반자는 전자회로에서는 전자이지만, 뇌에서는 이온이다.

뇌 세포의 바깥쪽은 식염 성분인 나트륨 이온Na+과 염소이온Cl-의 농도가 높다. 반면 세포 안쪽은 칼륨 이온K+ 농도가 높다. 신경세포의 세포막에는 이온의 통로가 되는 '이온 채널'이라는 단백질로 채워져 있다. 이 채널의 개폐에 의해 세포 내외에서 이온이 교환된다. 이온 채널이 열리면 각 이온은 진한 장소에서 묽은 장소로(농도의 차이에 따라) 이동한다. Na+ 와 Cl-은 외부에서 내부로, K+는 내부에서 외부로 이동한다. 양이온인 Na+가 세포 안으로 유입되면, 신경세포의 막전위(세포외에 대한 세포내 전위차)는 정방향으로 변화한다. 이를 '신경세포의 흥분'이라고 한다. 그리고 일정

치를 초과하면 활동전위를 내보낸다.[*]

한편, 양이온 K+가 세포 밖으로 유출되거나 음이온 Cl-이 세포 안으로 유입되면 막전위는 음의 방향으로 변화한다. 이를 '신경세포의 억제'라고 한다.

종합하면, 활동 전위에 관여하는 주요 이온은 나트륨 양이온과 칼륨 양이온이다. 나트륨 이온은 세포 안으로, 칼륨 이온은 세포 밖으로 이동하여 평형을 유지한다. 모든 신경세포는 전기적으로 흥분한다. 신경세포는 나트륨, 칼륨, 칼슘, 염소이온으로 세포막 안과 밖의 농도차를 만들어 막전위(활동전위 상태)를 형성한다. 신경세포는 이온 통로의 개폐를 통해 신호(정보)를 전달한다.

이온 채널에도 다양성이 있다. 어떤 이온이라도 통과시키는 채널, 특정 이온만 통과하지 않는 채널, 개폐 확률이 막전위에 의존하는 채널, 개폐 속도가 빠른 채널, 느린 채널 등 다양하다.이러한 다양성이 신경세포의 정보처리 능력을 뒷받침하고 있다. 이온의

---

[*]　이는 소금, 즉 염분(나트륨과 염소)이 중요한 이유를 설명한다. 나트륨은 세포외액에 존재하는 양 전하 이온이다. 세포내외의 삼투압은 나트륨 이온과 칼륨 이온으로 조절된다. 세포외액의 나트륨 이온 과 칼륨 이온의 비율이 약 28:1, 세포내액의 나트륨 이온과 칼륨 이온의 비율이 1:10으로 유지될 때 체 액의 삼투압이 정상(300오스몰)으로 유지된다. 나트륨이 세포외액 삼투압에 기여하는 정도는 약 85% 정도이다. 세포내액과 세포외액의 전해질 차로 세포막은 일정한 막전위를 형성한다. 몸 속 세포들은 자극을 받지 않는 안정된 상태에서 칼륨은 세포내액에, 나트륨은 세포외액에 고농도로 존재한다. 세포 에 자극이 가해지면 나트륨은 세포외액에서 세포내액으로 들어간다. 이를 통해 신경 자극의 전달 및 근육수축 현상이 일어난다. 곧이어 칼륨은 세포내액에서 세포외액으로 나온다. 신경자극이 전달되고 근육이 수축되고 나면 칼륨과 나트륨은 다시 재빨리 제자리로 돌아와 세포내외의 농도를 정상으로 유 지한다. 아울러 나트륨은 소장에서 능동수송에 의해 다른 영양소(포도당, 아미노산)의 흡수를 돕는다. 나트륨이 이들 영양소와 함께 세포막의 운반체에 결집한 후 농도차에 의해 나트륨이 세포안으로 들어 갈때 영양소도 함께 들어간다. 따라서 나트륨이 부족하면 그만큼 영양소의 세포내 유입이 적어진다. 정상 수준의 소금기가 몸에 필수적인 이유이다. 나트륨이 부족하거나 과잉인 경우, 여러가지 부작용이 나타난다. 심한 설사, 구토로 땀을 많이 흘린 경우나 부신피질 기능부전으로 인해 나트륨 농도가 저하 되면 저 나트륨 혈증이 나타난다.

크기도 다르다. 당연히 작은 이온은 빠르게 움직인다. Na+는 반경 약 1옹스트롬(1Å=10-10m, 옹스트롬은 원자나 분자 단위) K+는 1.4Å, Cl은 1.8Å 정도이다. 따라서 흥분성 반응이 억제성 반응보다 빠르다는 것을 이해할 수 있다.

실험쥐를 마취시켜 의식을 잃게 만들어도 뇌는 활동한다. 사람이 수면 중에도 뇌는 활동한다. 외부에서 아무런 자극이 없는데도 뇌는 스스로 알아서 작동한다. 게다가 이런 자발적 활동은 외부 자극에 따라 움직이는 신경 활동보다 압도적으로 많다.

왜 뇌는 자발적으로 활동할까. 반면, 인공지능에는 자발적 활동이 없다. 다시말해 인공지능에는 임무가 주어지지 않으면 작동하지 않는다. 만일 인공지능에 자발적 활동을 입력하면 다른 새로운 기능이 생겨날 수 있을까.

사람 뇌의 자발적 활동은 온도에 의존한다. 이는 뇌작동이 화학반응이기 때문이다. 뇌 속 온도가 내려가면 뇌 속의 화학물질이나 이온이 동작하기 어려워지고, 신경 활동이 억제된다.

뇌의 자발 활동의 기원에는 여러 학설이 있다. 이른바 '열변동설'이 그 중 하나다. 열변동은 통계역학의 용어이다. 절대온도(-273℃)이하에서 분자는 정지하지 않고 흔들리고 있다는 학설이다. 뇌 속 신경세포는 이온채널 개폐로 작동한다. 단백질의 입체구조가 변화하는 것인데 열변동 흔들림에 의한 이온 채널의 개폐는 충분히 있을 수 있는 일이다.

뇌가 전기 신호로
정보를 전달하는 이유

뇌는 전기 신호로 정보를 전달한다. 애초 단백질의 구조 변화, 즉 화학물질의 확산 등으로도 정보처리가 가능하다. 그런데, 왜 사람을 비롯한 생물체는 전기 신호를 선택했을까?

그 이유를 단세포 생물체를 통해 탐구해보자. 같은 단세포라도 몸길이가 극히 작은 대장균과 그 100배 정도 크기의 짚신벌레를 비교해보자. 우선 대장균은 전기 신호를 사용하지 않는다. 반면 짚신벌레는 전기 신호를 사용한다. 몸체가 커지면 정보 전달에 전기 신호가 유리하다는 이유가 될 수 있다.

대장균 정보 전달은 화학물질의 확산으로 이뤄진다. 분자생물학에서 밝혀진 아미노산의 확산 속도는 초당 약 1밀리㎜이기 때문에, 대장균체 내에서 몇 밀리초(ms, 1밀리초=1/100초) 정도면 정보를 공유할 수 있다. 짚신벌레는 대장균보다 몸길이가 100배나 크기 때문에 화학물질의 확산으로 정보가 체내에 퍼지기 위해서는 100×100배의 시간, 즉 수십초가 소요된다. 만일 뭔가 위험을 감지했다고 해도, 체내에서 정보를 공유하고 다음 행동으로 연결하는데 수십 초나 걸린다면 포식자에게 먹혀 버린다. 이 때문에 애초부터 몸체가 큰 생물체는 전기 신호가 쓰이게 된 것으로 짐작된다.

전기 신호로 정보를 전달하는 양태는 이온 채널의 개폐로 설명할 수 있다. 전달 속도는 초당 1m 정도인데, 작은 생물체의 경우 0.1초면 세포 전체에 정보 전달이 가능하다. 이온 채널이 열리면, Na+이온을 시작으로 다양한 이온이 세포 안팎을 통과한다. 이는 세포내외로 전기가 흐른다는 것을 의미한다. 이 전류는 1pA($10^{-12}A$)정도로 극히 미약하다. 세포 안팎의 전위차는 100mV 정도인데, 소비 전력은 1pA $\times$ 100mV = 100fW($100 \times 10^{-15}W$)이다.

이온 채널이 1밀리초(ms, 0.001초) 정도 열리면, 에너지는 100fW $\times$ 1ms = 100×10^{-18} J 가 된다. 분자생물학에 따르면 이온 채널이 열리기 위한 에너지는 극히 미량이다. 다시 말해 100×10^{-21}J가 되며, 이를 펄스 상태의 전기 신호로 변환하면, 1비트의 정보를 전달하는데 ATP 1000개 분량이다. 1ms 동안 세포 안으로 유입되는 Na+이온은 6000개 정도로 추산한다. 이를 다시 밖으로 내보내기 위해 이온 펌프라는 단백질을 동원한다. 보통 이온 펌프는 ATP 1개의 에너지로 3개의 Na+ 이온을 세포 밖으로 내보내고, K+ 이온 2개를 세포 안으로 유입시킨다. 종합하

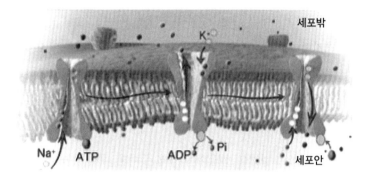

〈그림〉

• 이온 펌프는 ATP를 분해해서 얻어지는 에너지를 사용한다(능동수송)
• 나트륨 - 칼륨펌프는 APT의 에너지를 사용하여 물질농도가 낮은 쪽에서 높은 쪽으로 이동시킨다.

면, 6000개의 Na+ 이온을 세포 밖으로 내보내기 위해서는 2000개 분의 ATP를 소비해야 한다는 말이다.

에너지 효율 측면에서 보면, 정보 전달은 저렴하지 않다는 점 그리고, 특히 전기 신호로 표현되는 정보 전달에 소요되는 에너지는 비싸다는 점이다. 단백질의 구조변화에 비하면 전기 신호는 매우 고가인 셈이다.

그러나, 뇌의 경우는 다르며, 전기 신호로 작동한다. 뇌는 어떻게든 전기 신호를 통해 정보 처리 시스템을 작동하고 있다. 계산기는 뇌와 비교하면 에너지 효율은 극히 저조하다. 계산기는 열을 방지하는 안전모드를 채용한다.

여기에 뇌와 계산기의 결정적 차이가 있다. 뉴런, 즉 신경세포의 직경은 20μm(1μ=10-6m,1/50,000m), 세포의 표면적은 약 10-5

㎝(1/100,000cm), 체적은 약 4×10-12L이다. 세포막 용량은 1cm 당 1×10-6F이다. 100mV(0.1V)의 전위차를 만들기 위해서는 10-12C(크론)의 전하가 필요하다. 이런 설명은 이온 이동에 전기 신호가 사용되는 기전을 설명하는 것이다. 계산기에서는 엄청난 규모의 작업과 부하가 걸린다. 이에 비해 뇌는 아무런 문제없이 작동하며, 소요되는 전기 신호는 매우 미약하다는 점이다. 뇌의 효율성은 어마무시하다는 것이다.

뇌는 스스로 움직이는 계산기

◆ ◆ ◆

자연계의 자원은 한정적이다. 한정된 자원으로 어떻게든 자율적으로 살아야 한다. 노트북처럼 콘센트에서 급충전할 수도 없다. 따라서 에너지 절약형이라는 자연적 선택의 압력이 강하게 가해진다. 사람의 뇌는 이같은 에너지 집약에 의한 자연선택 집약형이다. 뇌는 자연선택에 의해 열변화에 민감해졌으며, 극단적인 에너지 절약형으로 설계되었다.

AI 등 기계가 인간 뇌에서 배워야 할 것은 바로 이런 에너지 절약형 설계이다. 극단적인 에너지 절약의 관점에서 뇌를 모방해야 한다. 여기서 리버스 엔지니어링reverse engineering 개념을 도출할 수 있다. 리버스 엔지니어링이란 역행분해공학이다. 타사의 신제품을 분해·분석하여 그 기술이나 구조 등을 자사 제품 개발에 응용하는 기법이다.

앞에서 설명한 것처럼 전기 신호를 구동하는 활동 전위(전력)는 막대한 에너지를 소비한다.

이러한 엄청난 활동 전위가 불필요한 기술이야말로 인공지능의 성공 여부가 판가름난다 해도 과언이 아니다. 또한 우리 몸은 한정된 자원을 최적합으로 배분하도록 설계되어 있다. 예를 들어 운동할 때는 근골격계에 집중적으로 자원을 배분하는 대신, 내장 계통에는 20% 정도의 절약 모드로 전환하도록 설계되어 있다.

그러나, 예외적 존재가 있다. 사람 뇌에는 임무나 일이 있든 없든 항상 20W의 에너지가 배분되어 있다. 이 20W는 단순한 예비적 에너지로 저장해둔게 아니다. 그리고 그 이유는 무엇일까. 몇 가지 가능성을 상정해본다.

아직 뇌 스스로의 활동이 어떤 방식으로 의식을 창출하는지 아직 누구도 밝혀내지 못했다. 다만, 뇌에는 디폴트모드 네트워크(DMN)라고 불리는 영역이 있다. 이 영역은 외부 자극에 대해선 비활성화 되어 있다. 활성화되는 시점은 외부로부터 아무런 자극이 없을 때, 속칭 멍때리고 있을 때, 또는 명상에 잠겨 있는 때 등이다. 뇌는 외부환경이 아닌 내부 상태를 모니터링하는 것으로 추정되고 있다. 디폴트모드 네트워크는 창조성이나 번뜩임과 관련있다는 연구도 보고되고 있다. 즉 DMN 활동은 창의성의 원천이라는 것이다.

디폴트모드 네트워크 DMN

◆ ◆ ◆

미국의 뇌과학자 마커스 라이클 박사는 2001년 뇌영상장비를 통해 사람이 아무런 인지활동을 하지 않을 때 활성화되는 뇌의 특정 부위를 알아낸 후 논문으로 발표했다. 그 특정 부위는 어느 한 생각에 골몰할 때 오히려 여타 뇌 활동이 줄어들기까지 했다. 뇌의 안쪽 전전두엽과 바깥쪽 측두엽, 그리고 두정엽이 바로 그 특정 부위에 해당한다. 라이클 박사는 뇌가 아무런 활동을 하지 않을 때 작동하는 이 특정 부위를 '디폴트모드 네트워크^{DMN}'라고 이름 붙였다. 또는 기본모드 네트워크라고 한다. 마치 컴퓨터를 리셋하게 되면 '초기설정^{default}'으로 돌아가는 것처럼 아무런 생각을 하지 않고 휴식을 취할 때 바로 뇌의 디폴트모드 네트워크가 활성화된다는 의미다. DMN은 일과 중 몽상을 즐길 때나 잠을 자는 동안에 활발히 활동한다. 즉, 외부 자극이 없을 때다. 이 부위

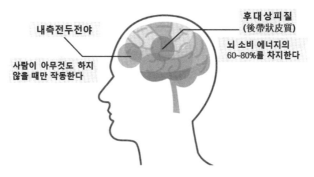

내측전두전야

사람이 아무것도 하지
않을 때만 작동한다

후대상피질
(後帶狀皮質)

뇌 소비 에너지의
60~80%를 차지한다

• 뇌 혈류 변화를 볼 수 있는 fMRI로 보면, DMN 부분은 아무 것도 하지 않을 때만 활성화 되는 뇌의 영역(내측전두전야)으로 밝혀졌다. 이를 '기본모드 네트워크'(DMN)라고 하며 자기 인식, 방향 감각 상실 및 기억과 관련된 근본적인 역할을 하는 것으로 알려져 있다. 아울러 뇌의 각 영역은 서로 동기화된다.

의 발견으로 우리가 눈을 감고 가만히 누워 있기만 해도 뇌가 여전히 몸 전체 산소 소비량의 20%를 차지하는 이유가 설명되기도 한다. 그 후 여러 연구를 통해 뇌가 정상적으로 활동하는 데에도 DMN이 매우 중요한 역할을 한다는 사실이 밝혀졌다. 다만 자기 의식이 분명치 않은 사람에게는 DMN이 정상적인 활동을 하지 못한다는 것이다. 스위스 연구진은 알츠하이머병 환자들에게서는 DMN 활동이 거의 없으며, 사춘기의 청소년들도 DMN이 활발하지 못하다는 연구결과를 발표한 바 있다.

또한 DMN이 활성화되면 창의성이 생겨나며 특정 수행 능력이 향상된다는 연구결과도 연이어 발표됐다. 일본 도호쿠대 연구팀은 '기능성 자기공명영상fMRI'을 이용해 아무런 생각을 하지 않을 때의 뇌 혈류 상태를 측정했다. 그 결과, 백색질의 활동이 증가되면서 혈류의 흐름이 활발해진 실험 참가자들이 새로운 아이디어를 신속하게 만들어내는 과제에서 높은 점수를 받은 것으로 나타났다. 이는 뇌가 쉴 때 백색질의 활동이 늘면서 창의력 발휘에 도움이 된다는 것을 의미한다. 즉, 멍하게 아무런 생각없이 있을 때, 집중력이 필요한 작업의 수행 능력이 떨어진다고 생각한 기존의 인식을 뒤엎는 연구 결과이다.

그러나, AI는 다르다. 인공신경망에 자발 활동(잡음)을 도입하면 네트워크는 불안정해지며, 기본적으로 기억 내용은 점차 망가질 수 있다. 반면, 사람 뇌에서 기억은 수면 중, 즉 자발활동 밖에 없을 때 만들어진다. 뇌와 AI는 전혀 다른 구조이다.

뉴럴 네트워크, 즉 인공신경망은 새롭게 무언가를 기억하게 되면 오래된 기억을 잊어 버린다. 이를 '파멸적인 망각'이라고 부른다. 예를 들어 사과와 귤을 기억한 뉴럴 네트워크에 새로 포도를 기억시키면 사과와 귤의 기억은 사라진다.

뉴럴 네트워크는 예외 처리도 서툴다. 새의 개념을 익힌 인공신경망에 '펭귄이라는 조류는 날 수 없지만 헤엄칠 수 있다'는 것을 기억하게 하면, 이미 형성된 새의 개념이 파괴된다. 이를 '파멸적인 간섭'이라고 한다.

이에 대한 대책으로는, AI 연구자들은 낡은 정보를 자발적으로 복습(재학습) 하도록 입력한다. 실제로 인간 뇌는 수면 중에 낮 동안의 일을 복기한다고 한다.

지금의 AI 성능으로는 시시각각 변하는 상황에 임기응변으로 대응하는 것도 어렵다. AI는 입력과 출력을 일대일로 연결하려고 하기 때문이다. 향후 인공지능 발전을 위해 뇌 DMN 연구개발이 활발해져야 한다. 자발 활동 기능을 리버스 엔지니어링 하면 엄청 난 혁신을 가져올 수 있을 것이다. 지금까지 설명한 것을 압축하 면 다음과 같다.

❶ 신경세포의 전기신호

신경회로는 무수한 시냅스(연결창구)로부터 얻는 아날로그 신호를 통합하여 디지탈 신호를 생성한다. 다시 시냅스에서는 디지털 신호가 아날로그 신호로 변환된다.

❷ 전기신호의 운반 수단

뇌 신경회로에서는 이온, 전자회로에서는 전자.

❸ 뇌 자발 활동의 기원은 열변화이다

직경 0.3미크론인 축삭돌기에서 열변화로 이온 채널이 열리는 것 으로 활동 전위차가 발생.

❹ 뇌와 계산기의 개념

뇌는 열변화에 민감한 극단적인 에너지 전략형이며, 계산기는 열 에너지 영향을 받지 않도록 안전 설계.

❺ ATP는 생물 에너지의 공통 통화

단백질 구조변화의 에너지로 이용된다.

❻ 정보는 에너지

생물체의 1비트 최저 코스트는 1ATP. 이는 열역학 이론적인 한계치의 30배이다.

❼ 전기 신호의 장점은 빠른 전파 속도

초당 1m(화학물질 확산 속도의 1000배).

❽전기 신호의 단점은 높은 에너지 비용

활동 전위차 1회 발생에 1ATP 분자 3000개

　뇌의 자발적 활동은 향후 교육에 크게 활용될 수 있다. 뇌의 이런 활동은 창조성, 기억력의 형상, 상황 변화에 대처하는 임기응변 능력을 키우는 교육분야에 응용할 수 있다. 아울러, 인공지능으로는 할 수 없는 분야에 대폭 활용할 가능성이 매우 높다. 뇌를 최대로 활용하기 위해서는 뇌가 스스로 활동하는 시간을 대폭 늘려야 한다. 이를 위해 수면시간을 늘리고, 명상을 자주하면서 멍 때리는 시간을 의식적으로 가질 필요가 있다.

뇌는 다양성을 토대로
문제해결

◆ ◆ ◆

　인간 뇌, 즉 생명지능은 다양성을 토대로 문제를 해결하는 구조
이다. 그런 시스템이야말로 현재의 '다양성 사회'가 추구하는 이
상적 조직 양태일 것이다. 그러나, 현실은 그리 녹록치 않다. 조직
에서 각각의 개성을 살리기 위해서는 각 구성원들을 해당 목적에
맞는 멤버를 찾아내어 적절히 선발해야 한다. 이러한 구조가 뇌에
어떻게 구현되는지는 향후 AI의 개발에 중요한 관건이 될 것이다.
　좀더 구체적으로 설명하자. 구성원이 각각 개성 강한 멤버들이
마음대로 움직이도록 하면 조직이 잘될 수 없다. 반대로 멤버에게
일괄 지시를 내려 최적화를 시도하면, 멤버의 개성은 실종되고 조
직은 순간적으로 인공지능화로 변한다. 기계적 조직이 되고 만다.
따라서 개성을 살리려면 각 멤버가 원하는 방향으로 달리도록 하
되 목적에 부합하는 멤버를 찾으면 된다.

<그림> 신경세포 구조

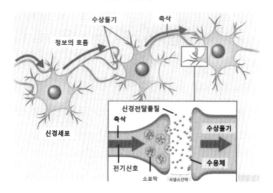

　인간 뇌는 이런 식으로 정보처리를 한다. 인간 뇌에는 기능지도라는 장치가 있다. 이는 다양성을 생성하는 수단이다. 학습하는 경우, 초반에는 기능지도를 사용해 신경 활동을 다양화하고, 학습 종반에는 그 중에서 맞는 솔루션을 선택한다. 지각의 경우에도 기능지도를 이용해 다양한 온셋반응을 생성하도록 여러가지 가능성을 검토한다. 이처럼 뇌의 정보처리는 다위니즘과 마찬가지로 2단계이다.* 우선 대뇌피질의 특징을 복기해본다. 대뇌피질의 가로 세로 1밀리㎜ 안에는 신경세포가 대략 9만개 정도 존재한다. 무수한 시냅스로 연결되어 그 배선길이만 4km정도이니, 극도로 밀집된 네트워크를 자랑한다. 이를 통해 다양한 신경반응을 생성할 수 있다. 각 신경세포는 1000 ~ 1만개의 정보를 입력받아 통합하고 활동 전위(에너지)에 의해 인접 세포로 정보를 전달한다.

---

*　다윈주의 또는 다위니즘(Darwinism) : 잉글랜드 생물학자 찰스 다윈(1809~1882년) 등이 개발한 생물학적 진화 이론이다. 모든 생물종들이 크기가 작은 유전형들의 자연선택을 통해 발생하고 발달함으로써 개체의 생존, 번식 능력을 증가시킨다고 주장한다.

1000 ~ 1만개의 정보를 받기 때문에 개개별 입력정보는 사소한 것일 수도 있다. 포인트는 얼마나 많은 해당 세포가 동기화하여 입력되느냐 하는 동기화 패턴이다. 이는 인공지능에서 '순환 인공 신경망', 즉 리커런트 뉴럴 네트워크Recurrent neural network, RNN로 재현된다. 다양한 지식을 통합해 기능과 구조의 연관성을 찾아내는 뇌의 재귀적 패턴을 모방한 것이다. 기능지도, 초고밀도의 복잡한 네트워크 등 뇌의 정보처리를 이행하는 기전은 컴퓨터나 인공지능과는 차원이 다르다는 점이다.*

정보 전달의 메커니즘

❶ 신경세포의 축삭 말단에 전기신호가 전달된다.

❷ 전기신호는 축삭의 칼슘 이온 채널을 열게 한다.

❸ 칼슘 이온은 축삭 말단으로 흐르고 시냅스 소포는 세포막에 접촉하여 신경 전달 물질을 방출한다.

❹ 신경 전달 물질은 수상돌기(수신기)의 세포막에 분포된 수용체에 결합한다.

❺ 수상돌기 시냅스 후막의 이온 채널이 개방되어 세포막 내-외부 전위차를 변화시킨다.

---

* 기능지도 : 인간 뇌 기능지도의 크기는 신경세포의 다양성에 비례한다. 복잡한 정보 처리에는 다양한 신경세포가 필요하기 때문이다. 다양한 신경세포를 수용하기 위해 기능지도 면적은 늘어난다. 현명함은 크게 2개 기준으로 평가된다. 시행착오(다양화) 능력과 최적화(취사 선택) 능력. 기능지도는 다양성 생성 장치이다.

CHAPTER. 2

인간 뇌와
AI 융합의 미래

AI와 신경과학의 융합

앞장에서 뇌에 관한 여러가지 지식을 설명했다. 뇌 구조를 촘촘이 들여다보면 AI 개발에 응용할만한 기술과 지식을 대부분 습득할 수 있다. 최근 몇 년 사이 가장 흥미로운 경향 가운데 하나는 신경과학과 머신러닝ML의 융합이다. 점점 이 두 분야는 밀접하게 교류하게 될 것이다. 뇌 과학에 대한 이해가 깊어질수록 이 분야에서 엄청난 기술 발전을 보일 것이다. AI는 점점 뇌 신경이 어떻게 자기조직화하고, 소통하고, 패턴을 인식하고, 의사결정을 하고, 기억을 형성하고, 기억을 재생하는지를 모방할 것이다.

인간 뇌의 메커니즘은 모두 스스로 학습하는 AI에게 적용할만한 기능이다. 인간 뇌에 대한 지식이 쌓여갈수록 AI 기능 강화에 적용할만한 지식도 늘어날 것이다. 일반적인 AI모델 중 하나를 들어본다. 뇌 신경망은 비선형으로 연결된 신경이 층층이 쌓인 구조를 이루고 있다. 인간 뇌에는 1000 억개 이상의 신경세포가 중첩 융합하고 있다. 시너지(공동효과)라는 말은 AI와 신경과학 두 분야의 상호작용을 가장 잘 들어맞는 표현이다. 앞으로 상호 자극하면서 발전하는 양상이 전개될 것이다.

얼마 전까지 상상할 수도 없었던 AI 기술이 곧 실용화 될 것이다. 인간 뇌와 AI의 조합은 이 시대 모든 젊은 연구자들의 관심사이다. 현대의 문턱인 2000년대 초엽만 하더라도 거의 상상 수준이 현실로 이뤄질 가능성을 보이고 있다. 지금처럼 말을 사용하지 않고도 타인과의 소통이 가능하다. 과연 결혼이나 취업 등 인생의 중대한 결정에서도 AI의 능력에 맡길 수 있을까. 현재 모든 뇌과학자들의 관심은 AI의 활용으로 인간 뇌의 가능 영역을 확장할 수 있는가 여부이다. 만화나 애니메이션에서 볼 수 있는 '뇌와 컴퓨터가 직접 연결되는 미래'는 과연 올 것인가.

인류는 편지와 전화 등 다양한 도구를 개발하면서 문명을 발전시켜 왔다. 앞으로는 AI를 이용해 새로운 문명이 나올 수 있다. 이는 뇌의 잠재력을 보다 확장시킬 때 가능할 수 있다. 뇌와 AI와의 융합으로 아직 도출되지 않은 뇌 기능을 효과적으로 활용하는 기술이 속속 개발되고 있다. 예컨대 AI 분야에서 글로벌 선두인 일본에서 수행중인 프로젝트는 '이케타니 뇌AI융합'이다. 뇌에 칩이식, 뇌-AI의 융합, 인터넷과 뇌, 뇌와 뇌 융합이다.

첫째, 뇌 속에 정보센서 칩을 이식하는 것이다. 뇌에 칩을 이식해 뇌 기능을 향상시키는 기술이다. 일본에서 쥐 실험에 의해 밝혀진 사실 하나는 칩을 뇌에 심은 쥐는, 불과 며칠 후 어느 쪽이 올바른지 판별한다는 것이다. 뇌가 선천적으로 느끼지 못하는 자극이라도, 컴퓨터나 AI의 힘을 빌별 자극을 줄 수 있다는 점을 시사한다. 이를 테면 뇌에 적외선 칩을 이식하면 인간 눈으로 볼 수 없는 것도 볼 수 있다는 것 등이다. 실제 이런 실험이 인간 대상으로 할 수 있느냐는 사회적 윤리적 문제 등 여러가지 복잡함이 뒤따를 것이다. 가령 뇌에 직외선 칩을 심는다면, 사랑하는 사람의 나체를 볼 수 있다면 어떤 혼란이 벌어질지 상상할 수 있다.

그러나, 이런 인간 능력을 의료 분야로 확장한다면 굳이 X레이 검사가 필요없다. 뇌에 적외선 칩을 심은 의사가 환자의 뱃속 암덩어리나 독소를 발견한다면 가히 혁명적 의료 발전에 기여할 수 있다. 이처럼 칩을 뇌에 심는다면 인간 뇌의 능력을 보다 확장할 수 있지 않을까.

두 번째, 뇌-AI 융합이다.뇌-AI융합이란 뇌가 다 사용하지 못한 뇌 속의 풍부한 정보를 AI를 활용해 피드백해주는 메커니즘이다. 이를 테면 쥐 실험에서 쥐는 영어와 스페인어를 분별한다는 것이 실험에서 입증되었다. 방 안에 버튼 2개를 준비하고 영어가 나오면 왼쪽 버튼을, 스페인어가 나오면 오른쪽 버튼을 누르면 먹이가 주어진다는 실험이다. 쥐가 영어와 스페인어를 전혀 구분할 수 없는 경우, 좌우 버튼을 아무렇게 누르면 먹이를 손에 넣을 확률은 50%일 것이다. 반대로 쥐가 영어와 스페인어를 구분하는 경우, 먹이를 얻는 경우는 50% 이상일 것이다. 실험 결과 두 가지 경우가 거의 반 반이었다. 쥐에게 영어와 스페인어를 분별하는 것이 일부 가능하다는 것이 증명되었다. 이에 착안해 소리의 정보가 뇌에 도달하는 과정을 추적해 도중에 AI가 분별하는 기술을 창출할 수 있다.

다시 말해, 영어와 스페인어는 모음의 종류나 대화의 템포가 다르기 때문에, 고막의 진동 레벨도 다르다. 고막을 진동시키는 소리의 정보는 뇌간을 통해 대뇌피질로 전해진다. 대뇌피질 가운데 소리의 정보가 도달하는 곳은 1차 청각야(측두엽) 영역이다. 1차 청각야에서 뇌파를 기록하고, 그 뇌파 정보를 인공지능이 구별할 수 있도록 하는 것이다. 뇌 속에 기억되어 있는데도 우리가 평소에 활용하지 못하는 정보에 대해 AI가 습득한다면 뇌의 잠재력을 크게 향상될 것이다. 말하자면 처음 듣는 우주인의 언어를 AI로 알아듣는 미지의 능력 습득도 가능할지 모른다. AI라는 강력한 파트너가 있다면 뇌는 도대체 어디까지 발전할 수 있을까.

'뇌-AI 융합 프로젝트'의 세 번째는 '뇌-뇌 융합'이다. 복수의 인간 뇌 속 정보를 AI로 연결해 인간 상호 간 정보를 공유하는 것이다. 말이나 행동을 초월하는 미래 소통 방식을 모색하는 것이다. 엉뚱한 아이디어로 들릴지도 모르지만, 뇌-뇌 융합은 과거에도 이미 진행된 바 있다. 이를테면 '상호 눈을 응시하면 상대방과 뇌 활동이 동조화된다'는 연구결과가 있다. 상호 응시하고 있는 두 사람의 뇌는 같은 영역에서 동기화 된다. 학교수업 중 교사와 학생들의 뇌가 상호동기화 될 때 수업의 이해도나 몰입도가 높은 것도 같은 이치다. 뇌-뇌의 연결로 인해 인간 능력의 무한한 가능성을 열어 젖힐 수 있다.

관련하여 최근 뇌-컴퓨터 인터페이스Brain-Computer Interface 기술이 주목받고 있다. 뇌와 컴퓨터를 상호 연결해 오로지 뇌 신호만으로 컴퓨터를 작동할 수 있게 하는 기술이다. 최근 호주 멜버른대 연구팀은 작은 클립 크기의 소형 뇌 장치를 개발해 인간 뇌를 윈도우 컴퓨터에 연결했다.

BCI 기술은 기계 장치를 통해 뇌의 활동을 인식해 받아들인 후, 신호화 과정을 거치고 분석해 입출력 장치에 명령을 내리는 방식으로 구현된다. 예를 들어 뇌의 전기적 활동의 '결과물'인 뇌파를 감지해 읽어내는 뇌파 감지 방식 BCI를 들 수 있다. 뇌파 자극을 인식하는 장치를 통해 뇌파를 받아들인다. 이어 신호화 과정을 거쳐 뇌파를 분석한다. 곧바로 입출력 장치에 명령을 내리는 단계를 거친다. 또 하나는 직접 신경 접속 방식이다. 신경계에 직접 접속해 신경 신호를 감지해서 읽어낸다. 이런 유형의 BCI는, 뇌파 대신 뇌세포의 전기적 신경 신호를 직접 읽어내어 뇌의 전기적 활동의 원인을 감지한다.

현재 연구 중인 BCI는 마음을 읽어내는 기적의 장치가 아니다. 물론 응용하기에 따라서는 사람의 마음이나 감정 또는 정신상태

등을 온전히 읽어내는 용도로도 쓸 수 있다. 하지만, 어디까지나 부차적인 용도일 뿐이다. 또한 사람의 정신 상태를 읽는다는 것도 어디까지나 의학적·신경과학적 견지의 차원이다. 조만간 실현될 기술이다.

뇌가 보내는 신호를 밖에서 해석하는 것은 어렵지 않다. 기술적 난이도가 낮으며 다양한 형태로 구현될 수 있는 뇌파 감지 방식의 BCI만으로도 충분하다. 반대로 밖의 신호를 뇌에 전달하기는 아직 어렵다. 기술적 난이도가 높은데다, 지금 수준에서는 반드시 삽입형 BCI의 형태로 구현되어야 하기 때문이다. 또한 실현되더라도 뇌에 어떤 영향을 줄지 알기 어려워 안전성을 보장할 수 없다. 현재로서는 시각이나 촉각을 잃은 환자를 위한 삽입형 BCI 정도가 제한적으로 연구되고 있다. 최근 호주에서는 루게릭병 환자를 대상으로 하는 임상시험에서 환자들은 성공적으로 뇌에 연결된 컴퓨터 마우스를 제어할 수 있었다.

전 세계적으로 가장 활발하게 이루어지고 있는 뇌 질환 관련 연구는 알츠하이머병 관련 뇌질환이다. 현재 시판 중인 치매 치료제는 증상 완화 및 진행 속도 지연의 목적이 대부분으로, 주로 알츠하이머 치매 치료의 용도로 쓰인다. 도네페질donepezil, 리바스티그민rivastigmine, 갈란타민galantamine 등 대부분 콜린성 신경계 조절 약물이다. 이들 약물은 아세틸콜린의 분해를 억제하여 신경연접 내 아세틸콜린 농도 증가를 통한 인지기능의 향상을 유도한다.

뇌-뇌 의사소통의 혁명

BCI가 가져올 또 다른 미래 기술은 뇌-뇌 의사소통^{Brain to Brain}
communication이다.

이는 단순히 기계에 명령을 내리는 데 그치지 않고, 사람과 사
람 사이의 의사소통의 방식을 바꾸는 것이다. 말이 아니라, 뇌와
뇌끼리 의사소통을 하는 것이다. 뇌-뇌 의사소통은 여태까지의
인간 사회의 모습을 완전히 바꿔놓을 것이다.

인류 초기 의사소통의 발명품은 음성 언어였다. 인간은 특정 소
리를 발명했고, 이를 통해훨씬 다양하고 복잡한 의사소통을 할 수
있었다. 언어는 추상적인 것(숫자, 감정 등)들을 이야기할 수 있었다.
이를 통해 인간들은 대규모로 협력할 수 있는 유일한 종이 되었고
농사를 짓고 사회를 조직하기 시작했다.

이어 기원전 3500년경 최초의 문자가 발명되었다. 음성 언어와

달리 문자는 오랫동안 유지되었고 정확했다. 문자를 발명하고 나서부터 인류는 비로소 '문명(文明)'을 발전시켰다. 수천 년 뒤에 인쇄가 발명된다. 인쇄술 발명 이전까지는 손으로 모든 걸 써서 기록했다. 인쇄술로 인해 문자를 대량 생산하고 유통할 수 있게 되었다. 인쇄술은 지식을 대중화했고, 과학을 발전시켰으며 산업 혁명을 일으켰다. 그 다음에는 알렉산더 벨이 전화기를 발명했다. 거리에 제약을 받지 않고 음성 언어를 주고받을 수 있는 전화가 등장했다. 전화를 통해 인류는 전 세계 사람들과 실시간 소통할 수 있었다.

현대에 들어 인터넷이 등장했다. 인류는 이제 엄청난 속도로 엄청난 양의 데이터를 서로에게 전송할 수 있게 되었다. 인터넷은 거대한 글로벌 정보 네트워크가 되었다. 누구든지 인터넷에 접속하면 세상에 존재하는 거의 모든 정보를 얻을 수 있다. 지구 반대편에 있는 사람과 얼굴을 보고 얘기할 수도 있다. 인터넷이 바꾼 인류의 모습은 굳이 설명이 필요없다.

사람들의 소통 기법은 인류사에 혁명적인 발전을 가져왔다. 새로운 의사소통의 발명은 단순히 다른 수많은 발명 중의 하나가 아니다. 새로운 의사소통 방식이 생겨날 때마다 인류의 삶은 진보했다. 인공지능을 통한 BCI 기술이 뇌-뇌 의사소통을 실제화한다면 인류의 삶은 어떻게 바뀔까?

뇌-뇌 의사소통은 기존 언어 소통 방식보다 훨씬 효과적일 수 있다. 시간당 정보처리량과 소통할 수 있는 정보의 종류는 그야말로 다양하다. 그 효과를 정리해본다.

첫째, 우선 엄청난 정보 처리 역량이다. 현재 우리는 정보를 전송할 때, 주로 타이핑을 쓴다. 글을 써서 다른 사람들에게 보여주려면 자판기를 두드리거나 타이핑을 한다. 유럽 여행 중인 사람에게 메시지를 보내려 할 때 타이핑해야 한다. 타이핑은 생각의 속도보다 훨씬 느리다. 타이핑이 아무리 빠른 사람도 생각하는 것의 10분의 1밖에는 입력할 수 없다. 뇌-뇌 소통이 AI 기술로 실현된다면 생각의 속도로 정보를 입력할 수 있다. 현재는 빨대로 물을 빨아올렸다면, 앞으로는 펌프로 퍼올리는 것과 같을 것이다. 짧은 시간에 엄청난 속도로 많은 정보를 전송할 수 있다. 생각의 속도로 글을 쓸 수 있다고 상상해보자. 인류의 지식은 대단한 속도로 진보할 것이다.

둘째, 특히 사진 등 정보의 해상도가 전혀 달라질 것이다. 인류는 역사 이래로 말과 문자를 통해 소통해왔다. 글로 써서 전달하거나, 인쇄해서 전달하거나, 아니면 목소리를 전기 신호로 바꿔서 전송했다. 지금껏 인류 의사소통은 언어로 이루어진다. 그런데 말의 해상도는 인식의 해상도보다 훨씬 낮다. 말은 우리가 생각하는 것의 10%밖에 표현하지 못한다.

전혀 모르는 외국인을 만나도 의사소통이 가능한 것은 무엇 때문인가. 말이 아니라 손짓 발짓 등으로 기본 소통에 문제가 없기 때문이다. 몰디브의 해변에서 석양을 맛 본 친구가 편지를 보내 그 장면을 설명해주려고 했다. 하지만, '정말 멋진 석양을 보았다'는 단순한 말은 미흡하다. 생각을 글로 소통하는 것은 마치 HD 영화를 흑백TV로 보는 것과 같다. 화자의 머릿속에는 자신이 경험한 석양의 색깔, 입체감, 이미지, 주변의 풍경 등 상상할 수 없을 정도로 많은 정보가 들어 있다. 글이나 말로는 도저히 표현할 수 없다. 그래서 AI는 그 정보들을 특정 코드로 압축 변환한다. AI 기술을 기반으로 하는 뇌-뇌 소통은 우리가 인식하는 그대로를 상대방에게 전달해줄 수 있다. 인식은 어떤 정보를 받아들여 발화하는 뇌 속 신경세포의 패턴이다.

뇌-뇌 소통이 현실화 한다면 우리는 말 그대로 '내가 보고 느끼는 것'을 날 것 그대로 상대방에게 전달할 수 있다. 인류 역사상 처음으로 언어의 한계를 벗어나 압축되지 않은 의사소통이 가능해진다. 가령 영화를 감상할 경우, 아날로그 '언어' 스크린에서 BCI라는 6D 영화관으로 업그레이드하는 것과 마찬가지다. 슬프다면 슬픈 느낌을 그대로, 유명 음악을 듣고 느끼는 감정을 그대로 전달할 수 있다. 향후 미래 인류는 어떤 방식으로 소통할 것인지 기대된다.

뇌-뇌 연결이 이뤄낼
소통 방법들

◆ ◆ ◆

인류가 한번도 경험하지 못한 새로운 소통의 방법들이 출현할 것이다.

첫째, 감각적 의사소통Sensory communication이다. 사람의 오관이 인식하는 범위는 의외로 좁다. 뇌가 외부 신호를 받아들여 감각할 수 있는 기관은 몇 개 없다. 눈은 시각 신호를 잡고, 귀는 청각 신호를 잡아내며, 피부는 촉각 신호를 잡아 각각 뇌에 보낸다. 뇌는 이 신호를 해석해 각종 감각을 만들어낸다. 하지만, BCI가 뇌가 느끼는 감각 정보를 다른 사람에게 그대로 전달해줄 수 있다면 우리의 감각은 보다 자연 상태 그대로 느낄 수 있다. 시각, 청각, 촉각, 미각, 후각이 모두 정보가 되어 지구 어디에든 나와 연결된 사람에게 날 것 그대로 전송된다.

아름다운 산의 풍경을 친구에게 보여주고 싶다면, 친구에게 내가 본 것을 AI 시스템을 통해 액면 그대로 전송한다. 내가 듣고 있는 음악을 들려주고 싶다면, AI 시스템은 그 음악을 전송해준다. 친구의 집 스피커에서 그 음악이 흘러나온다.

물론 사람 뇌는 들어오는 정보 그대로 수용하지 않는다. 우리 뇌는 눈을 통해 들어온 정보에 자신의 해석을 가미해서 이미지를 만들어낸다. 이미지는 뇌 속에서 '뽀샵'되고, 음악은 뇌 속에서 '믹싱' 될 것이다. 하지만, 내가 느끼는 감각 그대로 다른 사람에게 전달하는 것은 가히 혁명적이다. 우리가 느끼는 문학의 희열은 작가의 희열을 그대로 글로 느끼기 때문이다. 작가의 느낌과 희열을 보다 날 것 그대로 느낄 수 있다면, 예술적 감성은 보다 풍부해질 것이다.

둘째, 풍부한 감정이 실린 의사소통을 기대할 수 있다. 말, 즉 언어는 인간의 감정을 액면 그대로 전달할 수 없다. 영화를 본 관객 모두가 같은 장면을 보고 같이 느낄 수 없다. 그러나, 뇌와 뇌를 연결하는 BCI 기술은 감정을 그대로 전달할 수 있다. 서로의 감정을 주고받을 수 있다면, 지금보다 훨씬 더 높은 단계의 공감이 가능해진다. 다른 사람이 느끼는 감정을 완전하게 공감할 수 있다면, 인류는 서로를 더 돕고, 소중하게 여길 수도 있다. 단순히 빈곤에 시달리는 노인들을 돌보는 것 뿐만 아니라 그분들이 보내는 괴로움과 외로움을 읽어낼 수 있다면 지금보다 더 많은 사람이 노인들을 돕지 않을까?

날 것 그대로 의사 소통한다면, 엔터테인먼트 업계에서는 그야말로 기막힌 기술이 될 것이다. BCI 기기를 착용하고 영화를 보면 영상 상황에 맞게 음향이 깔리는 것처럼, 주인공들이 느끼는 감정까지 고스란히 전달받을 수 있다. 공포 영화에서는 사실적인 공포를 느끼고, 로맨스 영화에서는 날 것의 사랑을 느낄 수 있다.

뇌-뇌 연결이 현실화 된다면, 일본의 미치오 카쿠는 훌륭한 배우의 정의가 바뀔 거라고 예상한다. 이제까지는 표정이나 대사로 사람들에게 상황과 감정을 전달했다면, 이제는 극중 상황 전개를 날 것 그대로 시청자들에게 전달해야 한다. 겉으로만 연기할 수 있고 감정을 제어할 줄 모르는 배우는 자연 경쟁에서 밀려날 것이다.

셋째, 운동 능력의 향상이다. 이는 운동 의사소통Motor Communi-cation이라고도 한다. 뇌는 몸을 움직일 때 특정한 패턴을 나타낸다. 다른 말로 하면 '움직임 자체'를 뇌의 패턴으로 표현할 수 있다는 뜻이다. 김연아 선수의 트리플 악셀을 예로 들어본다. 김연아에게 "왜, 트리플 악셀을 성공할 수 있지요?"라고 물어보면, 거의 이런 답변이 나올 것이다. "피나는 연습을 정말 많이 했죠"라고 할 것이다. 그러나, 김연아 선수의 몸은 기억하고 있다. 자신도 인지하지 못하는 수많은 동작을 기억하는 뇌에서 명령을 내린 것이다. 만일 다른 선수가 BCI와 연결되어 있다면, 그 선수는 그 패턴을 읽어와 그대로 따라할 수 있을 것이다. 말로 표현할 수는 없지만, 어떻게 '트리플 악셀'을 할 수 있는지 알게 된다. 진짜 할 수 있게 될지 어떨지 알 수 없지만, 그 모든 움직임을 머리로는 이해할 수 있다. 운동 신경은 우리 뇌의 가장 깊숙한 부분에 있다. 우리가 거의 의식하지 못하는 부분이다. 가장 밝혀지지 않은 신비의 영역이기도 하다. 응급대처 상황에서 뛰어가야 한다고 생각할 때, 팔 근육과 다리 근육에 내리는 명령을 의식하는 사람은 아무도 없다. 본능적으로 몸을 움직인다. 이 것이 아마도 BCI가 전달하고 해석할 수 있는 거의 마지막 정보가 아닐까 싶다.

뇌 정보 판독에 도전하는
기업 Kernel

◆ ◆ ◆

　뇌 연구는 지금까지는 대부분이 대학이나 연구소에서 행해져 왔다. 최근에는 옐론 머스크의 뉴럴링크 등 기업에서도 적극적인 연구가 진행되고 있다. 미국 벤처기업 커널이 뇌 정보 판독에 관한 흥미로운 노력을 하고 있다. 벤처기업으로 출발한 이 회사는 2016년 '뇌연구의 첨단지식을 만인에게 제공한다'는 모토를 내세웠다. 회사의 고문으로, 세계적인 뇌 연구자인 MIT의 에드워드 보이든 박사, 조지 브자키 등이 합류했다.

　2020년 5월, 이 회사는 "최고 수준의 뇌 활동 기록 장치디바이스를 두 개 개발했다"고 발표했다. 그러면서, 뇌 정보 기록장치의 조건으로 4개를 내걸었다.

　높은 정밀도로 뇌 활동을 기록할 수 있어야 하며, 값싸고 사용하기 쉬워야 한다. 또, 일상생활에서 기록이 가능하며, 뇌를 손상시키지 않아야 한다(비침습형). 일상생활에서 기록이 가능하다는 것에 대해선 설명이 필요하다. 현재 사용중인 뇌 활동 장치는 사이즈가 크고, 또는 기록 중에는 정지해야 하는 불편함이 있다. 연구자 등 사용자가 자유롭게 일상생활하면서 기록할 수 있도록 하는 것이 매우 중요하다.

창업자인 브라이언 존슨은 커널에 1억달러를 개인 투자했다. 뉴럴링크와 비슷하게 파킨슨병과 같은 뇌신경 퇴행성 질병으로 인한 뇌 손상을 되돌리기 위해 뇌 속 신경망과 연결되는 작은 칩 개발을 목표로 한다. 뇌에 전기자극을 줘서 인공적으로 감각을 생산하는 것인데, 손상된 인지기능을 회복시키는데 주된 목적이 있다. 시각적인 자극을 주려는 시도는 시각 장애인들에게 처음으로 볼 수 있는 경험을 선사할 수 있다. 감각 자극은 사지가 마비된 환자들의 움직임을 돕는데 관련이 있다. 이와 함께 나이듦에 따라 퇴화되는 기억력의 재생에도 기여할 수 있다. 인지기능을 복구하는 기술 자체 보다도 이를 실제 사람의 뇌에 적용하는 것은 더욱 어렵고 큰 작업이다.

이를 감안해 4년 여에 걸쳐 만들었다는 장치의 첫 번째는 Kernel Flux 라는 이름이 붙혀졌다. 이 장치는 '뇌자도기록법(脳磁図記録法 MEG)'을 이용한 뇌 활동 기록 장치이다. 뇌자도기록법이란 '뇌의 전기적 활동에 의해 생성되는 뇌 표면의 자기장을 측정하는 뇌파기록기술'이다. 다시 말해 뇌 신경 세포들 사이의 전

미국 벤처기업 Kernel 이 개발한 Kernel Flux(왼쪽) 기계를, 한 연구자가 시연해보이고 있다.
출처 : Kernel

Kernel 이 개발한 Kernel Flow(왼쪽) 기계를, 한 연구자가 시연해보이고 있다.
출처 : Kernel

류 흐름으로 유도된 자기장을 측정하는 뇌기능영상법이다. 굉장히 민감한 자력계를 필요로 한다. 기존 의료현장에서도 간질환자의 원인 부위를 판독하는 데 이용되고 있다. 기존 뇌자도기록장치는 덩치가 크고 기록 중에 움직이기 힘들었다. 그러나, Kernel Flux(사진 참조)는 무게 1.6kg의 유선 헬멧형으로 비교적 가볍고, 기록 중에 자유롭게 움직일 수 있도록 했다.

Kernel 창업자 브라이언 존슨은 주문형 비침습적 뇌기록 기능을 제공하기 위해 개발했다. 이름을 지었는데, 나스^{NaaS :} ^{Neuroscience as a Service} 플랫폼이다. 나스는 인간의 마음을 엿볼 수 있는 2가지 뇌정보 기록 기술을 개발했다. 뇌에서 뉴런의 집단적 활동에 의해 생성된 자기장을 감지하는 플럭스^{flux}와, 뇌를 통한 혈류를 측정하는 플로^{flow}를 개발했다.

뉴럴링크는 침습형이다. 뇌에 전극을 심어 뇌 신호를 파악하는 기술인 BMI^{Brain Machine Interfaces}로 유명한 뉴럴링크는 2020년 8월 돼지 뇌에 8mm 크기 '링크 0.9'라는 컴퓨터 칩을 이식해 돼지의 뇌 세포 신호를 감지해는 실험을 공개했다. 뉴럴링크는 라식 수술처럼 편리하고 저렴한 비용에 사람을 대상으로 한 임상 시험을 통해 완성도를 높여 갈 것이라고 밝혔다. 이 기술은 의사소통에 문제가 있는 사람들을 돕거나 인간의 지각과 마음을 판독하는 데 사용될 것이다. 궁극적으로는 인간의 창의력을 높이는 데 사용될 것이다.

Kernel이 개발한 이러한 두 개의 장치는 모두 비침습형이다. 뇌를 물리적으로 손상시키지 않는 장점이 있다. Kernel은 다소 정확도는 떨어지지만 물리적으로 뇌를 손상시키지 않는 비침습적 방법을 택하고 있다. 뉴럴링크는 침습형에, 커늘은 비침습형에 집중해 첨단 뇌정보 기록장치를 개발해 내고 있다. 조만간 상용화할 날이 올 것이다.

뇌 속 정보
판독 기술에 대하여

지금까지 설명을 정리해 본다.

뇌 속 정보를 판독하는 프로젝트의 목적은 뇌 신호를 감지한 다음, 이를 해석해서 인간 삶에 보탬 되도록 하는 것이다. 이를테면, 신체를 제대로 움직일 수 없는 사람이 타인의 도움 없이 음식을 섭취하고 화장실에 가는 것 등이다. 침대에 누워 있는 사람이 생각하는 내용을 컴퓨터가 파악하여 대신 작동해주는 방법이다. 이를 위해서는 무엇보다 뇌 신호를 추출해서 해석하고 행동하도록 하는 장치가 중요하다.

뇌가 사물을 기억하고 작동한다는 것은 시냅스가 뇌세포 사이를 연결하고, 이 연결을 통하여 전기신호가 흐른다. 따라서 뇌 신호를 감지한다는 것은 전기 신호를 측정하는 것이다.

여기에는 세 가지가 있다.

첫째, 뇌파 측정이다. 우리의 뇌 속에는 약 1000억개의 뇌 신경세포가 있다. 뇌파를 측정하는 EEG 장비의 센서(채널) 개수는 제한되어 있다. 일반적으로 64개 채널을 사용한다. 이 말은 1000억 개의 뇌 신경세포 신호를 64개로 측정한다는 것이다. 센서 하나에 들어오는 신호는 수억 개의 뇌세포 신호가 뒤섞여 있다. 물리적으로 센서 숫자를 수억 개로 늘릴 수는 없다. 따라서 센서는 신호를 분리해 꼭 필요한 것만 골라내는 것이다. 이렇게 하여 신체가 마비된 장애인이 TV를 켜고 채널을 돌리는 등 초보적 수준에서 가능하게 해주고 있다.

둘째, 자기공명영상장치fMRI를 이용하는 것이다. 뇌가 눈을 통해 본 영상을 컴퓨터가 재구성해내는 것이다. fMRI는 뇌 속의 각 영역이 활성화되는 모습을 촬영한다. fMRI의 원리는 이렇다. 뇌 속의 산소 소비량을 측정한다. 혈관 속에서 산소를 포함하고 있는 헤모글로빈의 농도를 측정하면 뇌 속의 작동 양상을 알 수 있다. 만약 암세포가 자라나고 있다면, 암세포는 활발하게 증식하는 세포이기 때문에 산소를 많이 소비할 것이다. 당연히 헤모글로빈 농도가 높아진다. 특이하게 농도가 높아진 부분에 암세포가 자라고 있다고 의심할 수 있다. 이것이 fMRI를 이용한 뇌암 진단의 기본 원리다.

셋째로, 뇌신호 감지 방법에는 뇌 속에 전자 칩을 심는 방식이 있는데 현재 활발히 연구개발중이다. 전신이 마비된 장애인의 머리에 칩을 심어서, 머리에 전깃줄을 달게 한다. 가령 장애인이 물을 마시고 싶다는 생각을 한다. 뇌 속의 칩이 이 신호를 추출하여 로봇에게 전달한다. 로봇이 물컵을 잡아 장애인의 입에 가져가고, 장애인은 물을 마신다. 이런 방식으로 장애인은 타인의 도움을 받지 않고도 원하는 바를 이룰 수 있다.

현재는 1000억 개나 되는 뇌 신경세포의 자세한 위치와 연결 상태를 정확히 알지 못하고 있다. 1000억 이상 뇌 신경세포의 모습을 나타내는 지도를 그려내는 연구를 커넥톰Connectome이라 부른다. 만약 모든 뇌세포의 위치와 연결 상태, 그리고 기능을 알게 되면, 마치 휴대폰을 수리하듯이 뇌 속의 손상된 부분을 고칠 수 있게 될 것이다.

현재 AI의 발전 속도를 보면, 인간은 AI를 당해내기 어려울 것으로 생각할 수 있다. 인간과 컴퓨터 사이엔 너무나 불평등한 게임이 펼쳐지고 있다. 인간은 태어날 때 받은 1.4kg짜리 뇌가 기억·계산·학습·추론·창의·감성처리 등의 모든 일을 한다. 일단 타고나면 능력은 그다지 확장되지 않는다.

그런데 AI는 능력을 거의 무한대로 확장할 수 있다. 뇌처럼 병렬처리 기법에 의해 계산 속도가 증가하고 있고, 클라우드 방식에 의해 기억용량이 증가하고 있다. 그러면서 효율적인 AI 알고리즘이 계속 개발되고 있다. 이처럼 뇌와 AI의 불평등한 게임이 계속

되면 결과는 뻔할 것으로 보일 수 있다. 그래서 엘론 머스크가 세운 회사가 뉴럴링크^{Neuralink}다.

이 회사는 뇌 신경회로와 AI 전자회로의 연결을 목표로 하고 있다. 생체회로와 전자회로가 신호를 주고받으면, 인간 뇌의 능력을 확장하는 수법이다. 우리가 컴퓨터 기억능력을 확장하기 위해 USB나 외장 하드를 사용하듯이, 외부에 보조기억장치를 가질 수 있다. 예를 들어 뇌에 연결부위를 만들고, 이곳에 USB를 꽂아서 정보를 업로드와 다운로드를 하는 것이다. 공상과학에서나 볼 수 있는 장면이 조만간 현실화할 수 있을까.

뇌심부 자극 수술

　지금까지 살펴본 것처럼 '뇌 속 정보의 판독'은 급속한 진보가 계속되고 있다. 전망은 상당히 밝은 편이다. 반면 '뇌 속에 정보를 입력하는 기술'은 어떠한가. 이에 대한 기술 수준은 아직 블랙박스 수준에 머물러 있다. 뇌 속 정보 판독에 비해 입력 기술은 갈 길이 멀다.

　초보적 수준이지만 뇌에 정보를 입력하는 기술은 이미 활용되는 것도 있다. 대표적으로 인공내이, 즉 인공고막이다. 난청인 사람에게 기기를 삽입하여 청력 향상을 도와주는 기술이다. 인공 고막에 기록된 소리는 기기를 통해 전기 신호로 변환되어 청각 정보를 전달하는 내이신경에 도달한다.

　이처럼 지금 상황에서도 이미 뇌에 정보를 입력하는 기술이 일부 성공한 사례들이 있다. 하지만, 인공내이는 엄밀한 의미에서

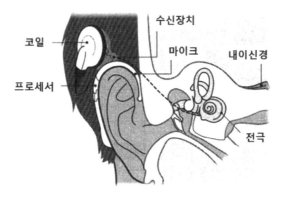

〈그림〉 인공내이 구조

코일

수신장치

마이크

내이신경

프로세서

전극

귀 표면에 장착된 프로세서가 외부의 음성을 전기신호로 변환해 속귀(내이)
에 내장된 전극을 통해 내이신경에 전달하면 소리를 들을 수 있게 된다.

뇌 자체에 정보를 입력하고 있다고 할 수 없다. 왜냐하면 인공내이 시스템은 말초신경, 즉 내이신경을 자극하는 간접 방식이기 때문입니다. 인공내이 시스템으로 자극되는 내이신경은 의학적으로는 말초신경에 속해 있다. 따라서, 인공내이 체계에서 소리나 음성 등 외부의 정보가 전기신호로 변환되어 말초신경을 통해 간접적으로 뇌에 전달되고 있다고 봐야할 것이다.

현재 뉴럴링크나 커늘 등 민간 기업에서 연구하고 있는 것은 대뇌피질이나 해마 같은 대뇌 자체에 직접 자극을 주어 정보를 입력하는 기술이다. 그간 뇌에 직접적인 정보 입력에 관한 기술은 장기간 정체되어 있었는데, 지난 2020년 무렵 혜성 같은 연구성과가 발표되었다.

대뇌피질을 전기신호로 자극해, 알파벳 문자를 인식하는데 성공한 것이다. 이 연구는 시각장애자의 뇌에 전극을 심어 자극하는 실험이었다. 뇌에 전기 자극 패턴을 문자로 이해시키는 실험에 성공한 것이다. '대화하지 않고도 상대방에게 의도를 전하는 것'이 가능하다는 것을 시사한 연구성과였다. 향후 이 기술을 더욱 응용한다면, 머리에 떠오르는 이미지를 언어로 만들어 않고 이미지 그대로 직접 전하는 것도 가능하다는 점이다. 이것이 바로 텔레파시이다. 이런 연구는 뇌 정보 입력 실험에 큰 돌파구가 될 수 있다.

뇌 세포에 정보 입력 방법

전기 신호에 의해 뇌에 여러가지 자극을 가할 수 있다. 뇌 자극 수단에는 초음파나 광선 등이 있으나 각각 장단점이 있다. 대표적으로 5가지가 있다.

❶ 전기(비침습적)

❷ 전기(침습적)

❸ 자기장

❹ 초음파

❺ 광선

각각의 장단점을 고려하면서 기준이 되는 세 가지 지표가 있다. 공간분해능력, 시간분해능력, 침습도이다. 이러한 관점에서 입력 기술의 우열을 설명해본다.

공간분해력이란, '얼마나 세세하게 영역을 좁혀 뇌 세포를 자극할 수 있는가'라는 지표이다. 공간분해 능력이 떨어지면 목표로 하지 않은 세포까지 활성화시켜 결과적으로 고도의 정밀도를 요구하는 정보 입력 등의 목표를 이룰 수 없다. 극미세 정밀도를 충족해야 필요한 뇌 세포에 정확하게 정보를 입력시킬 수 있다.

다음으로 시간분해력이다. '얼마나 세세하게 타이밍을 짜서 적기에 뇌를 자극할 수 있는가' 여부이다. 시간분해 능력이 낮으면 의도하지 않은 타이밍에 뇌 세포를 자극하면 엉뚱한 결과를 유발할 수 있다. 적기의 뇌 자극은 고난도 정보를 입력시키는 필수적인 요소이다.

세 번째, 침습도란 '이런 수단들이 뇌에 얼마나 물리적인 손상을 주는가'이다. 누구라도 두개골을 열어 수술이 필요하다면 선뜻 나서지 못할 것이다. 시술 방법이 아무리 공간분해력, 시간분해력에서 뛰어나더라도 뇌에 상처를 초래한다면 누구라도 쉽게 결정할 수 없다.

이런 세 가지 기준점에서 각 수단을 분석해본다.

첫째, 뇌심부 자극법이다. 뇌를 자극하는 수단으로 전기신호가 가장 많이 이용되고 있다. 여기에는 침습법과 비침습법이 있다.

이미 설명한대로 침습법이란 두개골에 구멍을 내고 뇌파계나 전극을 삽입하는 방법이다. 물리적으로 신체를 손상시키는 방법이다. 이에 반해 비침습적 방법은 물리적으로 신체를 손상시키지 않는 수단으로 자극한다. 뇌에 직접 전극을 삽입하는 침습적 방법은 공간분해력과 시간분해력에서 효율적이다. 이는 옐론 머스크의 뉴럴링크가 실험중인 방법이다. 하지만, 침습적인 전기자극의 방법은 현재 기술적 능력으로는 널리 보급되기 어렵다. 뭐니뭐니해도 뇌에 손상을 가할 수 밖에 없다. 이를테면 두개골을 뚫어야 하는 정밀한 외과 수술을 요구한다.

두 번째는 전기자극법이다. 두개골 표면에 설치한 전극을 통해 전기 신호를 주입해 뇌 세포를 자극한다. 동물실험에서 전기자극법은 증상 개선이나 기억력 향상 등의 효과가 있는 것으로 알려져 있다. 비침습적 전기자극법은 간편하고 두개골을 뚫지않고도 뇌에 정보를 입력하는 방법이다. 하지만, 이는 공간분해력과 시간분해력 관점에서는 상당히 비효율적이라는 평가가 있다.

세 번째, 자기자극법이다. 자기에 의한 뇌자극은 '경두개 자기자극법TMS'이 주로 쓰인다. 뇌 주위에 설치한 코일에서 자기장을 형성한다. 이어 뇌 세포 주위 혈류에 형성된 자기장을 통해, 뇌 속의 신경세포를 연결하는 뉴런을 자극하는 방법이다. 자기자극법에 의한 뇌자극은 공간분해력, 시간분해력 등에서 전기자극법보

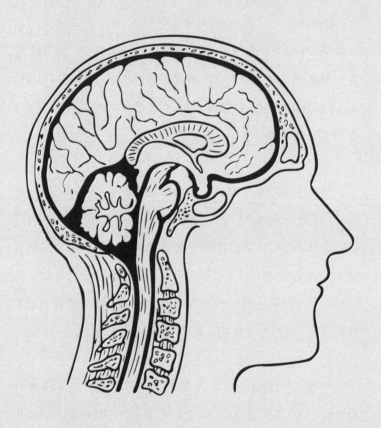

다 우수한 것으로 평가된다. 침습도 역시 신체를 거의 손상하지 않는다는 점에서 장점이 있다. 자기자극법은 현재 우울증 치료 등에 이용되고 있다. 임상의학에서도 자기를 이용한 뇌자극 등을 이용하지만, 고정밀 고난도 정보 입력에서는 아직 기대에 미치지 못하고 있다. 해상도가 낮다.

넷째는 초음파를 이용하는 것이다. 가청역에 들지 않는 초음파는 주파수가 높아서 귀에 들리지 않는 소리의 파동이다. 인간에게 들리는 소리의 주파수를 가청역이라고 한다. 초음파超音波, 영어: ultrasound(s), ultrasonic wave는 인간이 들을 수 있는 가청 범위를 넘어서는 주파수를 갖는, 주기적인 음압音壓, sound pressure을 의미한다. 사람마다 다르지만, 그 한계 값이 건강한 사람의 경우 20kHz20,000 Hz이다. 따라서 20kHz는 초음파를 설명하는 데 있어 유용한 하한이 된다.

초음파는 일반적으로 매개체(혹은 매질)를 관통시키거나 반향파의 측정 등 여러 분야에서 사용되고 있다. 반향파는 매개체의 내부 구조를 자세히 들여다보는 데 사용될 수 있다.

이같은 각종 툴은 뇌신경 장애를 치료하는데 유용한 도구가 될 수 있다. 뇌신경 장애는 주로 운동장애 질환을 초래한다. 지금까지 파킨슨병, 근긴장이상증 등 30여가지 질환이 발견되었다. 뇌신경 장애로 생명이 위험해지는 경우는 드물지만, 일상생활을 수

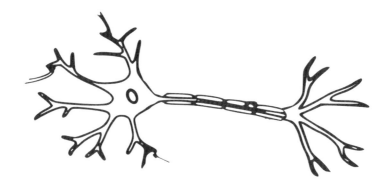

행하는 것이 불편해지고, 다른 사람에게 의존해 행동해야 하는 경우가 대부분이다.

뇌심부자극 수술, 방사선수술, 고주파절제술, 초음파 뇌수술 등이 시술되고 있다. 이 가운데 뇌심부자극 수술은 뇌세포에 자극을 주기 위해 전기 신호를 흘려주는 치료법이다. 뇌의 특정 부위에 생긴 비정상적인 신호를 조절하거나 비정상적인 세포나 화학물질의 기능을 조절할 수 있다.

주로 손발이 떨리며 행동이 느려지는 파킨슨병, 수전증(본태성), 팔다리의 근육을 마음대로 움직일 수 없는 근긴장이상증과 같은 질환을 겪는 경우 뇌심부자극술이 유용하다.

최근에는 강박장애와 난치성 뇌전증에도 뇌심부자극술을 시술한다. 대개 뇌 부위에 정확하게 전기신호를 뇌에 보내는 수술이다. 뇌심부자극술의 중요한 장점은 뇌조직을 손상시키지 않는다는 것이다. 뇌조직에 변화를 주지 않고, 전기신호를 차단하면 바로 원래의 상태로 되돌릴 수 있다.

다만, 단점이 몇가지 발견되었다. 수술에 따르는 일부 합병증이 발생할 수 있고, 대략 4-5년마다 수명이 다한 자극발생기를 간단한 수술을 통해 교체할 필요가 있다.

초음파 자극의
다양한 쓰임새

◆ ◆ ◆

앞에서 설명했지만, 비침습 치료의 대표적인 기술로 전기 신호와 자기장을 이용한 방식이 있다. 하지만, 자극 범위가 넓고 해상도도 낮다. 이에 새롭게 주목을 받고 있는 도구가 초음파 기술이다. 돋보기로 빛을 모으듯 초음파를 한 곳에 집중하면 에너지가 발생한다. 그 강도에 따라 고강도 집속초음파와 저강도 집속초음파로 구분한다. 고강도 집속초음파의 경우 발생하는 열에너지를 이용해 암치료 등에 이용되고 있다.

뇌 연구에서는 열이 발생하지 않는 저강도 집속초음파를 활용한다. 이를 이용하면 외과적인 수술이나 뇌 손상없이 비침습적으로 뇌신경을 직접 자극할 수 있다. 뇌심부 영역을 포함한 특정 뇌영역의 기능을 활성화시키거나 억제시키는 것도 가능하다. 초음파의 경우 소뇌에 유용하다.

소뇌는 사람의 운동조절 및 학습기능을 담당하고 있는 부위로, 급성 뇌졸중이 발병하는 경우가 많다. 저강도 집속초음파로 소뇌를 자극하면, 수 밀리초ms 이내의 국소 영역까지 정확하게 자극할 수 있다는 장점이 있다. 저강도 집속초음파 뇌자극 기술은 향후 집중력 향상, 수면유도 등 일반인들의 건강 증진 및 능력 향상에도 활용할 수 있다.

초음파를 이용한 뇌 수술은 머리를 감싸는 1024개의 초음파 발생장치에서 나오는 초음파를 이용한다. 뇌심부의 목표 부위에 집중시켜 뇌조직의 온도를 상승시키고 제한된 범위의 괴사를 유발하여 증상을 호전 시키는 수술법이다.

수술은 마취나 머리 절개 없이 이루어지며 수술 중 실시간으로 자기공명영상에 의하여 뇌 심부의 온도를 측정한다. 동시에 증상의 호전 여부를 확인하면서 진행한다. 지금까지 성과로 볼 때 본태성 떨림Essential tremor, 즉 수전증에 가장 뚜렷이 치료 효과가 있는 것으로 보고되었다. 안전성도 입증된 시술이다. 시술할 경우 약물에 반응하지 않으며 일상생활에 지장을 줄 정도로 심한 증상이 해당된다. 떨림을 주 증상으로 하는 파킨슨병에서도 치료 효과를 기대할 수 있다.

초음파 시술의 과정을 보면, 우선 집속초음파를 목표 부위에 집중시켜 뇌조직의 온도를 올린다. 뇌의 반응을 확인하면서 고온으로 올려 영구적으로 치료효과를 얻도록 뇌 조직, 즉 이상 세포를 괴사시킨다. 가장 큰 장점은 마취나 절개 등의 침습적인 방법을 사용하지 않아,합병증을 최소화할 수 있다. 단점으로는 수술 시 한쪽 뇌 부위만 호전이 가능하다는 부작용이 나타날 수 있다.

광유전학의 눈부신 발전

◆ ◆ ◆

다음으로 빛에 의한 뇌세포 자극 기술이다. 빛에 의한 뇌 자극은 광유전학의 일종이다. 광유전학optogenetics은 글자 그대로 빛opto과 유전학genetics이 결합된 용어이다. 기술적으로는 유전학적 기법을 이용한다. 이는 어느 수단보다도 공간분해력과 시간분해력이 우수한 것으로 평가된다. 한 마디로 광유전학은 빛으로 뇌 신경세포를 제어하는 기술이다. 과연 빛으로 세포의 활동을 시간적으로나 공간적으로 정확하게 제어할 수 있을까. 그 정확한 의미는 무엇인가.

먼저 시간분해력이다. 빛은 밀리초 단위로, 전기나 자기보다 빠르게 순식간에 벌어진다. 세포에 빛을 비추면 순식간에 활동한다. 공간분해력 또한 매우 우수하다. 빛에 의한 뇌 자극은 전기나 자기, 초음파 등의 다른 수단과 달리, 극미세 핀포인트로 세포 활동을 제어할 수 있다.

이를테면 삶에 활력을 주는 도파민 방출 세포만을 활성화시킬 수도 있다. 자극의 목표로 하는 세포에 빛 감지 센서를 붙여 빛으로 세포를 제어하는 방식이다. 그간 신경세포를 활성화하는 데 활용돼 온 전기자극 등은 한계가 있었다. 목표하는 세포뿐만 아니라 주위의 다른 세포들에 까지 영향을 미쳤다. 앞으로는 보다 미세한 빛을 이용해 원하는 신경세포만을 빠르고 정확하게, 그리고 안전하게 제어할 수 있는 분야가 광유전학 기술 분야이다.

광유전학을 가능케 한 '빛 감지센서'는 감광단백질이다. 이는 녹조류에서 발견됐다. 독일 연구팀이 발견했다. 단백질이 청색 빛을 받으면 전기가 발생한다는 사실이다. 독일 뷔르츠부르크대의 게오르크 니겔 교수팀은 2002년 국제 학술지 '사이언스'에 관련 논문을 발표했다. 연구진은 빛을 향해 움직이는 생물인 '클라미도모나스'라는 녹조류에서 빛을 감지하는 단백질을 발견했다. 감광단백질이다. '채널로돕신'이란 이 단백질은 빛을 받으면 전류를 발생시킨다.

미국 스탠퍼드대의 칼 다이서로스 교수팀은 채널로돕신을 생쥐의 신경세포에 이식하는데 성공했다. 광유전학의 동물실험 결과를 사람에 적용하려면 부작용 문제를 해결해야 한다. 한국기초과학연구원IBS 박홍규 교수팀은 "부작용 없이 빛으로 뇌신경을 자극해 뇌 신호를 기록할 수 있는 나노장치를 개발했다"는 연구성과를

　　　　　AI · 메타버스 융합의 기회

국제학술지 '나노 레터스'에 발표했다.

뇌 신경을 자극하고 반응을 측정하기 위해 먼저 금속 소재의 탐침을 뇌에 이식한다. 이는 그러나 뇌세포를 손상하거나 주변에 면역반응을 일으켜 신호 측정을 어렵게 만들 수 있다. 따라서 연구팀은 대나무로 만든 죽부인처럼 생긴 탐침을 개발했다. 이는 뇌조직과 성질이 유사하고 금속 탐침보다 1000배 이상 유연해 뇌신경에 면역반응을 일으키지 않는다. 또한 발열로 인한 뇌 손상도 없다. 광유전학 장치의 성능도 개선되고 있다.

카이스트KAIST 이정호 교수팀은 2020년 실시간으로 뇌 신호를 측정할 수 있는 투명 전극을 개발했다. 금속 전극은 빛 전달을 방해하고 빛을 쬘 때 잡음 신호가 발생했는데, 이런 단점을 보완한 것이다. 고분자를 이용해 유연하고 투명한 미세전극을 만들면 잡음 신호가 10분의 1로 줄어든다.

아울러 태양전지를 피부 바로 밑에 이식해서, 근적외선으로 전기를 만들어내는 시스템도 만들었다. 연구진은 생쥐 실험에서 근적외선으로 만들어진 전력으로 빛을 작동시켜 생쥐의 수염을 움직이는 데 성공했다.

구체적으로는 2013년 노벨 생리의학상 수상자인 미국 매사추세츠공대MIT 도네가와 스스무 교수팀의 연구성과가 유명하다. 현재 광유전학을 파킨슨병, 정서불안장애 등 다양한 정신질환의 치료에 적용하려는 연구가 진행중이다.

　이미 질병을 치료하기 위한 임상시험 단계에 이미 접어들었다. 살아있는 동물세포를 빛으로 정교하게 제어한다면, 시각장애, 정신질환 등 인간 질병을 치료할 길이 열릴 것이다.

　빛으로 신경을 자극하는 광유전학 기술은 장애자에게 청신호가 될 수 있다. 한때 실험에서 시각장애인이 눈 앞의 사물을 인지하는 데 성공한 적도 있다. 이 실험은 광유전학이 인간을 대상으로 한 임상에서 효과를 본 사실상 최초 연구였다. 미국 피츠버그대와 스위스 바젤대 안과학부 교수 공동연구팀은 앞이 전혀 보이지 않는 시각장애인 3명을 대상으로 광유전학 임상을 실시해 성공한 바 있다.

　그러나 다른 뇌세포에 손상을 가할 위험도 있다. 뇌의 특정 세포에 유전자를 전달해야 하고 이후 빛을 쪼이는 기기도 삽입해야 한다. 주로 쥐나 영장류를 대상으로 실험에서 큰 효과를 보고 있으나, 실제 인간을 대상으로 한 임상시험은 여러가지 위험 요소를 내포하고 있다.

지금까지 뇌세포에 정보를 입력하는 수단으로 5가지 툴을 비교해보았다. 갖가지 장단점이 있기 마련이다. 가장 최선의 툴은 무엇인가.

뇌 세포에 정보를 입력하는
최선의 방법

◆ ◆ ◆

상상일 수도 있지만, 나의 뇌 속 정보를 컴퓨터에 그대로 재현된다면 어떻게 될 것인가? 뇌를 컴퓨터상에 재현하는 것을 '전뇌화'電腦化라고 한다. '마인드업 로딩'mind up loading 또는 정신 전송mind transfer, 또는 마음복사mind copying라고 한다. 트랜스휴머니즘이나 사이언스 픽션에서 사용되는 용어로, 인간의 마음을 컴퓨터와 같은 인공물에 전송하는 것이다. 현 단계에서 전뇌화가 실현 가능한지 여부는 알 수 없다. 다만 지금 기술 수준에서 '하나의 신경 세포가 어떻게 활동하는가'는 컴퓨터상에 나타낼 뿐이다. 앞으로 더욱 기술이 진보하면 신경세포뿐만 아니라 뇌 전체 세포를 재현할 수 있을 것이다. 뇌 속 신경망은 지금까지 발견된 모든 네트워크 가운데 가장 복잡한 것으로 알려져 있다. 이런 고도의 네트워크를 컴퓨터에 응용해 보려는 시도가 간단없이 계속되고 있다.

더불어 의학분야에서도 신경망 생성 원리를 이용해 난치병에 대처하려는 노력이 계속되고 있다. 난치병 치료를 위해 먼저 뇌 회로 구축 원리나 규칙을 발견하는 것이 필요하다. 최근 독일 프랑크푸르트 막스플랑크 뇌연구소가 뇌 회로 형성 원리를 규명해냈다. 세계적 과학저널 '사이언스Science'에 게재되었다. 이를 통해 인간과 동물의 뇌에서 발견되는 신경 네트워크가 규명되고 있다. 그러면서도 인간 뇌의 난해한 신경회로가 어떻게 형성되는지 의문은 꼬리에 꼬릴 물고 계속되고 있다. 뉴런이 생성돼 회백질로 이동하고, 성장 분화하는 방법은 이미 알려져 있다. 수조 개에 달하는 시냅스(신경 소통 접촉점)가 어떻게 그리고 어떤 규칙에 따라 뇌 네트워크를 형성하는가? 막스플랑크 뇌연구소 모리츠 헬름슈태터Moritz Helmstaedter 소장이 이끄는 연구팀은 대뇌 피질의 회백질에서 발견되는 신경회로를 지도화했다. 대부분의 대뇌 시냅스는 이 회백질에 모여 있다. 헬름슈태터 소장은 "광범위한 정상 및 질병 환경에서의 신경망 구조를 연구함으로써 포유류의 뇌에서 발견되는 변형과 공통점을 이해할 수 있도록 연구할 것"이라고 했다.

그런데 문제는 뇌에 존재하는 뇌 신경망을 컴퓨터로 재현하는 것은 현재 반도체로는 불가능하다는 점이다. 뇌 속에는 약 1000억 개의 신경세포가 존재하고 동시에 하나의 신경세포는 평균 1만 개 이상의 시냅스를 거느리고 있기 때문이다. 아무리 작은 고난도 반도체라도 컴퓨터에 재현하는 것은 물리적으로 불가능하다.

BMI를 이용한
신경·정신 질환 치료의 길

◆ ◆ ◆

브레인-머신 인터페이스BMI, Brain-Machine Interface 또는 브레인-
컴퓨터 인터페이스BCI는 앞으로 생각만으로 행동 부자유자에게
희소식을 줄 것이다. BMI는 로봇이나 보철을 움직이며 지체부자
유자의 신체 재활에 보다 확실히 응용할 수 있다. 생각한대로 발
생하는 뇌 신경 신호를 판독하여 컴퓨터로 분석하고, 분석 결과
를 외부 기계, 즉 로봇이나 컴퓨터 명령어로 전달하는 기전이다.
말그대로 생각대로 움직이게 하는 기술이다. 이는 브레인-컴퓨터
인터페이스Brain-Computer Interface, BCI 기술이 응용된 것으로, 적용
범위가 넓다.

생각만으로 컴퓨터를 제어하는 기술로, 사람이 외부로 표현하
지 않는 감정 상태까지 인식할 수 있을 것이다. 이는 멀티 모달 인
터페이스의 한 방편으로 사용할 수 있다. 멀티 모달 인터페이스는

유비쿼터스 컴퓨팅기술에 사용된다. 사람의 표정이나 음성, 제스처 등의 정보를 인식하고 그에 맞는 서비스를 제공하는 기술이다.

BMI는 '주의력 결핍·과잉활동장애'ADHD를 가진 환자나 간질환자에게 아주 작은 전극 칩(두뇌 칩)를 대뇌피질에 이식하여 자기조절이 가능하도록 하는 기술이다. 뇌파를 정확히 검출하여 기록하여 척수 손상과 루게릭병 등 신경 마비환자들을 위한 인공기구에 적용하는 기술이다. BMI는 현재 세계적으로 본격 연구개발 단계에 있는 첨단 기술이다.

2022년 상반기 현재 BMI는 주로 사지마비 환자가 휠체어를 움직이고, 컴퓨터 마우스를 조작하는 수준에 도달했다. BMI는 미국 MIT가 선정한 21세기 8대 신기술에 선정됐다.

가상공간에서의 다양한 컴퓨터 게임에도 활용할 수 있으며, 기억장애, 만성통증, 운동근육장애, 정신병, 우울증, 뇌졸중 기능회복 등을 치료하는데 응용할 수 있다. 미래 자동차산업 및 기계전자산업 전반에 상당한 파급효과를 미칠 것이다.

BMI 기술은 인간의 생각이 뇌 활동에서 비롯된다는 점에 착안했다. 그 과정을 살펴보면 대략 이렇게 설명할 수 있다.

뇌의 한 영역에서 신경이 활성화하면 그곳의 혈류가 변화한다. 뇌 신경세포의 활성화 결과 혈류의 산소공급이 활발해지기 때문이다. 혈액 속 옥시-헤모글로빈은 산소를 공급하고 디옥시-헤모글로빈으로 변한다. 결과적으로 뇌 신경세포의 활성화는 반자성인 옥시-헤모글로빈의 증가를 가져온다. 활성화 영역은 활성화 되지 않은 영역보다 자기공명영상 fMRI 신호세기가 증가한다. 이때 얻은 영상을 통해 뇌신경의 활동 영역을 가시화 할 수 있다. fMRI 장치로 뇌의 활성화를 나타내는 BOLD 신호를 검출하여 이 신호로 로봇이나 컴퓨터를 제어한다. 이런 방법을 fMRI BOLD 신호를 이용한 BMI라고 한다.

BMI 기술이 발전함에 따라, 사지마비 장애인들의 의사소통이 가능해지고 휠체어, 로봇 등 생활보조기구의 작동이 가능해졌다. 특히 시각 또는 청각의 선택적 주의 집중을 활용한 정신적 타자기 mental typewriter가 상용화되고 보급됨에 따라 사지마비 장애인들이 글을 쓰고, 이메일로 외부와 교신하는 것이 가능해졌다. 이에 따라 다수의 장애인들이 경제활동에 참여할 수 있게 되었다.

특히 20세기의 가장 위대한 과학자 중 한명으로 꼽히는 스티븐 호킹 박사와 같이 근위축성측색경화(ALS, 루게릭병) 등 신경계 질환을 앓고 있는 다수의 지식인들이 정신적 타자기의 도움을 받아 세상과 소통하고 있다.

현재 초고령화 사회의 진입에 따라 뇌졸중, 치매 환자가 급증하고 이로 인한 사회, 경제적인 비용이 천문학적인 수준으로 증가하고 있다. 최근 뇌졸중 환자의 재활 시, 'BMI 신경재활' 방식이 뛰어난 효과가 있음이 과학적으로 입증되고 있다. 또한, BMI 기술에서 파생된 치매 조기 진단, 치매 예방 및 인지재활 프로그램이 널리 보급됨에 따라 급증하던 치매 발병률을 낮출 수 있다.

우울증 치료의 길

미국 샌프란시스코 웨일신경과학연구소UCSF는 '네이처 의학 Nature Medicine' 에 의미있는 연구성과를 발표했다. 약물 치료 저항성, 즉 약물이 듣지 않는 우울증 환자에게 뇌파 검사와 뇌심부 자극술을 시술해 효과를 확인했다고 발표했다. 앞에서도 설명했지만, 뇌심부 자극술은 대뇌 관련 영역에 전극을 삽입해 전기 자극을 가해 치료 효과를 얻는 시술이다. 여기에는 AI 머신러닝 알고리즘이 활용되었다. 환자의 기분이 최저일 때 편도체 영역의 활동 패턴을 분석하는 식이다. 분석을 반복해 뇌 중앙 부위에서 정보를 받아들이는 영역을 찾아냈고 이 영역에 전기 자극을 가했다.

좀더 자세히 설명하면 연구팀은 약물 치료에 반응하지 않는 여성 우울증 환자의 좌뇌와 우뇌에 총 10개의 전극을 설치했다. 10일간 뇌 신경회로의 활성도를 기록했고, 우울 증상을 모니터링 했다. 전극을 통해 나온 뇌의 신호를 분석한 결과 우울, 공포 등의 감정에 관련된 것이 편도체amygdala임을 알아냈다. 여기서 뇌파의 한 종류인 감마파gamma frequency가 유효한 신호임을 확인했다. 아울러 우뇌의 활동 변화가 우울한 기분을 개선하는데 매우 중요한 것으로 드러났다. 우뇌의 복측내ᅲ腹側内包 · 복측선조체腹側線条体라는 영역을 자극하고 그에 따라 편도체 활동을 변화시키는 것이 기분을 개선시키는데 중요하다는 사실을 알아냈다.

편도체扁桃体는 대뇌변연계에 존재하는 아몬드 모양의 뇌부위이다. 감정을 조절하고, 공포 및 불안에 대한 학습 및 기억에 중요한 역할을 하는 것으로 알려져 있다. 대뇌기저핵의 중요 영역인 선조체striatum는 과거 경험에 대한 정보를 저장하고 있다. 어떤 것이 가장 보상받는 행동 방향이 될 것인지를 대뇌피질이 물어오면, 선조체는 과거경험 정보를 모아 시상thalamus을 통하여 다시 대뇌피질로 조언한다. 연구팀은 자극을 전달하는 장치를 환자의 뇌 속에 이식했다. 작은 배터리가 내장된 장치는 반영구적이다. 연구에 참여한 환자에게 장치를 이식한 결과 하루에 약 300회 자극이 발생했고 모두 합해 약 30분간 자극이 이뤄졌다. 이 환자는 "첫 자극을 가했을 때 가장 강렬한 기쁨을 느꼈다"며 "자발적으로 웃은 것은 5년만에 처음이었다"고 밝혔다. 그는 "치료 이전에는 거의 활동하지 않았고 세상에서 추악한 것 외에는 어떤 생각도 하지 않았다"며 "5년간 치료약물도 소용없었지만 이번 치료로 우울증은 치료될 수 있다는 생각을 확인시켜 주었다"고 말했다. 연구팀은 "증상이 발생하는 즉시 치료할 수 있다는 점에서 가장 치료하기 어려운 우울증 사례를 해결하는 완전히 새로운 방식이 될 것"이라고 밝혔다. 연구팀은 "뇌심부 자극술은 우울증 약물에 비해 부작용 없이 효과를 보았고 치료 기간도 훨씬 짧다. 보다 개인화된 치료가 가능하도록 개발할 것"이라고 했다.

우울증은 일시 기분이 저하되는 상태만을 뜻하는 것이 아니다. 생각의 내용, 사고 과정, 동기, 의욕, 관심, 행동, 수면, 신체활동 등 전반적인 정신기능이 저하된 상태를 뜻한다. 이러한 증상이 거의 매일, 거의 하루 종일 나타나는 경우를 우울증이라고 한다. 우울증은 세로토닌, 도파민, 노르에피네프린 같은 신경전달물질의 결핍과도 관련된 것으로 알려져 있다. 이러한 결핍은 뇌기능 활동에 서로 다른 영향을 끼치며, 그것은 뇌파의 변화로 반영된다. 정량뇌파^{QEEG} 선행 연구에 의하면, 우울증에서 '뇌파의 느려짐' 현상이 공통적으로 관찰되는 것으로 보고되고 있다. 이는 'Depression', 즉 뇌활성의 저하 상태를 반영한다.

우울증 환자 중 약물에 반응하지 않는 환자는 전체 환자의 10~30%에 달한다. 영국에서만 두 종류 이상 우울증 치료 약물에 반응을 보이지 않는 우울증 환자가 약 270만명이다.

20여년간 과학자들은 뇌심부 전기 자극을 통해 파킨슨병이나 간질 환자 수 만명을 치료했다. 하지만, 그간 우울증 치료는 번번이 실패했다. 우울증을 유발하는 뇌 부위가 한 군데에 그치지 않고 상호 연결된 영역이 복합적으로 작용하는 데다 사람마다 영역이 다르기 때문인 것으로 분석됐다.

이 연구는 어디까지나 한 환자를 대상으로 한 것이라는 점이다. 그러나, 이같은 일련의 뇌 자극술 결과는 멋진 발견이며, 우울증 치료에 혁명을 일으킬 가능성도 있다. 가까운 장래에 신경 정신 질환의 맞춤형 치료가 실현되는 시대가 올 수도 있다. 가령 어떤 날 아침 "어쩐지 오늘은 기분이 영 아니구나"하는 순간이 누구에게나 있다. 그런 날에는 BMI(뇌-기계 인터페이스) 기기를 이용하여 뇌를 자극시켜 뇌의 상태를 항상 건강하게 유지하는 시대가 올 지도 모른다. "아침에 일어나서 5분으로 뇌를 관리한다"는 미래의 마인드풀니스가 도래할 수 있다. BMI-정신케어를 마치 헬스 클럽에 가는 것처럼 당연하게 생각하고, 누구나 신체적, 정신적으로 건강하게 사는 시대가 기다려지기도 한다.

"당신의 뇌가 문자를 직접 입력할 수 있다"

앞으로 BMI의 응용 범위는 대단히 넓어질 것이다. BMI 기술을 응용한다면, 스마트폰 키보드를 사용하는 것보다 5배 이상 빠르게 문자를 입력할 수 있다. 바로 '생각을 이용한 입력 시스템'이다. 뇌파로 물건을 컨트롤 할 수 있는 헤드셋, 생각만으로도 자유자재로 움직이는 로봇 팔과 뇌파를 감지해 인간의 사고와 기계를 바로 연결하는 프로그램이다. 신경과학자 람세스 알카이드Ramses Alcaide가 설립한 뉴러블Neurable이 선두적 기업이다. 사용자의 생각을 읽어 손 등을 사용하지 않고 '생각'만으로 플레이할 수 있는 VR(가상현실) 콘텐츠를 개발하는 기업이다. 뉴러블은 이미 컨트롤러와 조이스틱 없이 생각만으로 모든 조작이 가능한 VR게임을 개발했다. 게임을 플레이하려면 유저의 뇌파를 감지하는 센서를 VR 헤드셋에 탑재해야 한다. 뉴러블은 HTC의 VR 헤드마운트 '바이브Vive'에 7개의 전극을 꽂아 기술을 구현했다. 뇌파를 감지할 수 있는 VR 헤드셋이라 하더라도 한계가 있을 수 있다. 유저가 머릿속에 정확한 생각을 떠올리지 않으면 뇌파를 인식하지 못하는 경우가 있다.

최근 뉴러블처럼 생각만으로 대상을 조작하는 BMI 연구분야에, 탄탄한 기술력의 스타트업과 메타(페이스북) 등 IT 대기업들이 도전장을 내밀었다. BMI가 VR을 가장 멋지게 구현해 낼 잠재력을 내포하고 있다는 믿음이 있기 때문이다. 테슬라의 엘론 머스크가 설립한 뉴럴링크Neuralink가 선도적으로 뛰어들었다. 뉴럴링크는 정상인의 두개골에 하드웨어를 이식해 BMI를 구현하는 방법을 개발중이다. 뉴러블에 투자중인 벤처캐피털 가운데 하나인 루프 벤처스Loup Ventures 설립자는 "스마트폰으로 할 수 있는 것은 이제 한계에 도달했다. BMI 관련 기업이 다음 단계가 될 것"이라고 했다. 생각만으로 제어하는 게임 분야에서 가장 앞선 뉴러블은 현재 뇌파 헤드셋의 한계에 도전하고 있다. 헤드셋에 장착된 센서는 실제 유저의 머리에 전극 등을 삽입하는 것이 아닌 두개골 외부에서 전기적인 두뇌 활동을 인식하는 것이다.

CHAPTER. 3

인간 뇌와
컴퓨터의 연결 기술

BCI 기술의 개념

    사람이 생각하고 집중하면 신호가 발신되어 AI를 작동시키는 기술이 수 년 내 선보일 것이다. 이른바 BCI^{Brain·Computer Interface} 기술이다. 인간과 컴퓨터를 연결하는 첨단 기술이다. 뇌파 형태로 흐르는 뇌 속 전기 신호를 디지털 신호로 변환시키면, AI가 해석해 전자 기기나 로봇을 조작하는 방식이다. 1970년대부터 연구가 시작되었지만, 40여년이 지난 2010년에야 빛을 보기 시작했다. 최첨단 나노급 반도체와 AI 기술이 도달했기에 가능하다. 두뇌에서 나오는 미약하지만 복잡하기 이를데 없는 전기 신호를 감지하는 첨단 센서(전극 장치)와, AI 기반 데이터 분석 기술이 발전한 덕분이다.

    2020년을 전후해 메타 CEO 마크 저커버그와 테슬라 CEO 엘론 머스크 등이 BCI 기술의 상용화를 선도하고 있다. BCI 기술의 잠재력을 먼저 알아 본 사람은 옐론 머스크다.

그는 2016년 BCI 스타트업 '뉴럴링크'를 창업했다. 모두 1억 5800만 달러(1800여억원)를 투입했는데, 1억 달러가 현금 투자이다. 머스크는 BCI 기술의 시장성을 미리 감지하는 촉감을 발휘했다. 인간과 컴퓨터를 하나로 연결, 인간 두뇌의 잠재 능력을 최대한까지 끌어올리려 시도한다. AI가 인간의 보조 두뇌로 활용되는 시대를 예측한 투자이다. 사람이 맘 속으로 생각하고 명령을 내리면, AI는 로봇이나 기계 장치의 복잡한 움직임을 제어하고, 컴퓨터에 프로그래밍 명령을 내린다. 영화 매트릭스를 보면 이런 작동 방식을 이해할 수 있다. 컴퓨터에 저장된 대량의 정보를 여타 수단이나 툴을 통하지 않고, 곧바로 사람 머리에 입력하는 식이다. 영화 매트릭스에서는 머리에 꽂은 전극을 통해 헬리콥터 조종법을 순식간에 입력받는 장면과 비슷하다.

생각으로 컴퓨터를 움직인다

BCI 기술이란 특정 언어나 심상을 떠올릴 때 뇌세포의 전기적인 신호가 생성된다. 이를 AI 기술로 인식해 컴퓨터 언어로 변환해 입출력 기계장치에 명령을 내리는 방식이다. 이를 응용한다면 중증 신체 장애인도 무리 없이 의사소통할 수 있다. 이 뿐만 아니다. BCI는 터치스크린처럼 물리적 접촉이 필요하지 않은 새로운 의사소통 인터페이스로서 소통 혁신을 가져올 수 있다. 만약 가상

현실이나 증강현실에 응용된다면 다른 사람의 감각과 감정을 그대로 느낄 수도 있다. 연인끼리 아주 유용한 소통방식일 수 있다.

BCI는 뇌의 신호를 받아들이는 방법에 따라 크게 침습형과 비침습형 두 가지로 나뉜다.

침습형 BCI는 국내에서도 원숭이 실험에서 성공적인 결과를 얻었다. 2018년에 가톨릭관동대 국제성모병원 연구팀이 국내 처음 성공했다. 원숭이 뇌에 심은 미세전극 칩이 뇌신경세포 신호를 감지해 로봇팔을 움직이도록 하는 실험이다. 연구진은 대뇌피질 안쪽에 가로 세로 4㎜ 크기의 미세전극 칩 2개를 심었다. 하나는 원숭이의 생각을 읽어내는 칩이고, 다른 하나는 역방향으로 가는 칩이다. 다시말해 로봇팔에서 오는 정보를 역으로 원숭이 뇌에 전달하는 칩이다.

원숭이가 팔을 뻗을 때 뇌신경세포가 특정 운동신경을 자극하는 전기적 신호 패턴이 나타난다. 옐론 머스크의 뉴럴링크는 이를 실증해 보였다. 두뇌에 칩을 심은 원숭이가 생각만으로 게임기를 조작하는 실험에 성공했다. 페이저라는 이름이 붙은 이 원숭이에게 뉴럴링크가 개발한 'N1링크'라는 칩이 삽입됐다. 페이저는 공을 주고받는 단순한 핑퐁 게임을 실행한다. 페이저가 조이스틱을 움직일 때마다 나타내는 복잡한 뇌의 활동을 기록해 신경활동 패턴을 모형화하는데 성공했다. 바로 뇌활동만 보고도 페이저가 어떻게 손을 움직일 것인지 예측할 수 있다. 이 부분은 뒤에서 좀더 설명할 것이다.

BCI, 인간 한계를 뛰어 넘다

◆ ◆ ◆

인간을 대상으로 한 연구에는 침습형을 적용하기 어렵다. 대신 비침습적 방법으로 뇌파를 측정하는 장치에 대한 연구가 활발하다. 최근에는 미국에서 무선 BCI로 뇌파를 측정하고 전송하는 장치가 개발됐다. 미국 브라운대학과 스탠퍼드 대학, 민간 종합병원이 함께 모인 연구그룹 '브레인게이트 컨소시엄'은 전통적인 케이블 대신에 폭 5㎝에 무게 42g 정도의 작은 송신기가 달린 BCI 장치를 개발했다. 척수 손상으로 사지가 마비된 35세 및 63세의 남성 2명이 실험에 참여해 무선 송신기가 장착된 브레인게이트 시스템을 사용하여 태블릿 PC를 자유로이 클릭하고 문자를 입력했다. 이 무선 시스템은 유선 시스템과 거의 차이 없이 신호를 전송했으며 클릭도 타이핑도 매우 정확했다. 임상실험 참가자들은 대부분 실험실이 아니라 자신들의 집에서 이 시스템을 실험했다. 참가자들은 최대 24시간 동안 연속적으로 BCI를 사용할 수 있었다.

언어를 넘어선 미래 세계

아무리 BCI가 진보한다 한들 단번에 성과를 낼 수는 없다. 향후 몇십 년 걸릴 수도 있는 연구분야이다. 하지만, 의사소통의 혁신이 인류의 삶의 방식을 바꿔왔다고 볼때, 뇌-뇌 연결은 결코 과장된게 아니다.

유발 하라리는 사피엔스에서 언어 능력이 인류를 만물의 영장으로 만들었다고 했다. 뇌 사이의 의사소통은 언어와는 차원이 다르다. 언어가 비포장 산길이었다면 뇌-뇌 의사소통은 8차선 고속도로에 비유할 수 있다. BCI는 인류에게 '언어 이후의 세계'를 열어 줄 것이다. 언어의 한계를 뛰어넘은 인류의 발명품을 기대할 수 있다. 만화나 애니메이션에서나 볼 수 있는 '뇌와 컴퓨터가 직접 연결되는 미래'는 과연 올 것인가. 이를 위해 개척해야할 기술을 알아본다.

첫째, 높은 정밀도로 '뇌 속 정보 판독'과 '뇌로의 정보 입력 기술'의 개발이다. 먼저 뇌에 기억된 정보의 판독이란 무엇인가. 대상자가 생각하는 것이나 감정, 기분을 읽어내는 것이다. 예컨대, 뇌가 기록한 것, 즉 뇌 기억이나 현재 활동을 AI가 읽어내고 문장으로 옮기는 기술이다. '뇌에 정보를 입력하는 기술'이란 뇌에 적절한 자극을 가함으로써 목적으로 하는 신체운동이나 감각을 습득, 발생시키는 것이다. 이는 향후 뇌 연구자의 주된 목표이다.

우선 뇌 속 정보 읽기에 대해 설명해본다. 뇌 속 정보를 제대로 읽기 위해서는 뇌 활동을 정확하게 기록하는 기술이 필수적이다. 이를테면 일본의 인공지능 전문가 오가와 세이지Seiji Ogawa 박사는 fMRI 기술의 발명으로 뇌 속 정보를 읽어내는 판독 기술을 한 차원 높였다. 이후, AI 기술의 급속한 발전으로 뇌 정보 판독 기술은 일취월장하고 있다.

fMRI는 오가와 세이지가 1990년에 발명한 뇌 정보 판독 기법이다. 뇌나 척수에서 신경 세포의 에너지 사용과 연관된 혈류의 변화를 영상화하는 것이다. 이후 별도 조영제나 방사능에 노출될 필요없이 뇌지도 연구의 주된 도구로 사용되기 시작했다.

기능적 MRI, 즉 fMRI는 뇌 속 혈류 변화를 감지하여 뇌 활동을 측정하는 기술이다.(앞장에서 특정 부위 뇌신경을 감지하는 원리를 설명했다) 이 기술 덕분에 사람들이 어떤 생각을 할때, 뇌의 어느 영역이나 부분이 활동하는지 규명할 수 있게 되었다.

좌뇌를 쓰는지 우뇌를 쓰는지, 뇌의 어느 부분으로 혈류가 더 많이 흘러 활동하는지 알아내어, 어떤 생각을 하는지 추정하는 원리다. 뇌파 신호와 달리 fMRI 신호는 신경세포의 활동을 직접 반영하지는 않는다는 점에서 한계가 있다. fMRI 신호는 신경세포의 본질적인 활동과는 직접 관련이 없다는 점에서 그렇다.

이 기술은 임상보다는 연구과정에 주로 사용된다. 그럼에도 fMRI를 사용한 연구 방법은 뇌 활동에 대한 많은 정보를 과학적으로 제공하고 있다. 법정에서 fMRI에 기초한 거짓말 탐지기 증거들은 DNA 검사와 같이 판결에 큰 영향을 미쳤다.

유사한 사례가 있다. 2010년 개봉한 영화 '솔트'에서 CIA가 기능성 자기공명명상fMRI을 활용한 거짓말 탐지기를 사용해 안젤리나 졸리를 심문하는 장면이 나온다. CIA가 fMRI 거짓말탐지기를 적극 사용한다는 증거는 없다. 하지만, 기존 거짓말탐지기와 같이 fMRI 거짓말탐지기도 실시간으로 사용하는 것으로 전해진다.

2020년대 들어 AI로 인해 뇌 정보 판독의 기술 개발에 가속도가 붙고 있다.

뇌는 인체에서 가장 복잡한 기관이다. 1000억 개의 신경세포(뉴런)가 각각 1만여개의 뉴런과 연결된다. 매초 100만 개의 새로운 연결이 만들어지며 그 패턴과 강도는 끊임없이 변화한다. 현재까지 뇌 속에서 어떤 일이 일어나는지 알아내는 방법은 이른바 CT 촬영이라 불리는 뇌 스캔뿐이었으나, fMRI 스캔을 통해 보다 더 정밀하게 확인할 수 있다. 사람이 어떤 생각을 하게 되면, 뇌 속 관련 영역으로 혈액이 쏟아져 들어가 산소와 영양분을 공급한다. 이를 통해 당사자가 어떤 종류의 생각을 하는지 힌트를 얻을 수 있지만, 그 생각의 내용은 여전히 추정에 그칠 뿐이었다.

그러나, AI는 유용한 단서를 제공하고 있다. 뇌 스캔처럼 복잡한 데이터 세트에서 일정한 행동 양태 즉, 패턴을 찾아내는 것은 순전히 A의 연산 능력에 맡겨진다. 대량의 뇌 스캔 이미지를 보여주고 촬영 당시 뇌가 하고 있던 활동을 입력하면 AI 스스로 패턴을 찾아내는 것이다.

미국 퍼듀대학 연구팀은 이런 방식으로 뇌 활동을 규명했다. 이보다 깊이 들어간 연구자는 미국 UC버클리대학의 잭 갈란트 팀이다. 이들은 유튜브의 비디오에 나오는 수백 만 개의 장면(프레임)과 이를 보고 있는 시청자들의 뇌 스캔을 AI에 입력했다. AI는 시청자들이 선호하는 영화 유형이나 스토리 패턴을 새로 만들어 낼 수 있었다. 심지어 자는 동안의 뇌 스캔으로 마음읽는 것까지도 가능하다. 뇌파도 뇌 스캔 비슷하게 활용할 수 있다.

세계적 기업들은 뇌 판독 기술에 거액을 쏟아붓고 있다. 마이크로소프트는 뇌파로 감지한 뇌 신호를 이용해 앱을 열고 제어하는 장치의 특허를 받았다. 메타(페이스북)는 두피 근처에 장착하는 기능적 근적외선 분광기를 개발 중이다. 이 빛은 피부와 조직, 뼈를 거의 투명하게 뚫고 지나가지만 혈액 속의 헤모글로빈은 그렇지 않다. 근적외선의 흡수 정도를 분석하면 뇌 속 혈류에 따라 뇌활동의 목적을 알 수 있다. 메타의 한 대변인은 뉴사이언티스트 인터뷰에서 "상상하는 것과 같은 속도로 단어를 타이핑할 수 있다"고 했다.

좀 더 야심찬 것은 지난해 미국 국방부(방위고등계획국)이 발주한 프로젝트 '신경공학시스템디자인NESD'이다. 최대 10만 개의 뉴런을 선택적으로 동시에 자극할 수 있는 100만 개의 전극을 이용해 뇌와 신호를 주고받는 장치를 만들었다. 옐론 머스크의 뉴럴링크는 전극을 뇌에 심는 기술에서 단연 선도적이다.

뇌질환 치료에
획기적 전환점

현재 뇌수술이나 외과 수술은 의사가 직접 환자의 뇌에 칼을 대거나 손으로 시술한다. 따라서 꺼즈나 심지어 수술용 가위 등이 환자의 몸 속에 그대로 남아있는 경우가 더러 발생한다. 그러나 BCI 기술은 이런 실수가 없다. 여기에는 두 가지가 있다.

먼저 외과 수술로 두개골 속 뇌 표면에 센서를 심어 직접 뇌의 전기신호를 읽는 '삽입형^{Invasive}'이 있다. 일종의 간이 침습형이다. 이어 의사가 헤드셋을 끼고 간접 수술하는 유형이다. 두개골에 구멍을 내고 동전 크기의 센서 칩을 삽입하는 방식이다. 뇌에 직접 전극을 꽂는 기존 외과수술식 삽입형은 아니다. 수술 당시 뇌 손상이나 의사의 실수를 예방하기 위해 대뇌피질을 감싸는 외부 보호막인 경막^{dura}에 칩을 심는 방식이다. 이는 센서의 탐침이 일으키는 염증이나 감염 등 뇌 손상 우려를 예방하는 차원이다.

이 방식은 보다 많은 뇌 신호를 측정할 수 있지만, 두개골을 건드리는 외과 수술이라는 점에서 기술적 난이도가 높다. 옐론 머스크의 뉴럴링크는 간편한 수술을 실행하기 위해 로봇을 개발했다. 마치 라식 수술처럼 쉽게 실행하는 칩 이식용 수술 로봇이다. 뉴럴링크가 개발한 이 로봇은 2021년 8월 공개되었다. 1024개 이상의 전극을 뇌혈관을 피해 정밀하게 심을 수 있고, 1시간 내에 수술을 끝낼 수 있다고 한다. 뉴럴링크의 로봇이 보급되면 삽입형 BCI를 선택하는 수술이 늘어날 것이다.

메타의 저커버그는 다른 분야에 투자했다. BCI를 VR과 AR(증강현실) 기기와 결합하는 방식이다. BCI가 키보드나 마우스, 조이스틱을 대체토록 하는 것이다. 뉴럴링크와는 다른 방식이다. 메타는 두개골에 구멍을 뚫는 방식이 아니라, 헤드셋 형태의 비삽입형 BCI 기술을 개발 중이다. 지난 2019년 7월 샌프란시스코 캘리포니아대 연구팀과 힘을 합쳤다. 사람이 뭔가를 생각하면 바로 컴퓨터에 문자가 입력되는 헤드셋 기술을 개발했다. 뇌에서 손 근육으로 전달되는 운동 신호를 해석하는 손목 밴드도 개발되었다. 이르면 올해 말 출시 예정인 AR(증강현실) 안경에 먼저 적용된다. 손가락을 움직이면 눈 앞에 펼쳐진 증강현실 화면이 원하는 대로 구현되는 방식이다. 이를 위해 저커버그와 메타는 스타트업 '컨트롤랩스'를 10억 달러에 인수했다. 시장 조사기관 밸류에이츠는 BCI 시장 규모가 연평균 14.3%씩 성장해 오는 2027년에는 35억850만달러에 이를 것으로 전망한다. 향후 5~10년이면 BCI 기술이 일반화될 것으로 전망한다. 수술이 필요 없는 침습형(삽입형) BCI 도 개발되고 있다.

프랑스 신경공학 스타트업 '넥스트마인드'는 2021년 말 뇌파로 컴퓨터와 VR(가상현실) 기기를 조작하는 기기를 399달러에 내놓았다. 이 기기의 센서를 머리에 붙이고 블루투스 방식으로 PC와 연결한다. 센서에 달린 9개 전극이 대뇌 시각피질에서 나오는 뇌파를 디지털 신호로 전환해 PC에 전달한다. 아직 초기 단계이지만 시선과 생각만으로 영상 재생이나 간단한 게임을 조작할 수 있다.

앞에서 먼저 설명한 것처럼 뉴럴링크는 인간 뇌와 AI를 연결하는 기술을 개발하고 있다. 뇌에 컴퓨터 칩을 이식하는 기술이다. 이 기술을 통해 뇌에서 발생하는 생체 신호를 측정하고 해독해 활동을 제어하는 방식이다. 옐론 머스크는 뇌-컴퓨터 인터페이스, 즉 BCI 기술의 애초 목적은 뇌와 AI를 연결해 난치병을 치료한다는 꿈을 실현하고자 한다. 뇌를 컴퓨터에 연결하는 초소형 칩을 초소형 레이저로 두개골 표면에 심는 고난도 기술이다. 머스크는 지난 2020년 2월 칩 이식 기술을 선보일 것이라고 밝히면서 다시 세간의 관심을 불러 일으켰다. 이후 아직 연구결과는 나오지 않고 있다. 뇌와 컴퓨터를 연결하는 개념은 새로운 게 아니다.

생명공학자들은 이미 뇌 신경세포를 자극하는 장치를 연구해왔다. 2004년 미국 브라운대 연구팀은 사지마비 환자의 대뇌에 96개의 작은 바늘 모양 전극이 달린 초소형 칩을 이식했다. 마비된 환자의 팔 다리를 움직이려고 시도했다.

문제는 뇌의 활동을 추동하는 혈액 이동을 어떻게 제어할지 여부이다. 2011년 과학저널 '사이언스'는 뇌 혈액이 몰리는 영역을 분석해 뇌에 어떤 정보가 오갔는지 알아냈다고 발표하면서, 앞서 소개한 기능성 자기공명영상장치^{fMRI}의 발명을 소개했다. 2014년 미국 피츠버그대 연구팀은 교통사고로 사지마비 된 환자에게 미세 바늘로 이뤄진 전극 배열 칩을 뇌에 심었다. 팔 다리를 움직이지 않고도 생각만하면 로봇 팔을 제어하도록 하는 실험이다. 메타도 '빌딩8'이라는 AI 하드웨어 개발연구소를 설립하고 미래 인간과 소통하는 인터페이스 기술을 개발하고 있다.

종합하면, 엘론 머스크의 뉴럴링크는 뇌- AI 인터페이스 기술에 집중해 얻고자 하는 기술을 세 가지로 정리한다.

첫째, 뇌 손상을 입은 환자를 손쉽게 치료하는 기술 습득이다. 뉴럴링크는 뇌에 손상을 가하지 않는 연결 방식을 추구한다. 종래 기술은 인간 뇌를 건드릴 위험이 있는 단단한 바늘 형태의 전극 배열 칩(유타 어레이)를 이용했다. 그러나, 뉴럴링크는 뇌를 손상시키지 않기 위해 인간 머리카락보다 가늘고 유연한 실^{threads}을 이용한다.

둘째, 뇌 손상을 최소화하는 칩 이식 기술을 추구하고자 한다. 두개골 전극을 삽입하는 침습형과 비침습형 기술이 그 것이다. 침습형은 앞에서 말한 바늘 칩을 이용한다. 그러나, 뇌 손상 우려가 있고 뇌를 통해 얻을 수 있는 데이터 양이 적을 수 있다. 반면 비침습형은 침습형에 비해 뇌손상 위험이 적다. 하지만, 뇌신호를 감지하는데 있어서 정확성이 떨어진다. 뉴럴링크는 뇌에 1024개의 실을 삽입함으로써 대용량의 데이터를 전송할 수 있다. 라식수술처럼 간편하게 이식할 수 있다고 자신한다. 이미 뉴럴링크는 쥐와 원숭이 뇌에 전극을 수 백 개 삽입했는데도 쥐와 원숭이 활동에 문제가 없다고 한다. 안전성이 검증됐다는 말이다. 원숭이 실험은 다음 챕터에서 상세히 소개할 것이다.

셋째, 다양한 뇌 활동 정보를 전송하고 해석하고자 한다. 뇌와 AI가 연결돼 정보를 주고받는 과정에서 중요한 것은 전송 통로이다. 바로 데이터 전송 통로이다. 뉴럴링크는 맞춤형 칩을 개발중이다. 뇌파를 제대로 해독하고 신호를 증폭시키는 칩이다. 이 칩을 USB 등 유선 연결이 아닌 무선 블루투스로 연결한다. 프로세서를 뇌에 이식하고 귀 뒤쪽 장치(pod)를 통해 스마트폰 앱으로 제어하도록 하는 방식이다. 프로세서는 뇌의 아날로그 신호를 증폭하고 디지털로 전환해 신호를 귀 뒤쪽 장치에 내보내는 역할을 한다.

뉴럴링크의
뇌 질환 치료 실험

◆ ◆ ◆

엘론 머스크의 뉴럴링크가 가장 공 들이는 분야는 이미 설명했듯이 뇌 의료분야다. 간질·자폐증·정신분열증·기억상실증 등 뇌 질환 질병이나 장애를 치유하는 것이다. 이 기술이 상용화된다면, 이 프로세서는 뇌의 특정 신호를 활용할 수 있다. 촉각이나 시각적 장애가 있거나 사지가 마비된 사람들에게는 매우 유용하다. 애초 계획은 2020년 하반기 기술 개발을 완료한다고 큰 소리쳤지만, 아직 성공했다는 소식은 없다.

지금 시대는 스마트폰으로 일방적인 소통만 하는 시대이다. 상호 소통, 즉 인터페이스의 중요성이 강조되고 있다. 스트리밍 시장의 확대와 실시간 쌍방향 통신의 중요성이 커지고 있는 상황에서 실시간 정보 전달이 중요해지고 있다.

조만간 BCI 기술이 상용화되는 시대에 접어들 것이다. 전기자

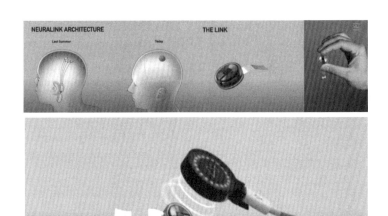

동차 테슬라 시리즈에 뉴럴링크가 적용될 것을 염두에 두고 엘론 머스크는 거액을 적기에 투자했다.

과연 미래에는 이렇게 작동될 수 있다. 이른바 스타링크Starlink 를 통해 눈을 깜박이면서 지식을 업그레이드하고 대용량 정보를 간단히 다운로드할 수 있을지도 모를 일이다.

앞서 뉴럴링크는 2019년 7월 뇌 이식이 가능한 폴리머 소재 전극과 초소형 칩 'N1' 등 인터페이스 장치를 공개했다. 기존의 BCIBrain-Computer Interface 기기가 수십개에서 수백개 정도의 전극을 사용한 것과 달리, 1024개의 전극 채널이 연결되어 있어 상세한 신호를 받을 수 있다. 전극과 칩셋이 모두 초소형이다. 따라서 도저히 일상에서 사용할 수 없었던 BCI에 비해 장비 소형화에서 큰 진보를 이루었다.

초소형 칩은 저전력으로 작동하며 뇌의 아날로그 신호를 200배 디지털 신호로 압축하는데 900나노초가 걸린다고 한다. 머스크는 이미 동물 실험을 통해 유인원이 컴퓨터를 조작하게 만드는 데 성공했다.

2020년 8월 28일 뉴럴링크 연구 발표를 실시간으로 공개했다. 뉴럴링크 시술을 한 돼지와 시술 후 뉴럴링크를 제거한 돼지를 공개했다. 제거한 돼지의 경우 문제없는 걸로 봐선 삽입과 제거가 자유로운 듯 했다. 시술 과정은 1시간 정도 걸리며 돼지가 냄새를 맡으며 뇌로 후각신호가 전달되는 것을 뉴럴링크가 디지털 신호로 압축해 내보내는 것을 시연했다. 현재 블루투스를 통해 스마트폰과 연결하는 모듈이 소형화되었다. 칩과 합쳐져 동전 하나 크기로 줄었다. 겉으로는 뉴럴링크 시술을 받았는지 알 수 없다. 배터리 충전은 하룻밤 정도 무선 충전하면 하루 종일 쓸 수 있다고 한다. 제품 상용화의 첫 시작은 척수환자, 뇌질환자, 시각장애인, 청각장애인 같은 장애를 가진 사람을 대상으로 상용화할 예정이며 그 다음은 일반인용으로 개발한다는 계획이다.

생각으로 게임하는 원숭이

◆ ◆ ◆

앞에서 설명한 것을 복기해 본다. 2021년 4월 8일 뉴럴링크는 언론 발표를 통해 다시 한번 놀라운 성과를 발표했다. "뇌에 전극을 심은 원숭이가 인공지능의 힘을 빌려 비디오 게임을 했다"는 것이다. 공상과학 소설에서나 가능한 이야기를 실현해 보인 논문을 뉴럴링크가 공개한 것이다. 1024개의 전극을 머리에 심은 원숭이가 실제로 비디오 게임을 구현하는 데 성공했다는게 논문의 요지이다.

'뉴럴링크'는 앞서 뇌에 컴퓨터 칩을 이식하고 2개월간 생활한 돼지 '거투르드'를 유튜브 생중계로 공개했다. 거투르드의 뇌 속에는 '링크 0.9'라는 신개발 칩이 심겨졌다. 링크 0.9는 뇌파 신호를 수집하는 가로 23mm, 세로 8mm 크기 칩을 전극이 달린 동전 모양의 케이스로 감싼 형태다. 칩은 수집한 뇌파를 초당 10메가비트 속도로 외부로 무선 전송한다. 무선 충전도 가능하다. 사람 뇌와 비슷한 크기의 돼지에 이어 그보다 작은 원숭이 뇌에 칩을 이식하는 데 성공한 것은 그만큼 사람 뇌 속 칩 이식이 한층 가까워졌다는 의미다.

뉴럴링크는 이에 앞서 칩 이식 수술을 자동으로 할 수 있는 임플란트 로봇 시제품 'V2'도 선보였다. 이 로봇은 뇌 속에 지름 5마이크로미터(㎛·100만 분의 1m) 미세 전극 1024개를 1시간 이내에 심을 수 있다. 향후 칩 이식을 라식 수술만큼 간단하고 안전하게 시술하는 기술이 조만간 개발될 것이다.

뇌에 칩을 심는 시도는 이미 세계 곳곳에서 이뤄지고 있다. 의료계에선 뇌에 전극을 심어 사지마비 환자가 로봇을 장착하고 걷게 만드는 연구가 진행 중이다.

프랑스 그르노블대 연구팀은 2019년 사지마비 판정을 받은 청년의 뇌 속에 2개의 칩을 심어 뇌 신호만으로 로봇을 조종하도록 했다. 옐론 머스크는 향후 뇌와 척추 부상을 해결하고 뇌에 이식된 칩으로 사람들의 잃어버린 뇌 기능을 보완하는 것을 목표로 하고 있다.

뉴럴링크의 원숭이 실험에 대해 학계에선 찬반 의견이 분분하다. 우선 찬성 쪽이다.

첫째, 원숭이 뇌에 1024개의 전극을 심어 뇌활동을 기록했다는 점이다. 둘째, 장래 실용화를 예상하고 각종 디바이스의 설계할 수 있는 기술을 축적했고, 셋째 놀라운 속도로 기술 개발을 이뤄 나가고 있다는 점이다.

원숭이 뇌 속에 1024개의 전극을 삽입하여 뇌활동을 기록한 것은 획기적이다. 이전의 연구에서 내장하는 전극수는 100개에서 수백개에 불과했다. 앞서 연구에서도 원숭이 뇌 속에 심은 전극도 100개 수준이었는데, 불과 1년여 만에 10배가 넘는 전극을 뇌 속에 심어넣은 것이다.

이런 식으로 전극 수를 늘려가면 향후 초미세 반도체 칩 발달과 더불어, 인간 뇌 속에 초미세 전극을 삽입할 가능성을 예상할 수 있다. 먼저 원숭이 실험을 선도했던 뉴럴링크의 가능성은 특히 원숭이 뇌에서 제대로 기능한다는 것을 확인했다는 점이다.

이어 반대 쪽 의견이다. 엘론 메스크는 이 실험을 통해 스마트폰 등 각종 기기와 연계되는 디바이스를 개발할 가능성을 확인했다. 특히, 연구 속도가 빠르다는 점이다. 뇌 분야에서 논문을 생산하는데 통상 수 년이 걸린다. 그런데, 뉴럴링크는 2019년 7월 최초 발표 이후 1년 반 만에 원숭이 실험까지 성공했다. 하지만, 문제점도 만만찮다.

• 원숭이는 과연 생각만으로 커서를 조작하고 있는가
뉴럴링크는 공개한 자료를 통해 뇌 활동, 즉 뇌에서 나오는 뇌파만으로 컴퓨터 화면의 커서가 움직인다고 밝혔다. 그런데 원숭이는 조이스틱이나 얼굴을 큰 동작으로 움직이고 있다. 이러한 몸동장은 뇌 활동에 큰 영향을 미친다.

따라서 뇌파로 인해 컴퓨터 화면의 커서가 움직이는게 아니라, 조이스틱이나 얼굴 움직임으로 생기는 노이즈에 의한 뇌 활동으로 커서가 움직였을 가능성도 없지 않다. 이를 뉴럴링크도 인정하고 있다. 아직 답변은 없다. 특히 일반적으로 뇌에 심겨진 전극은 시간이 지날수록 성능이 떨어진다. 다시말해 열화한다는 점이다.

• 과연 전극이 뜨거워지는 열화문제를 해결할 수 있는가

뉴럴링크가 발표한 논문에서 열화문제는 제기되지 않았다. 뉴럴링크는 "평생 사용할 수 있는 전극"이라고 주장하지만, 이를 뒷받침하는 기술은 아직 공개되지 않고 있다. 앞으로 전극의 열화문제는 최대 문제 가운데 하나가 될 것이다.

• 뇌 속 중심부의 혈관을 피할 수 있는가

뉴럴링크는 "수술 로봇이 뇌의 혈관을 피해 전극을 심을 수 있다"고 주장한다. 확실히 뉴럴링크가 제시한 수술 동영상 중에는 실험대상 원숭이 뇌 표면의 혈관을 피해 전극이 심겨져 있는 것을 볼 수 있다. 그렇다면 보이지 않는 뇌 속의 모세혈관도 건드리지 않고 전극을 심을 수 있는가. 이는 숙련된 전문 뇌과학 의사들도 매우 어려워하는 기술이다.

뇌의 혈관은 약간의 손상만 생겨도 손발을 움직일 수 없다. 따라서 확실히 손상되지 않는다는 보장이 없다면, 인간 뇌에 대한 전극 이식 시술은 할 수 없다. 만일 조금이라도 시술을 잘못해 사지마비 내지 말을 하지 못하는 중대 장애가 생길 수 있다.

• 시술할 수 있는 부위는 대뇌신피질 뿐인가

뉴럴링크 논문에는 "대뇌신피질을 목표로 한다"는 제목이 붙어 있다. 이를 통해 볼때, 뉴럴링크는 대뇌피질 등 뇌 중심부에 위치한 해마나 편도체 등에는 전극을 삽입하지 않는다고 상정한 것 같다.

편도체扁桃體, Amygdala 또는 편도는 대뇌 변연계에 존재하는 아몬드 모양의 뇌부위이다. 감정을 조절하고, 공포 및 불안에 대한 학습 및 기억에 중요한 역할을 한다.

해마는 기억을 만드는 곳으로, 외부로부터 들어오는 정보를 저장 처리한다. 이를테면 파킨슨병에서 중요한 부위로 알려진 흑질이 있다. 파킨슨병은 80대 이상에서 3~4% 비율로 발생하는, 두 번째로 흔한 뇌 신경장애다. 알츠하이머병과 같은 기억력 장애를 일으킬 뿐만아니라, 중뇌에 위치한 흑질substantia nigra의 도파민성 뉴런이 기능을 못해 몸의 운동 기능에 이상이 생긴다.

대뇌피질은 이성 등을 관장하는 중요한 영역이다. 대뇌 피질의 해마 부위나 시상하부 즉 기억을 관장하는 뇌영역에도 전극을 심을 수 있는지 여부는 향후 뉴럴링크의 목표에 도달할지 여부를 결정할 것이다. 뉴럴링크의 목표는 파킨슨병과 알츠하이머병 등 난치성 뇌질환 치료에 있다.

• 두개골에 구멍을 내지 않고 전극 삽입하는 방법은 없는가?

뉴럴링크의 기술대로라면 전극을 뇌에 삽입하기 위해서는 두개골에 구멍을 뚫어야 한다. 아무리 적은 구멍이라도 그 구멍을 통해 뇌에 세균이 들어갈 우려가 있다. 그렇다면, 두개골에 구멍을 뚫는 것은 큰 부담이 아닐 수 없다. 또 구멍을 통해 세균이 들어가 수막염 등의 생명에 관련된 질병을 일으킬 위험성도 있다. 뉴럴링크가 이처럼 침습형 장치를 이용하는 한, 좀처럼 피할 수 없는 과제이다.

지금까지 몇 가지 문제점을 기술한 바와 같이 전극의 열화 내지 뇌 속 혈관을 건드리지 않는 방법, 그리고 두개골 구멍에 의한 세균 감염 등의 문제를 해결할 수 없는 상황이라면, 뇌 심부에 장치를 삽입하는 것은 시기상조 아닌가. 앞으로 뉴럴링크는 이 과제들을 어떻게 해결할지, 특히 안전성 확보라는 점에서 주목된다.

뉴럴링크 원숭이 실험은 앞에서 열거한 것 처럼 갖가지 문제점을 내포하고 있다. 하지만 그는 회사를 설립한지 불과 4~5년 만에 적지않은 성과를 내고 있다. 그러면서 2019년과 2020년 뉴럴링크의 연구 성과는 우수 인재를 확보하는데 큰 동력을 얻고 있다. GAFA^{구글 아마존 페이스북 애플} 등 글로벌 대기업들이 대형 투자를 한다면 기술개발 측면에서 일취월장 할 것이고, 연구 인재들이 몰려들 것이다. 옐론 머스크는 이런 점에 착안해 연구 성과를 성급하게 발표했다고 실토했다.

솔직히 사람의 머리에 전극을 심는다고 생각하면 끔찍하다. 두개골에 구멍을 뚫고 전극을 이식하다 자칫 뇌 신경을 건드리면 사지마비가 올 수도 있다. 그러나, 치매나 파킨슨병 같은 난치병으로 분류된 뇌질환으로 고생하는 것보다는 위험을 감수하고라도 시술을 행하는 사람들도 분명 나타날 것이다.

뉴럴링크의 연구 실적은 전세계 수많은 뇌질환 환자들에게 희소식이 될 수 있다. 라식 시술 즉, 안구 밖에 인공막을 심는 기술이 일반화된 시점은 불과 수십년 전이었다. 머스크는 라식 수술처럼 간단하게 전극을 머리에 이식하는 기술을 개발한다고 자신하고 있다.

머리를 손상시킬 리스크를 안고서라도 뇌질환을 치료할 수 있다면, 그리고 보다 더 기술 개발이 이뤄진다면뇌에 전극을 심는 것은 조만간 사회적 인프라로 자리잡게 될 것이다. 옐론의 꿈이 현실화한다면 다음 같은 상황 전개가 가능하다. 이상 뉴럴링크의 성과를 정리하면 다음과 같다.

• 수면이나 각성을 관장하는 영역의 자극

전극으로 자극하는 것만으로 순식간에 깊은 수면에 들어갈 수 있다. 아침에 상쾌하게 눈을 뜰 수 있다.

• 식욕을 관장하는 영역의 자극

전극으로 자극하는 것만으로 포만감을 느끼며 다이어트를 할 수 있다.

• 동면을 관장하는 영역

전극으로 자극하면 겨울잠을 잘 수 있다.

여러 가능성이 거론되는 가운데, 가장 큰 문제는 뇌 핵심부 영역에 있다. 수면이나 식욕, 성욕 같은 말하자면, '기본적 삶의 욕구'는 뇌의 깊은 영역에서 제어되기 때문이다. 기억이나 감정 등 인간에게 필수적인 기능도 해마나 편도체 등의 뇌 핵심부의 영역에서 관장하고 있다. 이런 뉴럴링크의 갖가지 문제점 노출에도, 옐론 머스크의 실적은 무시할 수 없다.

2019년 발표 이후 뇌 분야 연구실적이 이토록 세간의 주목을 받는 경우는 거의 없었다. 이렇게 많은 사람들의 주목을 받고 뇌 연구에 관심을 갖는 층을 늘린 것은 옐론 머스크의 공적이 아닐 수 없다. 뉴럴링크은 공식 홈페이지에 이렇게 적고 있다.

"앞으로 전자 메일 입력이나 웹 보기 등 컴퓨터로 할 수 있는 모든 일은 커서의 움직임을 떠올리는 것만으로 될 것이다. 우리는 마비

와 같은 신경 질환이나 장애를 갖고 있는 사람들의 생활의 향상에
공헌하고 싶다."

옐론 머스크는 브레인테크를 확산하는 역할을 맡고 있다. 뇌과
학과 비즈니스를 접목시키는 차세대 의료산업 분야가 바로 브레
인테크 분야다. 뇌과학 분야란 바로 뇌신경 분야라 해도 과언이
아니다.

브레인테크Braintech 기술의 확산

◆ ◆ ◆

그야말로 옐론 머스크의 뉴럴링크는 뇌신경 과학을 비지니스와 연결시키는 이른바, 브레인테크를 확산하는 기폭제가 될 것이다. 일본도 2020년부터 내각부 주도로 신경과학 프로젝트를 시작했다. 일본 정부 프로젝트 제목은 '신체적 능력과 지각능력 확장을 통한 신체 제약으로부터 해방'이다. '2050년까지 사람이 신체, 뇌, 공간, 시간의 제약으로부터 해방된 사회를 실현한다'는게 골자이다. 매우 야심찬 목표가 아닐 수 없다. 일본정부가 수립한 신경과학 프로제트의 골자를 구체적으로 살펴보자.

첫째, 누구나 다양한 소셜 활동에 참여할 수 있는 사이버네틱Cybernetic 플랫폼의 개발이다. 2050년까지 원격으로 연결된 여러 사람이 수많은 사이버네틱 아바타와 로봇을 결합하여 대규모 및 복잡한 작업을 수행하는 기술과 그 기반을 조성한다. 사이버네틱 Cybernetic 아바타는 로봇과 3D 이미지를 보여주는 아바타와 사람의 물리적, 인지 능력을 확장하는 정보통신ICT 및 로봇기술을 포괄하는 개념이다.

두 번째, 사이버네틱 아바타적 일상이다. 2050년까지 신체적, 인지 및 지각 능력을 원하는 사람이라면 누구나 신체적, 인지 및 지각 능력을 최상위 수준으로 확장할 수 있다. 그리고 사회적 규범에 따라 새로운 삶의 방식을 전파할 수 있는 기술을 개발하는 것이다. 일본정부가 이런 프로젝트에 착수한 것은 급진적 혁신을 통해 출산율 감소와 인구 고령화 시대를 타개하기 위한 방책이다.

특히, 100세까지 건강에 대한 불안 없이 삶을 누릴 수 있는 사회 실현을 목표로 하고 있다. 사이버네틱 아바타를 통해 국제적인 협업과 다양한 기업, 조직 및 개인이 참여하는 새로운 비즈니스 공간이 열릴 것이다. 일본은 이를 선도하고 창출하는 플랫폼을 개발한다는 목표이다. 다시 말해 인간 능력의 확장 기술과 AI 로봇 기술을 조화시켜 다양한 서비스업을 창출한다는 것이 골자이다. 이런 노력은 브레인테크 기술의 확산과 병행하고 있다.

2021년부터 전세계에 뇌연구와 기술이 융합된 브레인테크가 확산하고 있다.

현재 전 세계적인 고령화로 뇌신경질환 환자와 관련 의료 시장이 큰 폭으로 성장하고 있다. 우리나라도 뇌연구 분야 기업이 약

180개에 달한다. 컴퓨터·반도체·로봇·메타버스 등 연관 산업군이 전방위적으로 확장되고 있다. 뇌 신경질환을 치료할 수 있는 제약업의 디지털화, 즉 전자 약과 새로운 바이오마커의 개발이 눈부시게 개발 중이다. 뇌파로 자율주행을 하거나 선호하는 화장품을 선별하는 뉴로마케팅도 나와 있다. 손 떨림, 편두통 등 신체 증상이나 우울 장애를 개선하는 전자 약이 주목받는 추세에 있다.

'브레인테크 컨소시엄'이라는 커뮤니티 설립도 활발하다.

이는 연구분야와 산업계가 밀접하게 연계되는 효과가 있다. 최근 전례 없을 정도로 학문적 연구분야와 산업계가 활발하게 교류하고 연계되고 있다. 여기에는 기초 연구분야가 제대로 비즈니스에 결합한다는 공감대가 깔려 있다. 세계적으로 신경과학의 연구성과가 비즈니스로 이어져야 한다. 신경과학 분야도 AI처럼 혁명적 진보가 이뤄져야 한다.

지난 2021년부터 세계적으로 뇌연구와 비즈니스가 융합된 '브레인테크 컨소시엄'이 활성화 하고 있다. 이런 배경에는 기초 연구가 착착 비즈니스로 이어지고 있는 현상의 방증이다.

신경과학과 메타버스의 융합

　여기에는 신경과학의 무한한 확장이 전제되어 있다. 2021년부터 급속히 확산하고 있는 메타버스 역시 돌파구가 될 수 있다. 이는 신경과학과 메타버스의 융합이다. 이런 발상의 근저에는 "우리가 평상시 살고 있는 현실 세계는 어디까지나 하나의 선택지에 지나지 않는다. 누구도 자신의 소망에 따라 좋아하는 세계에서 살아갈 수 있도록 하는 것이 바람직하다"는 개념이 깔려 있다.

　2021년 페이스북은 회사명을 메타^{Meta}로 바꾸면서 메타버스에 대한 관심을 집중시키고 있다. CEO마크 저커버그는 "메타버스는 인터넷의 미래상이다. 페이스북은 소셜미디어 기업에서 메타버스 기업으로 탈바꿈 한다"고 선언했다. '신경과학과 메타버스의 융합'은 다시 말해 신경과학의 지식과 기술을 메타버스에 활용한다는 의미. 신경과학과 메타버스는 매우 잘맞는 조합이다.

예를 들면 이런 것이다. 현재 메타버스와 현실세계를 잇는 인터페이스는 컨트롤러나 키보드이다. 하지만, 미래에는 컴퓨터나 AI가 뇌 활동을 직접 읽어낸다. 자유롭게 하늘을 나는 이동성이나 텔레파시 같은 커뮤니케이션을 할 수 있게 된다. 특히 뇌를 직접 자극함으로써 초감각을 도달할 수 있다.

　신경과학과 메타파스의 융합이야말로 학문연구와 비즈니스를 잇는 비장의 카드가 되지 않을까. 신경과학은 뇌과학으로 수렴되며, 인공지능 발달로 연결될 것이다.

CHAPTER. 4

AI와
로봇의 융합

인지자동화의 개념

"AI란 고도의 임무나 작업을 수행할 수 있는 인간 이외의 프로그램이나 모델이다."

이같은 구글의 AI 정의에는 약점이 있다. 인간의 감정을 구현하는 것은 언급하지 않았다. 대부분의 AI 개발자들은 인간의 감정 표현에는 별 관심이 없다. AI 개발자 대부분은 특정 분야의 복잡한 작업에 관심이 많다. 예컨대, SF나 소셜 미디어 등에서 활동하는 인간과 유사한 형태의 기계를 만드는 것에 집중한다. 기본적으로 비즈니스를 추구하는 기업이기에 그럴 수 있다고 치자. 그 보다도 구글은 보다 구체적인 정의를 보류하고 있다. 앞으로 시간이 지남에 따라 AI가 수행하는 작업은 대단히 많아지고 보다 특화할 것이다.

구글의 AI 정의는 단일 임무나 작업을 대신해주는 솔루션이다. 따라서 구글의 AI 정의는 '특화형 AI'로 칭할 수 있다. 이는 보다 광범위한 용어로 쓰이는 '범용 AI'와 구별된다. 범용 AI는 아직 실현되지 않았다. 범용 AI란 인간생활에 광범위하게 쓰이는 일반 AI를 가리킨다.

AI 기술자들이 노력하면 그렇게 될 가능성이 높다.

최근 딥러닝 기반 AI 개발자들은 '인지자동화cognitive automation' 개념을 제시한다. 로봇은 인지자동화 기능을 사용해 인간의 개입 없이 예외 및 변형을 해결할 수 있다. 인문 즉, 사람이 창출하는 추상적인 개념, 행동, 기술을 부호화(인코딩)해 AI에 적용하는 것이다. AI를 인공적 인텔리전스라고 명명한 것은 '카테고리의 에러'로 볼 수도 있다. 애초부터 범주를 잘못 지정했다는 말이다. 인텔리전스란 인간의 지성을 가리키는 말이다. 아직 적절한 용어가 없으니 일반적으로 통칭해서 인공지능을 AI이라고 하는 것이다. 인지자동화, 즉, 인간 사고력의 부호화(코드화)의 용도를 잠깐 살펴본다.

- 자동차나 비행기의 효율이나 신뢰성을 높이는 설계
- 코로나 바이러스와 암 등 출현 예상 질병을 예측하는 의료연구
- 기존 제품의 기능을 토대로 신제품을 설계하는 기능
- 치매, 암 환자 개개인에 맞는 효과적인 치료법 개발
- 대규모 데이터세트 분석으로 금융시장 트렌드, 기회 포착

- 광고 복사 및 뉴스 기사 작성
- 인간 상대의 대결에서 세련된 전략 기반 게임에서 승리
- 기계 감시에 의해 고장날 것 같은 부품을 사전에 특정
- 글로벌 시장 트렌드 패턴을 분석해 투자 기회 포착
- 토양 분석을 통해 작물 수확량을 늘리는 첨가제 제안
- 새로운 질병에 대한 백신 및 해독제 발견
- 섬세한 기기의 최적의 온도 및 기타 환경요인 유지
- 혼잡한 공항에서 얼굴 인식에 활용 범죄 수배자 특정
- 조종사의 비행 피로 등을 고려한 기기 표시 개선

인간은 오랜 세월 기계를 통해 능력을 확장해왔다. 인간의 인지 능력 프로세스를 기계로 재현하려는 노력은 당연한 수순이다. 그 역사를 주요 사건 중심으로 살펴본다.

1955년 : 뉴햄프셔주 하노버 다트머스대학에서 열린 회의에서 존 매카시가 '인공지능'이란 단어를 처음 썼다. 이 회의에서 컴퓨터 전공학자가 인간의 언어, 즉 말을 차음으로 컴퓨터 프로그램으로 변환했다.

1997년 : IBM 슈퍼컴퓨터 '딥블루'가 체스챔피언을 처음으로 격파했다. 그러나, 많은 사람 들은 기계가 정말 이만한 성적을 낼 수 있을지 의심하면서 오히려 IBM의 부정행위라고 비난했다.

2011년 : 컴퓨터가 인간의 음성을 이해하고 응답했다.

2016년 : 러시아는 AI를 도입, SNS에 글을 올려 미국 대선에 영향을 미치는 데 성공했다. 유권자나 특정 유형의 사람들의 투표 활동을 억제했다.

2017년 : 구글의 자회사 딥마인드DeepMind가 인공지능 알파고를 만들어 가장 복잡한 게임이라는 바둑 대국에서 인간을 이겼다.(이창호 9단에게 4대1 승리)

2020년 : 산더미 같은 연구 결과로부터 유효한 치료약을 찾아내거나, 지구상에 존재하는 모든 화학물질과 화합물에서 해결책을 찾아내는 AI 프로그램을 개발하고 있다.

로봇 능력의 극대화 방법

◆ ◆ ◆

만일 당신의 업무를 로봇이 대신한다면 어찌할 것인가. 사람들은 대개 거부할 것이다. 사실상 로봇이 사람의 업무를 대체하는 쪽으로 진전되고 있다. 영국 옥스퍼드대 경제학자 칼 베네딕트 프레이Carl Benedikt Frey는 가까운 장래 47%의 업무가 자동화로 대체될 것이라고 예측했다.* 프레이는 자신의 논문에서 제시한 수치를 근거로 예측했다. 그러나, 최근 몇 년의 경향으로 보면, 인간의 업무를 완전하게 대체하는 것은 아니다. 로봇은 단순 종사자나 동료로서 업무나 생활을 확장하고 개선해주는 존재가 될 가능성이 훨씬 높다. 로봇의 효과를 최대한 발휘하기 위해 인간의 지시나 지령이 필요하다.

---

* Margie Meacham, AI in Talent Development,Association for Talent Development, N.Y. 2020, p.37

AI · 메타버스 융합의 기회

예를 들어 의료업계에서는 고령자나 거동 불편환자와 이야기 상대가 되거나 약물 복용을 도와주고, 혈압 측정이나 운동, 식사 보조 등 기본 서비스를 제공하는데 로봇을 도입할 수 있다. 환자를 스캔한 이미지를 확인하는 앱을 검사하는 경우, AI는 훈련된 인력이나 의사보다 더 빠르고 더 정확하게 암을 체크하는 것으로 입증되었다. 인간은 기계로는 해결할 수 없는, 보다 뉘앙스적인 분석, 정성적 분석에 전념할 수 있다. 로봇은 더 빨리, 더 정확하게 하고 싶은 것에 알맞다는 얘기다. 사람의 업무 가운데, 반복적인 업무나 루틴 업무, 혹은 최소한의 창조성으로 달성할 수 있는 임무를 로봇에 맡길 수 있다. 대략 간추려보면 이런 부류의 루틴이나 반복적인 업무들이다.

- 메일을 읽고, 답장해주기, 일정표 관리, 각종 콘텐츠의 교정, 정보 검색, 청구서의 작성과 발송, 연체되어 있는 지불의 계속 관리, 비즈니스 및 개인의 재무기록관리, 자신의 웹 사이트를 갱신하거나 소셜 미디어에 투고하기

자연어 처리와 회화의 착각

AI 이용에서 가장 중요한 것은 자연어 처리NLP이다. NLP는 컴퓨터 프로그램과의 대화를, 음성이나 타인이 공유하는 텍스트로 표현하는 능력이다. AI가 자연어를 직접 처리할 수 있다면, 사람

의 지시나 요구를 프로그래밍 언어나 코드로 변환시킬 필요가 없다. 사람이 구두로 명령하면 AI가 알아서 처리하기 때문이다. 최근 자연어 처리에서 독보적인 챗GPT가 엄청난 인기를 끌고 있다. 지금까지 나온 챗봇 중에서 가장 실용적이다. 자연어 처리와 챗봇에 대해서는 다음 챕터에서 상술할 것이다.

챗봇의 능력

챗봇은 AI 접목으로 가장 재미를 보는 툴이다. 문자 또는 음성으로 고객과 소통하는 AI 또는 컴퓨터 프로그램이다. 챗봇은 전자상거래, 은행 등 다양한 분야에서 활용되고 있다. 대표적으로, 은행이나 공공기관 등에서 주문 및 고객 응대에 챗봇을 채용하고 있다. 최근 챗GPT를 비롯해 사용자와 쌍방 대화가 가능한 맞춤형 챗봇이 속속 개발되고 있다. 그러나, 교육이나 기업 연수 분야에서는 아직 챗봇 도입이 늦다.

AI는 WWW로 시작하는 웹사이트, 실행 지원 시스템, 또는 e러닝 앱이 아니다. 채팅하듯 질문을 입력하면 AI가 빅데이터 분석 결과를 바탕으로 대화하며 답변하는 대화형 메신저이다. 메타의 페이스북 메신저, 텐센트의 위챗, 텔레그램의 텔레그래, 킥의 봇숍, 슬랙사의 슬랙, 네이버웍스모바일의 운앱, 이스트소프트의 팀업 등이 이에 해당하지만, 챗GPT에 비해 기술력에서 떨어진다. 기업 입장에서 챗봇은 인건비를 줄이면서 업무시간에 상관없이 서비스를 제공할 수 있다.

챗봇은 크게 AI형과 시나리오형으로 구분할 수 있다. 시나리오형은 미리 정해 놓은 단어에 따라 정해진 답을 내놓기 때문에 보안 위험이 그리 크지 않다. AI형 챗봇은 복잡한 질문에도 응답할수 있고 특히 자기학습도 가능하다. 반면, 개인정보 유출, 피싱, 해킹 같은 보안 위협에 취약하다. 보안 프로그램을 설치한 경우는큰 위험은 없다. 챗봇은 구句의 매칭만을 이용하는 단순한 챗봇부터, 복잡하고 정교한 말을 처리하는 기술형 챗봇까지 다양하다.

애초 챗봇은 채터봇chatterbot, 토크봇talkbot 등의 이름으로 다양하게 불렸다. 처음 등장한 것은 1994년 무렵이다. 초창기 웹 검색 엔진 중 하나인 라이코스Lycos의 개발자인 마이클 로렌 몰딘Michael Loren Mauldin이 1994년 처음으로 용어를 사용했다. 당시 미국의 전국인공지능학술대회National Conference on Artificial Intelligence에서 발표한 논문에 채터봇ChatterBot 이라는 용어가 처음 등장했다. 1960년대에도 문자로 간단한 대화를 할 수 있는 수준의 소프트웨어가 있었다. 대표적으로 '엘리자ELIZA'가 그것이다. 2000년대 초반에는 인터넷의 발달과 함께 대화형 메신저 형태의 챗봇이다수 개발되었다. 페이스북 메신저가 선도했다. 페북M은 자연어처리 기반 챗봇을 개발하는 데 필요한 소프트웨어 도구를 개발했다. 챗봇에 관해 마지막 챕터에 상세히 기술했다.

대기업이 챗봇에 투자하는 이유

가상 인간은 영원히 늙지 않는다. 자유분방하고, 사교적이며, 소셜네트워크서비스SNS를 통해 세상과 교류한다. 그들은 가상에 존재하지만 현실과 가상을 오가는 인간이다. 실시간으로 움직이고 말하는 AI 기술을 탑재한 가상 인간도 등장했다. 급기야 아바타로만 인식되던 가상인간이 산업의 전반을 움직이는 인플루언서로 출현했다. 이들은 현실과 가상의 경계를 허물면서 종횡무진 활동 영역에 제한이 없다. 최근 블룸버그는 지난해 2조4000억원이던 가상인간 인플루언서 시장 규모가 2025년 14조원에 달할 것으로 전망했다. 진짜 인간 인플루언서 시장(13조원)을 넘어선 규모다. 광고 모델 넘어 앵커·쇼호스트·은행원까지 업종도 다양하다.

진짜 인간과 구별하기 어려운 정교한 외모와 행동, 말솜씨를 지녔기 때문만은 아니다. 유튜브·인스타그램 등의 공간에서 자연스럽게 사람들과 소통하고 교감하는 역할을 하고 있다. 릴 미켈라는 인스타그램 팔로워 310만 명을 거느린 가상 인플루언서이다. 가상 인간을 '새로운 인류'로 부를 날이 머지않았다.

2018년 타임지는 방탄소년단을 '온라인상에서 가장 영향력 있는 25인'으로 선정했다. 이후 BTS를 본뜬 가상 인간은 다수 등장하고 있다. 가상 인플루언서 '슈두'는 2017년부터 활동을 시작한 흑인 여성이다. 영국의 사진작가 캐머런 윌슨이 3D 입체 기술을 활용해 만든 디지털 기반의 모델이다. 최근 삼성 휴대폰 모델로 발탁되면서 그 이름을 알렸다.

가상 인플루언서는 MZ세대를 잡기 위한 마케팅이다. 이제는 글로벌 추세로 자리잡아가고 있다. 이케아는 작년 8월 일본 도쿄에 매장을 내면서 가상 인간 '이마'를 모델로 채용했다. 가상인간 이마는 일본에서 가장 인지도 높은 광고모델 중 한 명이다. 가상 인간이 인기인 반열에 오르고 있는 기현상이다.

이런 가상 인간에 AI이 탑재된다면 더 말할나위 없을 것이다. 최근 모든 가상 인간에 AI을 학습시킨다는 뉴스가 나왔다. 딥러닝을 통해 3D 이미지를 학습시킨 유통기업들이 나오고 있다. 다시 말해 3D를 통해 현실 인간과 유사하게 만든 가상 인간이다. 인간의 소리, 즉 자연어와 유사한 목소리와 언어를 4개월간 연습시키니 실물 인간과 구별이 쉽지 않다.

AI 딥러닝 기술을 활용해 실제 촬영한 동영상에 가상의 얼굴을 합성하는 방식으로 제작된 가상인간이 유튜브 공간에서 활동하고 있다. 2000년대 초반, '심심이'라는 인공지능 대화 프로그램이 인기를 끌었던 것을 기억할 것이다. PC 메신저와 휴대전화 메시지로 심심이와 대화할 수 있었다. 인공지능 대화 프로그램은 이제 심심풀이 대상이 아니다. 활동영역을 무한대로 확장하는 중이다. 그중 대표적인게 챗봇이다. 대기업들이 챗봇에 눈독을 들이는 배경은 이 것이다. 특히 금융회사는 챗봇의 기능을 훌륭하게 적용하고 있다. 금융감독원에 따르면 지난해 7월 챗봇 서비스를 제공하는 우리나라 금융사가 모두 26개이다. 대부분 AI를 기반으로 한다. AI를 탑재한 챗봇은 방대한 데이터를 분석하고 스스로 학습한다. 물론, 딥러닝 기술자가 AI에 데이터를 입력했기 때문이다. AI 챗봇은 고객의 상황과 성향에 맞는 최적의 답을 내놓는다. 일부 금융사는 시나리오 기반의 챗봇을 개발했다. 개발자가 고객 예상 질문을 선정해 답을 미리 입력해 두는 방식이다.

은행의 챗봇서비스는 예금이나 적금 상품을 안내하고, 투자 포트폴리오를 제공한다. 보통 인터넷뱅킹이나 은행 모바일 앱으로 서비스를 받을 수 있다. 챗봇 프로그램은 간편 송금, 계좌 조회는 물론이고 질문의 키워드에 따라 금융 상품을 추천해준다.

보험금도 챗봇 서비스로 청구할 수 있다. 청구에 필요한 서류를 사진으로 전송하고, 생년월일을 입력하면 연령에 맞춘 새로운 보험의 보험료를 조회해서 사용자에게 제공해준다. 필요한 보험까지 추천해준다. 자동차보험을 들었다면, 사고 신고도 챗봇으로 바로 할 수 있다. 예전에는 일일이 담당자에게 전화해 안내받아야 하는 불편이 있었다. 신용카드 회사에서도 챗봇 서비스를 다양화하고 있다. 챗봇에 원하는 혜택을 입력하면 이에 맞춰 신용카드를 추천해준다. 신청한 신용카드의 혜택이 무엇인지도 설명해준다. 개인정보 변경, 대금 결제일 변경, 대출 한도 조회, 이자율 조회 등 변경 사항이나 간단한 궁금증도 해결해준다.

기업이 챗봇 서비스를 이용하는 이유는 많다. 영업시간 외에도 고객과 커뮤니케이션할 수 있는 창구가 마련되기 때문이다. 실제로 챗봇 서비스를 통해 더 많은 상담 건수를 처리하고, 영업 수익을 올렸다는 금융사들이 적지 않다. 지난해 신세계몰은 1:1 소비자 상담 챗봇을 시행한 지 한 달여 만에 상담원이 처리해야 하는 전화 문의 건수가 하루 평균 9.5%, 이메일 상담은 32.4% 감소했다고 밝혔다. 상담원이 처리해야 하는 문의 내용을 챗봇이 해결한다. 신세계백화점 역시 지난해 인공지능 고객 분석 프로그램 'S마인드'를 도입했다. 이를 통해 구매로 이어진 건수는 60%에 달했다. 앞으로도 챗봇의 쓰임새는 폭발적으로 늘 것이다. 특히 여행사나 택배 회사는 챗봇 서비스가 유용하다. 상담하고자 하는 고객이 기다림 없이 답변을 받을 수 있다. 유행하는 립스틱 컬러, 조카 돌 선물, 답례품 등 어떤 상품이 좋을지 챗봇에 질문하면 여러 선택지를 제시한다. 하나를 선택하면 관련 상품을 한데 모아 보여주기까지 한다. 전자금융 기술이 발달하면서 챗봇 또한 필연적으로 함께 발전할 수밖에 없다. AI 기술이 발달하면 할수록 AI를 기반으로 하는 챗봇은 더욱 정교해질 것이다.

챗봇과 메타버스

◆ ◆ ◆

 향후 딥러닝 기반의 AI 챗봇, 이른바 '생성형 AI'는 축적된 데이터로 스스로 학습할 것이다. 데이터가 쌓일수록 기능은 더욱 고도화될 것이다. 영화 '다크 나이트 라이즈'에서 보면 미래를 짐작할 수 있다. 배트맨이 자신의 자동차와 대화를 주고받는 장면이 나온다. 영화에서나 볼 수 있는게 아니라, 현실에서도 가능해졌다. 음성 명령 프로그램이 입력되어 있기 때문이다.

개인비서로 채용될것

 챗봇은 사용자의 개인 비서로 진화해 소비자에 선보일 것이다. AI 음성 명령 프로그램이 탑재된 스마트 스피커가 대중화되면서 자신만의 AI 비서를 갖는 소비자가 늘어날 것이다. 여기에 챗봇

기능을 접목해 발전시키면, 정교한 대화가 가능해지고 더 많은 명령을 수행하게 된다. 금융, 교육, 스케줄, 쇼핑 등을 자신만의 AI로 관리할 수 있게 된다. 딥러닝 기반 AI는 주어진 데이터로 새로운 것을 만들어 낸다. 챗봇은 AI 기술 진보와 더불어 더욱 정교해질 것이다.

메타버스는 가상 인간의 공간

메타버스 플랫폼은 가상 인간의 무대가 되고 있다. SNS는 그들이 뛰어놀고 소통하는 공간이 되고 있다. 가상과 현실을 넘나드는 가상 인플루언서의 등장은 메타버스 플랫폼에 익숙한 MZ세대에게 자연스럽게 받아들여진다. SNS 속에서 보이는 다양한 모습과 소통 방식은 가상인간을 한 명의 인플루언서로 인식한다.

IT업계는 AI를 이용해 메타버스 가상 인간을 개발중이다. AI가 가상 인간과 접목하면 어떻게 될까. 화웨이는 최근 AI 기반의 가상 인간 '윤셍'을 공개했다. 모델링, 렌더링 등 기술을 통해 가이드 없이도 움직이고, 실시간으로 생각하고 말하는 가상인간이다.

롯데홈쇼핑은 가상 인간 '루시'를 자체 개발해 선보였다. 롯데홈쇼핑의 메타버스 플랫폼에서 가상 쇼호스트로 나서 상품을 소개한다. 농협은행은 딥러닝 기반으로 만든 AI 은행원을 정식 직원으로 채용했다. 근무 중인 MZ세대 직원들의 얼굴을 합성한 가상 은행원이다.

AI 챗봇의 윤리문제

◆ ◆ ◆

앞으로 가상인간 시장이 커지면서 'AI 윤리'에 대한 요구 또한 증대될 것이다. 2020년 12월에 출시된 AI 챗봇 '이루다'는 출시 2주일여 만에 중단된 소동은 잘 알려져 있다. 이는 알고리즘 편향성, 개인정보 유출 등 AI의 한계 때문이다. 앞서 메타^{Meta}가 2020년 3월 출시한 AI챗봇 '블렌더봇^{Blender Bot}'도 기존 챗봇보다 인간적인 측면, 공감 능력이 개선됐다는 평가를 받았다. 이 또한 히틀러를 '위대한 사람'이라고 찬양해 논란이 일었다. 이는 지금 개발 중인 AI 알고리즘의 문제점을 그대로 드러낸 것이다.

특히 개발자의 윤리는 중요하다. 인공지능 윤리를 준수해야 하고, 신뢰할 수 있는 데이터에 기반해 우수한 알고리즘을 개발하고, 데이터 프라이버시에 특히 유의해야 한다. 결국 양질의 데이터가 필요하다.

AI 기반 챗봇은 사람과 사물을 서로 연결시킨다. 가령 건물을 지을 때 설계 당시부터 건물, 구조 등에서 어느 부분이 잘못되었는지를 판별할 수 있다. 빅데이터와 슈퍼컴퓨터에 연결하면 아주 효율적이다. 빅데이터에는 다양한 건축 양식이 입력되어 있기 때문에 애초부터 건물을 잘못 짓거나 부실하게 공사할 수 없다. 작은 일자리라도 AI에게 맡기면 효과적이다. 일을 하지 않아도 자동적으로 급여가 들어오고 그것을 어떻게 사용할지를 고민한다. 만일 AI가 일자리를 모두 해결한다면, 사람들은 생각하는 힘을 잃어버려 치매에 걸릴 수도 있다.

AI 윤리에 대한 규칙

과학자이자 SF작가이기도 한 아이작 아시모프Isaac Asimov는 지성을 갖춘 로봇이 인류를 돌보고 지켜주는 세상을 상상해서 작품을 내놓았다. 아시모프의 로봇 프로그램에는 인간에게 해악을 끼치는 일을 해서는 안된다는 규칙을 포함시켰다.

아시모프의 작품은 사이언스와 픽션 모두에 영향을 미쳤다. 현실 세계에서도 아시모프의 아이디어를 현실에 적용하는 시도가 이뤄지고 있다. 아울러 어떤 윤리적인 행동을 로봇에 심어주어야 할지 많은 연구가 진행되고 있다. 마이크로소프트MS의 대표 사티아 나델라는 AI 윤리 규칙에 대한 비전을 제시했다.

❶ AI는 인간을 돕도록 설계되어야 하며, 인간의 자율성이 존중되어야 한다.

❷ AI는 투명성을 갖춰야 한다. 즉 인간이 알고리즘 구조를 알고 이해할 수 있도록 해야 한다.

❸ AI는 인간의 존엄성을 파괴하지 않으며, 효율성을 최대한 높여야 한다.

❹ AI는 지성과 함께 정보보호를 위해 설계되어야 한다. 즉 개인정보를 보호함으로써 신뢰를 얻어야 한다.

❺ AI는 알고리즘에 따른 설명 책임이 있으며 의도치 않은 해악을 제거할 수 있어야 한다.

❻ AI에게는 사람을 차별하지 않도록 하는 '성적 편견에 대한 적절한가이드'가 있어야 한다.

인간의 선입견bias을 모방한 AI

미국에서는 이미 AI 판사가 수형자 선별 과정에 일부 활용되고 있다. 각종 데이터를 토대로 어떤 수형자가 재범할 가능성이 높은지, 어떤 죄수가 갱생하여 사회에 공헌할 가능성이 있는지를 식별하는 AI다. 판사가 수형자에 대해 보다 신뢰성 있는 방법으로 판시할 수 있도록 일부 사용되고 있다. 하지만, 사회적 논란도 만만찮게 제기되고 있다.

대체 제재용 교정범죄자 관리 프로파일링이 그것이다.* 수형자의 향후 위험도 평가에서 보다 높은 리스크를 가진 범죄자에 대해

---

* COMPAS(Correctional Offender Management Profiling for Alternative Sanctions

보다 높은 형벌을 부과하는 알고리즘도 설계되어 있다.

2020년부터 재판에 일부 인용되고 있는 이같은 인공지능 툴에 대해 문제점을 제기하는 목소리도 적지 않다. 이를 테면, AI에 탑재된 알고리즘은 백인 범죄자보다 흑인 범죄자 쪽이 거의 두 배 비율로 위험도 점수가 높게 되어있다.

'테이'와 '이루다'의 문제는 AI 챗봇을 어떻게 개발해야할지를 가르쳐준다. MS의 AI 챗봇 테이는 10대들의 온라인 대화를 모방해 데이터가 설계되었기에 윤리적 문제점을 드러냈다. 테이는 사용자가 늘어날수록 신속하게 훈련되도록 짜여졌다. 확실히 테이는 인간과의 대화를 통해 많은 걸 배워나갔다. 그런데, 나중에 드러난 문제지만 트윗에서 걸러지지 않은 날 것의 데이터로 학습했다. 잘못된 학습으로 성희롱 대상이 되거나 차별·혐오 발언을 해 물의를 빚은 AI 챗봇 '이루다'도 같은 경우이다. '혐오스럽다' '진짜 싫다' '징그럽다' 등 걸러지지 않은 날 것 말그대로였다. 동성애자, 흑인, 장애인 등 사회적 소수자에 대한 혐오 발언을 여과없이 내뱉었다. 이루다는 애초 기대를 모았다. 크리스마스 시즌을 겨냥해 등장한 이루다는 '너의 첫 AI 친구'라며 미소를 머금고 있었다. 이루다에는 첨단 AI 기법이 내재되어 있을 것으로 기대를 모았다. 그렇지만, 이루다가 쏟아낸 무절제한 문장에는 거북하고 저질의 말들이 넘쳐났다.

'이루다' 소동을 통해 채팅용 말 뭉치 데이터베이스가 향후 사회에 어떤 영향을 줄지 가늠할 수 있다. 하지만, AI 알고리즘 자체가 편향된 학습데이터라면 보완하거나 보정해도 한계가 있을 것이다. 사람의 선입관이 내재된 알고리즘이라면 걸러내도 한계가 있다는 지적이다. 성소수자 혐오와 개인정보 유출 논란으로 이루다는 상업용 AI 챗봇의 한계를 노출한 전형이었다.

AI 기반 챗봇의 논란은 다른 정보기술^{IT} 에서도 꾸준히 제기되고 있다. 지난 2018년 아마존은 신규 고용 패턴을 학습시킨 AI를 개발했다가 폐기했다.

실제 투입된 AI가 채용 과정에서 여성을 배제했기 때문이다. AI 자체로는 공정성, 중립성을 담보하기가 쉽지 않다. AI 기술 남용으로 인한 인권 침해라는 문제 뿐만 아니다. 이루다 개발자 역시 테이의 문제를 모를리 없지만, AI의 실수는 반복되고 있다. 이루다를 통해 드러난 문제는 보다 근원적이다. 윤리나 도덕적 기준이 없는 무분별한 AI 기술의 개발은 자칫 사회적인 큰 파장을 몰고올 수 있다.

AI 자연어처리 능력

◆ ◆ ◆

인간이 컴퓨터와 언어로 대화가 가능한 것은 자연어 처리 Natural Language Processing 능력 덕분이다. AI에 자연어 처리 능력이 부가되면서 비약적인 발전이 이뤄졌다. AI 챗봇이 자연스러운 대화를 이어가는 관건은 '자연어 생성', 즉 작문 능력에 있다. AI의 자연어 생성 능력은 머신러닝을 위한 데이터를 풍부하게 한다. 인간 언어의 맥락은 복잡 미묘하기 이를데 없다. 가령 띄어쓰기를 어떻게 하느냐에 따라서 뉘앙스도 달라진다. 현재 AI 자연어 처리 시스템은 아직 인간의 복잡한 언어를 이해하지 못한다. 문장의 의미를 흐트리는 이질적인 단어가 섞이거나, 대화 상대가 단어의 위치를 바꾸어 의미를 달라지게 만들어도 AI는 아직 감지하지 못하고 있다.

'이루다' 역시 자연어 생성 기술을 갖추지 못했다. 말뭉치 데이터에서 대화의 키워드와 관련성이 있는 문장을 골라 채팅 창에 올리는 방식이다. 이 때문에 반말과 존대말이 뒤섞여 있다. 앞뒤 맥락에 맞지 않는 대화도 상당하다. 마치 유튜브에서 외국인 댓글러가 마구잡이 댓글을 다는 식과 유사하다.

결국, 말뭉치 데이터의 한계가 문제였다. 이에따라 수십억개 말뭉치 데이터로 훈련된 언어 모델을 개발하는 방식이 일반화되고 있다. 대화용 챗봇에 적합한 데이터를 어떻게 추출하느냐도 난제이다. 여기에는 딥러닝이 유용하다. 방대한 텍스트에서 의미있는 정보를 추출하는 딥러닝 기반의 자연어 처리에 연구개발이 집중되고 있다. 그럼에도 아직 갈 길이 멀다. AI 챗봇은 그 이름값과는 달리 실제로는 기술적 한계와 드러나지 않은 오류가 많다.

대기업들이 대책 없이 일단 시장에 출시하는 것 자체가 무리수이다. 현재 AI 기반 챗봇은 진화 중이다. 대화별 시나리오에 따라 고정적 답변만 내놓는 방식에서 벗어나야 한다. AI 챗봇이 비즈니스와 일상 속에 점차 스며들고 있지만, 아직 특정 기능만 구현한 모델이 대부분이다.

자연어 처리에 강력한 AI

AI 챗봇은 룰베이스 챗봇 기능에 머신러닝ML 및 딥러닝 기술이 장착된 것이다. 현재 AI 기반 챗봇 대표적인 기술이 자연어처리NLP이다. 사람의 말을 이해하고 답변하며 글로 써내는 자연어

처리 AI챗봇은 말을 문장, 단어, 형태소 단위로 쪼개서 의미와 의도를 분석하고 그에 맞는 답변을 내보낸다. 사용자가 챗봇에 문장을 입력하면 소 단위로 분석해 기존 입력된 답변와 비교한뒤, 가장 유사한 답변을 생성한다. 당연히 방대한 분량의 데이터가 필요하고, 이를 관리할 리소스가 필요하다. 따라서, AI챗봇은 초기 제작하는 많은 시간이 걸리며 비용도 많이 든다. 그러나, 장기적인 관점에서 보면 AI챗봇이 유리하다.

AI챗봇에서 머신러닝은 관리자가 입력한 데이터를 토대로 작동한다. 기계가 스스로 학습한 것이 아니기에 정제된 데이터만 입력한다면 잘못된 답변이 나갈 수 없다. 부적절한 답변을 내보내는 경우 데이터를 잘못 입력했거나 어설픈 데이터가 입력되었기 때문이다. 현재 교육용 AI개발은 급속하게 진보하고 있다. 인도에서는 교사를 AI로 대체하는 실험도 하고 있다. 기업 연수, 인사, 인재 개발 등 교육에 종사하고 있는 사람은 조만간 AI 교사나 코치와 함께 일할 날이 머지않아 닥칠 것이다.

말뭉치가 챗GPT 능력을 결정한다

데이터 규모의 차이, 즉 말뭉치의 능력이 AI 능력에 결정적 차이를 가져올 것이다. 챗봇 개발에서도 그대로 증명되고 있다.

AI 챗봇에 사용할 수 있는 한국어 말뭉치 데이터 18억개는 아직 부족하다. 외국 AI 챗봇을 보자. 일본어 150억 개, 중국어 800

억 개, 영어 3000억 개에 비해 턱없이 적은 수준이다.

국립국어원이 구축한 '모두의 말뭉치' 18억 개는 AI 챗봇에 쓸 수 있는 공공 데이터이다. 하지만, 이 18억개도 윤리 논란에 휘말린 나머지, 데이터를 전수 검토하여 수정하는 작업을 거치고 있다. 아직 AI 개발자들에게 언어 정제는 덜 관심거리다. 이들은 데이터의 수집에 대부분 관심을 쏟지만 데이터 정제에는 그리 신경을 기울이지 않는 경향이 있다.

AI 학습, 즉 머신러닝에 필요한 데이터 수요는 갈수록 증가하고 있다. 하지만, 데이터 정제 작업에 많은 시간이 소요되고 비용도 증가하고 있다. 이런 간극은 더욱 커질 것이다. 윤리적 논란거리가 되는 발언, 차별적 관점, 비속어, 개인을 식별하는 정보가 처음부터 제거된 말뭉치 데이터가 공공재로서 풍부하게 공급된다면 향후 상황은 호전될 것이다.

메타가 개발한 학습 알고리즘

◆ ◆ ◆

메타(페이스북)는 음성, 이미지, 텍스트를 동시에 인식하는 AI 알고리즘 'Data2vec'를 개발했다. AI의 심층 신경망은 사진 속 사물을 식별하고, 이를 자연어로 전달하는 데 능숙하다. 하지만. 이 두 가지를 동시에 다 잘하지는 못한다. 다시말해, 이 두 가지 중 하나가 뛰어난 AI 모델은 있지만, 둘 다 동시에 실행하는 AI 모델은 아직 등장하지 않았다. 이런 문제가 생긴 일부 원인은 AI 모델들이 각자 다른 기술을 사용하여 각자 다른 스킬을 배우기 때문이다.

이에 따라 메타는 멀티태스킹이 가능한 범용 AI 알고리즘을 개발했다. 메타AI연구소는 신경망이 이미지와 텍스트, 음성을 동시에 인식하도록 훈련시키는 데 사용하는 단일 알고리즘을 개발했다. Data2vec가 그것이다. 이 알고리즘은 학습 과정을 통합할 뿐만 아니라 세 가지 스킬, 즉 이미지 텍스트, 음성을 적어도 기존 기술 만큼의 성능을 발휘한다. 데이터세트(데이터베이스)의 패턴을 스스로 발견하는 법을 배우는 일명 '자기지도 학습(self-supervised learning)'을 기반으로 한다. GPT-3 같은 거대 언어 모델은 이런 식으로 인터넷에서 긁어 온 미분류된unlabeled 방대한 양의 텍스트 로부터 배우고 있다. 그러나, 챗GPT능력에는 못 미친다.

Data2vec은 학생과 교사라는 두 개의 신경망을 사용한다. 메타의 CEO 마크 저커버그는 Data2vec를 메타버스 세계에 적용하는 방안을 실현중이다.

그는 "결국 AI 비서와 함께 AR 안경 안에 내장될 것"이라면서 "재료가 빠졌는지 알아채거나, 가스불을 낮추도록 유도하거나, 이보다 더 복잡한 일을 하게 해주는 등 여러분이 저녁 식사를 준비하는데 도움을 줄 수 있다"고 말했다.

GPT-3의 출현

AI의 명암을 모두 담은 소우주라는 별명의 GPT-3도 흥미롭다. 구글(딥마인드) 알파고와 IBM의 체스 AI '딥블루' 이후업그레이드 버전이다.

샌프란시스코에 있는 AI 연구기관 '오픈AI'가 구축한 GPT-3는 딥러닝을 채용한 대규모 언어 모델이다. 오픈AI는 특히 챗GPT를 출시해 선풍을 일으키고 있다. 오픈AI는 수천 권의 책과 인터넷

전역에서 긁어모은 텍스트를 데이터 삼아 단어·구절들을 묶어 문장을 자동으로 생성해낸다. 2020년 출시 당시 섬뜩할 정도의 필력으로 인간의 글을 훌륭하게 흉내 내며 화제를 모았다.

GPT-3는 사람이 쓴 것 같은 복잡한 문장도 생성할 수 있다. 문화적 레퍼런스는 물론, 가상 시나리오에서 과학자들 대상의 '설득력 있는 상상'도 포함되어 있다. 이러한 방식으로 인간 언어를 사용하는 AI가 주는 시사점은 적지 않다. 언어는 우리 일상의 핵심이다. 인간은 언어를 활용해 의사소통을 하고, 아이디어를 공유하고, 개념을 설명한다. 언어를 완벽하게 다룰 수 있게 훈련된 AI는 인간 세계에 대한 이해 또한 학습했을 것이다.

딥러닝 기반의 고난도 언어 모델의 실용성은 높다. 보다 유창한 대화를 나눌 수 있도록 챗봇을 개선할 수 있다. 글감만 입력되면 어느 주제로든 기사나 이야기를 작성할 수도 있다. 주어진 텍스트를 요약한 뒤 그에 대한 질문에 답할 수도 있다. 아직 초대 기반으로 운영되지만, GPT-3은 이미 수십 가지의 앱을 구동하는 데에 사용되고 있다. 더욱 진보된 버전 챗GPT에 대한 설명은 마지막 챕터에 정리했다.

CHAPTER. 5

빅데이터와
AI

넷플릭스의 돈벌이 밑천은
빅데이터

　미국 넷플릭스^{Netflix}는 빅데이터를 가장 효과적으로 비즈니스에 이용한 거대 기업이다. 한국 영화에 거액을 투자한 넷플릭스는 1억5천만명 이상 가입자를 보유하고 있는 초거대 영상 플랫폼이다. 넷플릭스의 특기는 소비자의 특정 행동을 상세하게 관찰하고 유도해 영화를 감상하도록 한다. 넷플릭스는 소비자 행동이나 패턴에 대해 많은 것을 알고 있다. 이를테면 언제 TV를 보고 있는지, 어떤 프로그램을 보고 있는지, 가족 중에 누가 있고 그 가족은 어떻게 보고 있는지, 본 것을 어떻게 평가하고 있는지, 무엇을 끝까지 보고 무엇을 끝까지 보지 않는지, 어떤 제목을 몇 회나 계속 감상하고 난리법석 피우는지, 어떤 에피소드를 몇 번이나 보고 있는지 등 시시콜콜한 대목까지 속속들이 꿰뚫고 있다. 미국인은 통상 하루 4시간 이상 TV를 보는 것으로 알려져 있는데, 넷플릭스 또한 개개인에 대해 그 만큼의 데이터를 보유하고 있다는 말이다.

AI로 빅데이터 분석하기

모든 정보를 사람의 힘으로 분석한다면, 적은 샘플을 분석하는데 몇 년은 족히 걸린다. 넷플릭스는 AI를 이용해 빅데이터를 극히 짧은 시간 안에 충분히 분석해낸다. 먼저 머신러닝을 통해 데이터 분석 알고리즘을 구성한다. 알고리즘이란, 패턴의 인식이나 예측 등 작업을 어떻게 실행할 것인지 컴퓨터에 지시하는 프로그램이다. 알고리즘을 통해 AI는 인간이 분석하기 어려운 복잡한 패턴을 찾아낸다. 넷플릭스는 데이터 분석 알고리즘을 통해, 개인별 사용자 유형을 파악해 추천한다. 그리고 그 추천 사례를 모아 비슷한 패턴을 가진 사용자와 결합한다.

새로운 모음(컬렉션)이나 범주(카테고리)를 만들고 매우 구체적인 정보를 제공한다. 예측 알고리즘은 시청자가 프로그램에 어떻게 반응하는지를 피드백할 수도 있다. 예를 들어, 시청자가 어떤 영화에서 몇 분 만에 빨려들어가는지, 어떤 드라마는 몇 분 만에 열광적인 팬을 획득하는지 등의 반응이다. 넷플릭스 등은 뉴로사이언스(신경과학)의 지식을 통해, 어떠한 영화나 드라마가 소비자에게 도파민 분비 효과를 내는지 예측한다. 이어 이 반응을 가장 효과적으로 일으키는 프로그램을 찾아내는 알고리즘을 개발한다. 넷플릭스가 추천하는 프로그램을 선택할 때마다, 소비자는 넥플릭스 알고리즘에 자신의 취향, 소비의 방법을 전달하는 양상이다.

넷플릭스는 마치 소비자의 머릿속에 스캔 장치를 설치한 양상이다. 소비자는 자칫 중독될 수 있다. 넷플릭스는 소비 행태를 통해 어떤 체험에 열중해 중독 증상을 일으키고 있는지, 행동을 통해 알 수 있다. 넷플릭스가 개발한 알고리즘의 예측력은 사용될 때마다 향상될 것이다.

사회적 학습

사람은 사회적 존재이다. 혼자서는 살아갈 수 없다. 인간 DNA에 담겨있는 대표적 특징 중 하나는 사회적 학습이다. 사람은 타인으로부터 배우는 패턴을 필연적으로 가지고 있다. 넷플릭스를 비롯한 많은 온라인 마케터는 이런 경향을 이용한다. 일부러 타인의 행동을 보여줌으로써 어느 상품, 어느 서적, 어느 프로그램을 구입할 것인가를 시사해준다. 독자는 무언가를 선택하기 전에 리뷰 잡지를 읽는다든가, 상품에 달린 '별'의 수를 체크한다.

이 소비자는 다른 사람의 행동을 판단 재료로 해서 물건을 구매하고 있는 것이다. 이러한 '레코멘더 시스템'은 사실상 일종의 '중독 현상'일 수 있다. 예를 들어 소비자의 행동(유사 프로그램을 어떻게 평가했는지 등)과 다른 유저의 행동을 조합한 다음, 소비자 간 유사성을 필터링해 추천한다. 실상은 소비자 스스로가 소비자에게 추천하는 것에 다름아니다. 유사성이란 다른 사람 행동을 따

　　　　　AI · 메타버스 융합의 기회

라하는 것이다.

광범위한 적용

물론, 이런 수법으로 최적화된 소비자 추천을 실현하고 있는 것은 비단 넷플릭스만이 아니다. 아마존은 상품 배송에서 재빠르게 행동한다. 고객이 주문하기 하루 전에 어떤 상품이 주문될지 예측하는 어플을 이용한다. 예측 요구에 속도감 있게 공급할 수 있도록 창고 및 배송 거점에 상품을 미리 배치한다. 구글은 인간과 기계로부터 획득한 정보를 토대로, 구글 맵에서 교통 체증을 예측해 서비스한다. 미국 정부는 AI을 사용해 적군의 움직임을 예측하고 있으며, NASA는 우주선의 조작 능력을 저해하는 우주비행사의 피로를 예측해낸다. 이런 사례는 모두 대량의 질 좋은, 신뢰할만한 정보의 데이터 뭉치를 통해 가능한 것이다.

AI는 빅데이터로 통찰력을 얻다

분석학과 AI는 융합하면서 진화하고 있다. 30여 년 전에는 데이터를 모으고 요약하는 것이 분석의 주목적이었다. 이후, 분석 기법의 고도화에 수반해 보다 구체적인 비즈니스용 분석 기술이 개발되었다. 수집한 데이터로부터 통찰, 예측, 추천이 가능하게 되었다. 또 몇 년 후에는 자동화 되었고, 데이터마이닝 기술이 개발되었다. 최근에는 머신러닝이나 AI 등의 진보에 따라 인간의 지시 없이 알고리즘이 스스로 분석해 의미있는 데이터를 생산하게 되었다. 이에 따라 AI와 데이터 분석은 상호 발전을 거듭해왔다. 마치 바늘과 실과 같은 존재가 되었다. 자동화 시스템, 머신러닝, 딥러닝 등이 그런 종류이다.

룰베이스의 자동화

최근 대기업에서는 정해진 규칙에 따라 사전에 입력된 답변 데이터를 자동적으로 내보내는 시스템이 일반화 되고 있다. 룰베이스 또는 규칙 기반, 시나리오형 자동화를 뜻한다. 이를 테면 AI챗봇은 룰베이스를 기반으로 하지만, 자연어처리는 머신러닝으로 지원된다. 다만, 각각 장단점을 따져봐야 한다. 룰베이스 자동화는 규칙에 따라 답변을 내보내는 시스템이다. 이런 챗봇은 AI챗봇에 비해 제작이 쉽다. 비교적 적은 데이터로 만드는 과정을 거친다. 준비된 시나리오를 바탕으로 답변이 나가기 때문에 잘못된 답변이나 부적절한 대답을 사전에 막을 수 있다. 기업용 챗봇이나 오피스 챗봇은 정확하고 신뢰할 수 있는 답변을 전달해야 하기에 룰베이스 자동화가 일반화 되어 있으나, 조만간 딥러닝 기반의 AI 챗봇, 즉 챗GPT 등으로 대체될 것이다.

무궁무진한 딥러닝의 능력

◆ ◆ ◆

딥러닝은 데이터를 토대로 스스로 학습하는 인간 뇌를 모방해 설계된 뉴럴네트워크neural network이다. 일종의 인공 신경망이다. 데이터 분야에서는 사람이 만들어내는 것보다 높은 정밀도로, 고도의 복잡한 작업을 수행한다. 머신러닝이나 인간 분석만으로는 불가능한 패턴이나 새로운 통찰을 구할 수 있다. 새로운 통찰은 특히 인간의 행동을 예측할 때 가치를 발휘할 수 있다. 물론 딥러닝 초기 모델은 수많은 시행착오를 거쳤다. 시행착오는 지금도 간단없이 벌어지고 있다.

딥러닝은 머신러닝보다 훨씬 심화된 개념이다. 머신러닝 모델의 경우, AI 알고리즘이 부정확한 예측을 내놓으면 엔지니어가 개입하여 조정해야 한다. 반면, 딥러닝 모델은 알고리즘의 자체 신경망을 통해 예측의 정확성 여부를 스스로 판단하도록 한다.

손전등의 예를 들어본다. 사람이 '어둠'이라는 단어를 말하면 소리 신호를 인식해 불이 켜지도록 손전등을 프로그래밍한다. 이를 계속 학습하면서 그 단어가 포함된 구절을 인식하면 결국 불을 켤 수 있다. 만일 손전등에 딥러닝 모델이 있다면, "안 보여" 등의 소리 신호가 나올 때 빛 센서와 함께 불을 켜진다. 딥러닝 모델은 자체적인 컴퓨팅 방법, 즉 자체적인 두뇌가 있는 것처럼 보이는 기술을 통해 학습할 수 있다.

딥러닝 모델은 인간이 결론을 내리는 방식과 유사한 논리 구조를 사용하여, 데이터를 지속적으로 분석하고 축적되도록 설계되었다. 딥러닝이 탑재된 애플리케이션에는 적층 알고리즘(인공 신경망)이 내장되어 있다. 인공 신경망의 설계는 인간 두뇌의 생물학적 신경망을 모델 삼아 만들어진 자체 학습 네트워크이다.

문제는 딥러닝 모델이 잘못된 결론을 도출하는 경우에는 어떻게 할 것이냐는 점이다. 현재 기술 단계에서 이를 예방하는 것은 쉽지 않다. 보다 정확한 결과를 도출하려면 더 많은 데이터가 필요하다. 충분하고 적절한 데이터만 공급된다면, 딥러닝은 진정한 인공지능의 중추로 자리잡을 수 있다. 조만간 챗GPT의 오류를 걸러내는 챗봇도 나올 것이다.

딥러닝 모델의 좋은 예는 구글의 알파고이다. 구글은 날카로운 지능과 직관을 갖춘 자체 신경망을 가진 컴퓨터 프로그램(AI)을 만들었다. 구글이 만든 딥러닝의 첫 모델, 즉 알파고는 세계 최고 바둑 고수와 대결하는 방법을 배웠다. 챗GPT 역시 딥러닝의 초기 모델이랄 수 있다. 그 능력은 무한대로 확장할 것이다.

현재 빅데이터 시대에 돌입했다. 방대한 분량의 데이터가 생성됨에 따라 딥러닝 앱의 역할도 커졌다. 딥러닝을 로켓에 비유한다면, 빅데이터는 로켓에 주입해야할 연료에 해당한다. 로켓 엔진은 딥러닝 모델이고 연료는 딥러닝 알고리즘에 공급하는 빅데이터인 셈이다. 어디까지나 고객에게 최적의 서비스를 제공하는 맞춤형 AI이어야 의미가 있다. AI 알고리즘에 공급되는 데이터는 지속적으로 유입되는 고객 관련 정보로부터 발생한다. 이들 정보에는 고객이 직면한 문제도 포함되어 있다. 이런 문제를 AI앱에 적용하면 빠르고 정확한 예측이 이뤄진다. 딥러닝이 더욱 정교한 알고리즘으로 개선되어 감에 따라, 고객 서비스 분야에서 인공지능은 더욱 고난도 기술의 앱을 탑재하게 될 것이다.

유효한 빅데이터의 조건

빅데이터는 말그대로 인간 삶에서 생성되고 공유되는 모든 것의 기록이다. PC로 문자를 읽거나 핸드폰으로 문자를 보내거나 팟캐스트를 다운받거나 비디오를 보거나 트윗을 올리는 행위 일체를 각각 유형의 의미있는 데이터로 가공한 것이다. 온라인에서 입수하는 다양한 유형의 데이터는 하나의 사례일 뿐이다. 빅데이터가 반드시 온라인일 필요는 없다. 안전한 서버나 디지털화된 방대한 종이 기반의 파일일 수도 있다. 데이터는 본래 기존 소프트웨어로 처리할 수 없을 정도로 방대하고 복잡하다. 이런 거대한 데이터 묶음 즉, 빅데이터에는 Volume^양, Variety^{다양성}, Velocity^{속도}, Veracity^{정확함} 등 4가지 요건이 있다.

경우에 따라 빅데이터란 방대한 양^{volume}이며, 초고속 증가 속도^{velocity}에다, 다양한 종류^{variety}를 말하기도 한다. 빅데이터는 특히 새로운 데이터 소스에서 나온 더 크고 더 복잡한 데이터 묶음을 가리킬 수 있다. 이러한 방대한 분량의 데이터를 분석하면, 이전에 해결할 수 없었던 비즈니스 문제를 해결하는 데 이용할 수 있다.

4차 산업혁명 시대 빅데이터는 자본이 되었다. 공룡같은 IT 기업들이 추구하는 상품 가치의 대부분은 빅데이터에서 나오고 있다. 보다 높은 효율성의 신제품을 개발하기 위해 데이터를 지속적으로 분석하고 의미있는 통계를 만들어내고 있다.

최근 기술 혁신으로 데이터 저장 및 컴퓨팅 비용이 대폭 감소하고 있다. 이는 더 많은 데이터를 보다 쉽고 저렴하게 저장하는 여력을 의미한다. 아울러 더 많은 양의 빅데이터를 보다 저렴하고 손쉽게 액세스할 수 있다. 이는 보다 정확하고 정밀한 비즈니스 결정을 내릴 수 있도록 해준다. 빅데이터에서 가치를 찾는 것은 단순히 데이터를 분석하는 일만이 아니다. 분석과는 완전히 다른 이점을 제공한다. 통찰력 있는 분석가, 비즈니스 사용자 및 경영진이 올바른 질문을 던지고, 패턴을 인식하고, 정보에 입각한 가정을 세우고, 행동을 예측해야 하는 전체적인 발견 프로세스이다.

빅데이터의 효용성

2005년 무렵 사람들은 페이스북Facebook(메타), 유튜브YouTube 및 기타 온라인 서비스를 만나면서 놀라기 시작했다. 사람들은 그 제서야 깨달았다. 우리 자신이 얼마나 많은 양의 데이터를 만들고 있으며, 이 데이터가 엄청난 돈벌이 수단이라는 사실을 말이다. 그즈음 Hadoop(최근에는 Spark)이 세상에 나왔다. 이는 빅데이터 세트를 저장하고 분석하는데 쓰이는 오픈소스 프레임워크다. NoSQL도 이 기간 동안 인기몰이를 시작했다.

Hadoop는 빅데이터를 보다 손쉽게 사용하고 저렴하게 저장하도록 하는 툴이다. 앞으로 사물인터넷IoT 출현으로 엄청난 데이터가 생산될 것이다. 더 많은 객체와 장치가 인터넷에 연결되어 소비자 패턴 및 제품 성능에 대한 데이터가 수집될 것이며, 머신러닝의 등장으로 더 많은 데이터가 생성되고 가공될 것이다.

빅데이터의 활용은 이제 시작 단계에 들어서고 있다. 클라우드 컴퓨팅으로 빅데이터의 가능성은 더욱 확장성을 제공할 것이다. 빅데이터를 사용하면 보다 실체에 가까운 답을 얻어낼 수 있다. 빅데이터로부터 더 많은 정보를 확보할 수 있기에 보다 정확한 분석이 가능해진다. 도출되는 답변이 보다 정밀해진다는 것은 AI나 챗봇에 대한 신뢰도가 높아진다는 의미다.

제품 개발에 빅데이터는 필수적이다. Netflix, Procter, Gamble 같은 기업은 빅데이터를 사용하여 고객 수요를 보다 실체에 가깝게 예측하고 있다. 과거와 현재의 제품/서비스의 주요 속성을 분류하고 연계시켜 새로운 제품과 서비스에 대한 예측 모델을 시장에 출시한다. P&G는 초기 매장 출시에서 나온 데이터 및 분석 결과를 토대로 신제품을 계획, 생산, 출시하고 있다. 장비의 연도, 제조업체, 모델 관련 빅데이터를 사용하면 고객 경험을 명확하게 파악하는 것이 그 어느 때보다 가능해졌다. 소셜 미디어, 웹 방문, 통화 기록 등 소스에서 데이터를 수집하면 서비스의 가치를 극대화할 수 있다. 특히, 맞춤형 옵션을 통해 고객 이탈을 줄이며 문제를 사전에 처리할 수 있다.

AI가 진보할수록 빅데이터의 중요성을 증대시킬 것이다. 이제 엔지니어들은 프로그래밍 대신에 머신러닝으로 원하는 프로그램을 짤 수 있다. 빅데이터를 사용해 이런 유형이 가능해졌다. 빅데이터 활용은 아직 미흡한 수준이다.

우선 빅데이터는 방대한 분량이다. 거의 2년마다 데이터 분량은 배로 늘고 있다. 기업들은 데이터 증가에 맞춰 효과적인 데이터 축적 방법을 개발해야 한다. 데이터를 저장하는 것만으로 충분하지 않다. 데이터가 가치있게 사용되려면 정제되고 최적화 되어야 한다. 최적화된 데이터를 확보하려면 많은 작업이 필요하다. 실제로 데이터 엔지니어들은 작업 시간의 50~80%를 실제 사용하기 전에 데이터를 큐레이션하고 준비하는데 들이고 있다.

큐레이션이란 데이터 뭉치를 최적화하는 준비작업이다. 최적화는 머신러닝을 최대한 정확하게 작동하기 위한 준비작업이다. 최적화의 재료는 빅데이터이다. 머신러닝 연산의 정밀도를 높이기 위해서는 양질의 데이터가 절대 필요하다.

아마존의 남성 지원자 우대 해프닝

최대 전자상거래 IT기업 아마존Amazon은 신규 직원 채용에서 AI 알고리즘을 이용한 사실을 공개했다. AI가 이력서를 선별해 면접 후보자를 추려냈다. 그러나, 여성에 대한 편견을 없애는게 애초 목적이었지만 결과적으로 실패하고 말았다. 아마존의 AI 설계자는 남녀평등이라는 개념 아래 과거 10년간의 채용 데이터를 토대로 AI를 훈련시켰다. 아마존이 채용한 지원자의 이력서를 식별하고, 같은 유형의 지원자를 찾도록 훈련시켰다.

그런데도 이 프로그램이 남성을 우대하고 있음이 드러났다. 도대체 무엇이 문제였는지에 대한 논란이 이어졌다. AI는 아마존에서 선발된 지원자를 분석하여 아마존이 중시하는 특성(남녀 평등)을 발견하도록 알고리즘을 설계했다. 비판자들은 오랜 세월에 걸쳐 아마존의 남성 우위의 무의식적인 편향성이 드러났다고 지적한다. 지원자들이 낸 이력서 중에 남성 지원자들이 많이 쓰는 경향이 있는 어투나 문구가 있었다. 결과적으로 인간의 편견을 배제하기 위한 알고리즘이 오히려 그간의 아마존의 편견적 채용을 드러내는 꼴이 되었다.

데이빗 코프David Cope는 음악가인 동시에 AI 전문가다. 그는 새로운 고전음악을 만들기 위해 EMMYExperiments in Musical Intelligence를 개발했다. 과거 천재적 작곡가들의 음악을 모방한 스타일의 음악을 만들려는 것이다. 예를 들면 그의 '새로운 비발디'를 보자. 전문가도 분간할 수 없을 정도로 비발디의 새로운 작품이 탄생했다는 반응이 나왔다. 데이빗 코프는 "자신의 작품이 인공지능 과학을 발전시키기 위한 습작의 하나로 만들어진 것"이라고 했다.

한편으로 부작용도 걱정된다. 이런 방법을 사용해 무방비 구매자들에게 접근하는 상술업자가 활개칠 수 있다. 그러나 EMMY같은 이런 접근방법을 무조건 비난할 수도 없는 노릇이다. 음악작품을 만드는 디자인이나 실행에는 고도의 수학적인 요소들이 포함되어 있다. 인간의 취향은 복잡하면서도 식별하기 쉬운 패턴을 가지고 있다. 사람의 눈과 귀는 작품 스타일에 따라 개개의 아티스트의 작품을 인식할 수 있다.

지금도 머신러닝을 통해 몇 백년 전 아티스트의 패턴을 되살리고 있다. 저명 화가의 그림을 단 몇 분만에 복사해낼 수 있다.

예를 들어, 미국 메릴랜드대학교 연구진이 만든 인공지능 PaintBot은 반 고흐, 요하네스 베르메르 등 거장들의 작품을 머신러닝으로 훈련시켰다. 인공지능은 획의 강도, 밀도, 색상 구현 정도 등을 비슷하게 모방해낼 수 있게 됐다. 화가의 스타일대로 그림을 구현할 수 있는 정도로 훈련됐으며, 그림을 모방하는데 걸리는 시간은 5분여 정도이다.

미국 대학생들은 논문을 모두 AI를 이용해 쓰고 있다고 고백한 적이 있다. 이 프로그램은 원래 가짜뉴스를 생성하기 위해 만들어진 것이다. 이 프로그램은 실제 참고문헌을 사용하여 다른사람의 작품을 복사하지 않고 생성하기 때문에 사람의 눈으로는 거의 발견할 수 없다. 이 학생은 어떻게 해서 만들어냈는지 설명해주었다. 대학원의 비즈니스 관련 논문은 AI로 복사하기 쉽다. 수업의 난이도가 비교적 낮기 때문에, 간단한 논문은 만들어낼 수 있다. 하지만, AI을 사용하는 것은 표절이 아니라고 한다.

챗GPT가 쓴 MBA 답안지 소동

챗GPT는 인공지능 연구소인 오픈AI가 2022년 11월 공개한 챗봇 AI다. 몇 가지 주제어를 넣으면 관련한 수준 높은 에세이도 써준다. 12월 중순 미 캘리포니아 마운틴뷰의 의료기관인 앤서블헬스 연구진은 챗GPT를 대상으로 3단계에 걸친 미국 의사면허시험을 실시했다. 챗GPT가 모든 시험에서 50% 이상 정확도를 보여줬다. 미국 의사면허시험을 통과할 수준이다.

미 미네소타대 로스쿨 교수진이 4개 과목의 졸업시험을 챗GPT에게 시킨 결과, 챗GPT는 평균 C+ 학점을 받을 수준이었다. 펜실베이니아대 와튼스쿨에서도 챗GPT는 필수과목 기말시험에서 B 학점을 받을 수준이었다.

챗GPT의 놀라운 수준으로 인해 당장 문제가 생긴 것은 교육계다. 뉴욕주 교육부는 아예 지역 공립학교의 와이파이에서 챗GPT 접속을 차단했다. 세계에서 가장 권위 있는 과학 학술지인 네이처와 사이언스는 챗GPT 같은 인공지능을 논문 공동저자로 인정하지 않기로 했다. 최근엔 챗GPT가 쓴 글인지를 식별하는 '제로GPT'라는 탐지 서비스도 등장했다.

반면 챗GPT를 교육에 적극 활용하자는 움직임도 있다. 와튼스쿨의 이선 몰릭 교수는 올해 강의계획서에 "챗GPT를 공부와 숙제에 적극 활용하라"고 적었다. 학생들에게 세상의 변화와 그 변화에 적응하는 법을 가르치기 위해서라는 이유다.

인간 게놈 편집

　앞으로 AI는 인간의 수 만배 또는 순간의 속도로 방대한 데이터를 해석할 것이다. 데이터 위주의 과학 탐구에는 대단히 유용할 것이다. 그 중에서도 아마도 AI의 가장 큰 공헌 중 하나는 인간게놈 연구가 될 것이다.

　DNA코드, 즉 유전자 암호 풀이는 복잡하기에 거의 불가능하다고 여겨졌다. 그러나, AI를 통해 인간게놈 매핑, 즉 유전자 지도를 만들었다. 이제 생명공학 및 유전학자들은 유전자 편집에 AI를 활용하고 있다. 유전자 치료의 장점은 익히 알려져 있다. 특정 질병의 원인이 되는 유전자를 제거하여 난치병을 치료하거나, 암 환자 개개인에 특화된 치료법을 창출하고 있다.

　얼마 전 중국에서 쌍둥이 여자아이 사건이 있었다. 이들이 태어나기 직전 몇 개의 유전자를 조작하여 겉보기에 건강해 보이는 두

명의 여자아이가 태어났다. 진정 놀랍고도 무서운 성과를 발표했다. 애초 쌍둥이에 대한 유전자 조작의 목적은 에이즈에 대한 내성을 갖게하는 것이었다. 유전자들은 서로 정보를 주고받는 것으로 알려져 있다. 과연 유전자 조작으로 인간의 한 가지 특징을 수정한다면 어떻게 될까. 끔찍하다. 중국에서는 이 소녀들의 건강이나 신체적 구조에 어떠한 변화가 생길지 아직 연구중이다.

군용으로 쓰이게 될 AI

AI의 진보는 궁극의 군사적 무기가 될 가능성을 점차 높이고 있다. 미국이 가장 적극적이다. 미 국방부는 AI를 통해 종래 군작전의 능력을 고양하고, 경우에 따라서는 실제 근접전에서 투입하는 실험을 거듭하고 있다. 실제 현장에서 AI를 투입하는 작전 실험을 연달아 시도하고 있다.

예를들어 무인 정찰기는 AI를 통해 표적을 찾아낸다. 지상이나 공중의 운영자는 이 표적과 관련 데이터를 확인한 뒤 공격kill shot 할 수 있다. AI를 이용한다면 보다 집중적인 공격이 가능하고 엉뚱한 민간인 희생자를 줄일 수 있다. 실제 전장에서 민간인 희생자 등 의도하지 않은 희생 등 실수를 반복하는 실정이다. 드론을 통해 무작위 공격은 SF 세계에서나 나올법 하지만, 실제 전장에서도 효율성을 무시하고 실행되고 있다. AI드론 공격의 기초 기술은 이미 널리 확산하고 있다.

삼성전자의 뉴로모픽 반도체

◆ ◆ ◆

2016년 이세돌 9단과 바둑 대국에서 승리한 구글 AI 알파고엔 결정적인 약점이 있다. 구동하는데 엄청난 전력이 필요했다. 알파고는 1200개의 중앙처리장치CPU와 176개의 영상처리장치GPU, 그리고 920테라바이트TB의 기억장치를 갖추고 12기가와트GW의 전력을 소모했다. 일반 성인의 하루 필요 에너지가 20W가량인 점을 고려하면 어마어마한 전력을 사용했다. 대단한 비효율적인 기계이다.

삼성전자는 '차세대 AI 반도체'를 이용해 효율적 기계를 만드는 인공지능을 개발중이다. 과학 전문지 네이처 일렉트로닉스는 지난 2021년 3월 23일 '뇌를 복사해서 붙이는 뉴로모픽 전자장치' 제목의 논문을 실었다. 이 논문을 작성한 4명의 공동 저자 중 3명이 삼성전자 계열사의 최고경영진이다. 함돈희 삼성전자 종합기술원 펠로우(미국 하버드대 교수), 황성우 삼성SDS 사장, 김기남 삼성전자 부회장 등이다. 박홍근 하버드대 교수도 이들과 함께 논문 작성에 참여했다. 이들은 'CPU와 메모리를 뇌처럼 합쳐보자'는 게 연구목적이다.

연구진은 기존 반도체의 한계를 뛰어넘는 기술 비전을 제시한다. 현재 컴퓨터는 CPU가 프로그램의 연산을 실행하고, D램과 하드디스크드라이브가 저장을 맡는다. 지금까지는 여기에 들어가는 반도체의 구조·크기를 줄이는 데 주력했다. 하지만 이런 방식은 속도와 효율에서 한계에 도달했다.

뇌의 신경망을 복사해서 만든 반도체가 '뉴로모픽neuromorphic 반도체'라면, 인지와 추론 등 고차원 기능까지 재현 가능하다는 것이 이들의 아이디어다. 별개로 작동하는 CPU와 메모리를 사람의 뇌처럼 합쳐보자는 뜻이다.

뇌의 신경세포(뉴런)는 상호 연결 창구인 시냅스를 통해 신호를 전달한다. 사람의 두뇌는 1000억 개 이상의 뉴런을 100조 개의 시냅스가 연결하고 있다. 뉴런은 전기 자극을 통해 정보를 전달하고, 시냅스는 도파민·세로토닌 등 신경 전달물질을 주고받으며 뉴런 간 정보를 교환한다.

쥐의 뇌 구조를 복사해 실험

이와 유사한 구조를 만들기 위해 연구진은 쥐의 뇌 구조를 모방했다(앞에서도 일부 언급했다). 나노 전극을 반도체 집적회로(CMOS칩)에 배열해, 쥐의 뇌에서 오가는 전기 신호를 측정했다. 실시간 달라지는 미세한 전기의 흐름을 포착한 뒤 이를 증폭해서 뉴런과 시냅스의 구조를 파악해 지도로 그렸다. 이렇게 파악한 시냅스의 구조를 메모리 반도체에 붙여넣어 뉴로모픽 반도체를 만들어냈다.

기존의 적층·패키징 기술 등 메모리 반도체를 제작하는 데 사용하는 다양한 기술을 응용했다. 뇌의 신경세포끼리 신호를 주고받는 방식과 거의 유사하게 반도체를 만든다면 전력 소모를 크게 줄이면서 대용량 데이터 처리가 가능해진다. 이론적으로 뉴로모픽 반도체는 현재 반도체가 소비하는 에너지보다 최대 1억 분의 1 정도를 소비하면서 작동할 수 있다. 인간의 뇌가 기억·연산·학습·추론 등 다양한 행위를 동시에 수행하면서 소비하는 전력은 20W 수준이다.

2025년이면 뉴로모픽 반도체의 상용화 초기 단계에 진입할 수 있다. 이렇게 되면 자율주행차·스마트기기 등 충전 전력을 사용하는 이동형 기기의 소비 전력량을 획기적으로 줄일 수 있게 된다.

블랙박스와 XAI 개념

머신러닝과 딥러닝 모델은 분류와 예측에서 탁월한 능력을 발휘하고 있다. 모델에는 거의 항상 어느정도 비율의 가양성, 가음성 예측, 즉 오차를 용인해야 한다. 오차를 용인할 수 있지만 중요한 작업에서는 미세한 오차도 문제될 수 있다. 예를 들어 드론 무기 시스템이 학교를 테러리스트 기지로 오판한다면 어찌될까. 인간 작업자가 제어하지 않는 한 의도하지 않게 끔찍한 사고가 빚어질 것이다.

이런 사고를 막기 위해 AI의 불확실성을 먼저 알아차려야 한다. 인간 작업자는 공격을 허용 또는 취소하기 전에 AI가 학교를 공격 목표로 분류한 이유와 의사 결정 과정을 사전에 규명해야 한다. 지금도 세계 분쟁지역에서 테러리스트가 학교, 병원, 종교 시설을 미사일 공격 대상으로 하는 사례가 종종 빚어진다.

작전의 대상으로 삼은 학교에 대한 사전 보고서나 관측 결과가 없다면 심각한 문제를 야기할 것이다. 얼마든지 살인무기가 될 것이다. AI의 의사결정에 대한 자료나 설명이 없다면 모델은 기본적으로 블랙박스나 다름없다. 이는 큰 문제가 된다. 치명적이거나 결정적인 AI의 의사 결정(생명, 금전적, 규제 영향 등)은 분명해야 한다. 머니러닝과 딥러닝 모델의 의사 결정에 어떤 요소가 반영되었는지를 명확히 규명 또는 사람의 눈으로 해석하는 것이 매우 중요하다.따라서 설명 가능한 AI를 추구해야 한다.

설명 가능한 AI, 즉 XAI 개념이 점차 중요해지고 있다. 설명가능한 인공지능(Explainable AI·XAI)의 개념이 유행이다. AI의 의사결정을 사람이 이해할 수 있는 방식으로 설명할 수 있는 머신러닝 및 딥러닝이다. AI 시스템이 도대체 어떻게 의사결정이 내려지는지 사용자가 투명하게 들여다보아야 한다는 개념이다.

AI 시스템의 불명확함은 특히 의도적이든, 의도하지 않든 간에 데이터를 편향적으로 이용할 가능성이 커진다. 이는 많은 컴퓨터 과학자와 연구원들 사이에서 주요 논쟁거리다.

AI 알고리즘은 수백만, 심지어 수십억 개의 입력 데이터를 테스트하고 분석하여 최종 결과를 도출한다. 이를 통해 대기업의 의사 결정에 영향을 미칠 수 있다. 이런 과정에서 결과에 이르는 근거나 과정을 명확하게 이해하지 못한다는 측면에서 일부 AI 알고리즘을 블랙박스라고 칭한다. 과학자들은 많은 새로운 변수들을 적용하면서 설명 가능한 AI, 즉 XAI 개념을 만들었다.

미국 스탠퍼드대에서 컴퓨터 과학 전문가 스티븐 이글래시 교수는 XAI의 잠재력을 옹호하는 연구자다. 그는 "AI 시스템이 은행에서 대출 담당자를 돕는데 마침 어떤 이용자의 대출 신청을 거부하기로 한 경우, 그 사람은 합리적인 이유를 알고 싶어 할 것이다"면서 사례를 제시했다. 그의 설명에 따르면, 통상적으로 AI가 대출 신청서를 어떻게 거절했는지, 또는 신청자에 관해 다소 편견을 가질 수 있는 어떤 데이터나 알고리즘으로 작업했는지 알 수 없다. 그러나 XAI란, 의사결정의 베일을 걷어내고 AI 시스템의 내부 메커니즘을 이해하기 위해 취하는 모든 다양한 접근 방식들을 나타낸다.

또다른 간단한 사례가 있다. 고양이 이미지를 인식하도록 설계한 AI를 시험하는 방법이다. 이미지 일부분이나 조작된 AI 이미지를 제공해 이미지의 어떤 부분이 '고양이'와 일치하는지, 고양이를 인식하는 데 AI 능력이 떨어지는 부분은 어디인지를 알아내도록 하는 것이다. 이 과정을 통해 AI가 최선의 결정을 내릴 수 없는 상황을 밝혀낸다면, AI를 더욱 유연하고 탄력적으로 만들 수 있다는게 이글래시 교수의 설명이다.

마케팅에서 XAI의 활용

◆ ◆ ◆

AI 모델은 정제된 데이터와 알고리즘을 사용하여 출력output을 도출한다. AI 모델에 새로운 정보를 투입하면 AI 모델은 이 정보를 사용하여 보정한다. 가령 어떤 소비자가 온라인 판매 사이트를 방문했을 때를 상정한다. AI 모델은 이전 구매, 검색 기록, 나이, 위치 및 기타 인구통계 등 해당 소비자와 관련된 데이터를 기초로 해서 맞춤 상품을 추천한다. AI를 통해 소비자 성향을 보다 세분화하고 맞춤 공략할 수 있다. 이 때 AI 모델이 고객을 어떻게 세분화했는지 그 방법과 이유를 이해한다면, 더 나은 마케팅 전략을 수립하고 적용할 수 있다.

이를테면 AI를 사용하여 고객을 확실한 구매자, 망설이는 구매자, 둘러만 보는 아이 쇼퍼의 세 그룹으로 나눈다. 판배자는 각 그룹별로 다른 조치를 취할 수 있다. 다시 말해 AI가 세분화를 수행하는 방식을 이해한다면 각 그룹별 더 효과적인 마케팅 전략을 세울 수 있다.

그렇다면 AI 모델은 어디까지 설명할 수 있을까? 사용된 알고리즘의 작동 방식 같은 상세한 메커니즘을 알 필요는 없다. 하지만, 어떤 기능 또는 어떤 입력 데이터가 AI가 도출하는 제안에 영향을 미치는지는 알아내면 후속 조치를 취할 수 있다.

또하나 사례이다. AI가 어떤 소비자를 망설이는 고객으로 정의한 것은 여러 신호를 감지한 결과다. 한 아이템 위에서 마우스가 여러 번 움직였거나 또는 장바구니에 품목을 담아두고 오랫동안 결제를 하지 않고 있는 상태 등이 이런 소비자 유형의 시그널이다. 이 두 경우에 대응하는 전략은 서로 다를 것이다.

전자의 경우, 고객이 관심을 보였던 아이템과 비슷한 품목들을 다양하게 추천할 수 있다. 후자의 경우, 한정된 시간 동안만 사용할 수 있는 무료배송 쿠폰을 제공하여 구매 완료를 유도할 수 있다. 즉, AI가 결정을 내리는 데 핵심 역할을 한 데이터가 무엇인지를 알아야 한다.

알고리즘 자체를 이해하기는 힘들지만, 어떤 요소가 그와 같은 결정을 주도했는지 알면 AI 모델을 더 효과적으로 채용할 수 있다. 설명 가능한 AI, 즉 XAI란 복잡한 전체 모델을 이해하는 것이 아니다. 그럴려면 어떻게 하는가.

첫째, AI 모델이 출력하는 결과물에 영향을 미치는 요소들을 사전 인지하는 것이다. 모델이 작동하는 방식을 이해하는 것과 달리, 특정 결과에 도달하게 된 이유를 이해하는 것이다. XAI를 통해 시스템 소유자 또는 사용자는 AI 모델의 의사결정 과정을 설명하고, 프로세스의 강점과 약점을 이해할 뿐 아니라, 시스템이 어떤 방식으로 계속 작동할 것인지를 표시할 수 있다.

둘째, 이미지 인식에서는 모델마다 서로 다른 답변을 낼 수 있다. AI 모델에게 사진의 특정 영역에 집중하라고 지시하면 AI도 서로 다른 결과를 낼 수 있다. 특정 결과나 결정을 도출하는데 사진이나 그림의 어떤 부분이 영향을 미치는지 설명할 수 있다.

하지만, 모든 AI 모델을 설명할 수는 없다는 사실을 받아들여야 한다. 의사결정 트리decision tree와 베이시안 분류기Bayesian classifier 같은 알고리즘이 이미지 인식이나 자연어 처리에 보다 유리하다.

XAI와 AI 모델들의 편향성

첫째, 모든 AI 모델에는 편향성이 존재한다. 정제된 데이터에 편향이 포함될 수 있기 때문이다. 알고리즘 또한 의도적이든 우연이든 편향적으로 설계될 수 있다. 그러나 모든 AI 편향이 부정적인 것은 아니라는 사실에 주목해야 한다. 편향성을 활용하여 더 정확한 예측을 도출할 수 있다. 단지 인종, 성별 등 민감한 영역에 적용되는 경우 신중하게 사용해야 한다. 설명 가능한 AI, 즉 XAI는 결정을 내리기 위해 좋은 편향을 사용하는지 나쁜 편향을 사용하는지 구분하는 데 도움을 준다. XAI가 편향을 감지하지는 못하지만 모델이 그와 같은 결정을 내리는 이유는 이해할 수 있도록 도와준다.

둘째, XAI는 인간에게 이로운 존재여야 한다. 통상적으로 AI는 데이터가 입력되는 블랙박스로 인식하는 경향이 있다. 흔히 AI가 도출하는 출력물이나 답변은 불투명한 알고리즘 집합의 결과물로 인식하곤 한다. 이런 인식들은 직관에 반하거나 심지어 틀린 것처럼 보이는 결과를 제공했을 때 많은 사람들은 AI모델을 신뢰하지 않을 것이다. 따라서 모든 사람들이 결과를 보고 그 결과의 사용 여부를 결정할 수 있도록 지원하는 역할이어야 한다. 인간을 의사 결정 과정의 일부로 끌어들이고, 최종 결정이 내려지기 전에 인간이 개입할 수 있도록 함으로써 AI 모델에 대한 신뢰를 증진시켜야 한다. 조만간 AI 모델이 도출하는 과정과 결정 메커니즘을 추적할 수 있고, AI 모델이 어떻게 작동하는지 설명할 수 있는 시스템이 나올 것이다.

셋째, XAI를 구축하는 또 다른 방법은 구조적으로 더 설명하기 쉬운 모델을 설계하는 것이다. 인공신경망neural network에서 더 적은 매개 변수를 사용하면 덜 복잡하면서도 비슷한 수준의 정확도를 제공하는 AI를 디자인할 수 있다. AI 개발 경쟁이 치열한 상황에서 경영자들은 AI 모델들이 어떻게 작동하는지 이해하는 것이 무엇보다 중요하다. 그래야 AI 모델의 결정을 이해할 수 있고, 원치 않는 편향을 알아챌 수 있으며, 시스템을 신뢰할 수 있다. 블랙박스로 인식되는 인공지능과 머신러닝을 사람이 들여다볼 수 있는 투명한 유리박스로 만들어야 한다.

대기업 경영과
AI 투명성의 역설

디지털 세계에서 일반화된 우스갯소리가 있다. 앞에서도 설명했지만, "쓰레기를 넣으면 쓰레기가 나온다", 즉 "Garbage in, garbage out"이라는 옛말이다. AI는 과거 데이터를 토대로 학습하면서, 특히 딥러닝을 통해 스스로 학습해서 답을 내는 기계이다. 오염된 데이터를 입력하면 오염된 결과물이 나온다.

데이터 품질의 문제는 컴퓨터가 쓰이게 된 이래 계속 되어온 숙제다. AI가 방대한 분량의 데이터를 정밀 분석하여 수천, 수백만 명의 사람들에게 큰 영향을 주는 판단을 내놓는다. 하지만, 의도치 않은 결과가 나올 수 있다. AI의 판단이 어떻게 이루어지고 있는지는 실제 일반인들은 잘 알 수 없다. 인지 과학자 게리 마커스 씨는 그의 저서 'AI를 재기동하는 Rebooting 로봇'에서 이 문제를 요약해 놓았다.

"우리는 아는 것과 모르는 것이 있는데, 우리가 가장 걱정해야 할 것은 모름을 모른다는 것이다." 마커스는 최근 주목받고 있는 투명한 AI 제창자 중 한 사람이다. 마커스는 AI를 기존 관념에 얽매이지 않고 알고리즘을 공개하며, 의도하지 않는 결과가 생기지 않도록 널리 연구, 검증할 것을 촉구하고 있다.

투명성은 AI의 공정성, 차별성, 신뢰을 확보하는데 큰 도움이 된다. 예를 들어, 애플의 새로운 신용카드 사업은 성차별적인 신용대출 정책으로 비난받았다. 아마존은 여성 차별 논란을 빚은 AI 채용 프로그램을 폐기한 사실로 망신을 당한 적이 있기 때문이다.

하지만, 투명해도 기업으로선 역설적인 경우가 많다. AI의 의사결정 과정, 알고리즘에 대한 투명한 공개도 그 자체로 상당한 리스크를 안고 있다. 일종의 비즈니스 비밀이기 때문이다. 작동 원리에 대한 설명Explanations은 해킹될 수 있고, 추가 정보를 공개할수록 공격 대상 AI가 악의적 공격에 더 취약해질 수 있다. 이는 기업에게는 엄청난 리스크로 다가올 수 있다. 관련 소송이나 규제 리스크에 휘말릴 가능성이 더 커지기 때문이다. AI의 투명성 역설transparency paradox이란 바로 이런 것이다.

AI가 더 많은 정보를 생성하면 할수록 이점도 크지만 동시에, 새로운 리스크도 야기할 수 있다. 이러한 모순을 극복하기 위해, 기업은 AI 리스크와 이들이 생성하는 정보에 대해서 어떻게 관리해야 하는지, 이 정보가 어떻게 공유, 보호되어야 하는지 대책을 강구해야 한다. AI 투명성의 잠재적 리스크를 보여주는 최근 연구들에서 보면, 머신러닝 알고리즘에 대한 정보의 노출이 악의적 공격에 얼마나 취약한지 설명하고 있다. UC버클리대 연구에서는 AI프로그램 설명만으로도 전체 알고리즘을 도난당할 수 있음을 증명해 보였다. AI 모델과 알고리즘의 생성자들은 더 많은 정보를 노출할수록, 악의적 공격자들에게 공격의 빌미가 될 수 있다. 이는 인공지능 모델과 알고리즘 생성에 대한 내부 작업정보를 공개하는 것이 실제로 보안 수준을 저하시킨다는 사실이다. 회사는 회사대로 더 많은 책임에 노출된다는 것을 의미한다. 쉽게 말해 모든 데이터는 결국 리스크를 수반한다는 말이다. 다만, 많은 기업과 조직은 보안, 프라이버시, 리스크관리 등 여러 분야에서의 '투명성 역설' 문제를 오랫동안 직면하고 경험해 왔다는 점이다. 따라서, AI를 도입, 활용하려는 기업들은 반드시 인지해야 할 몇 가지가 있다.

첫째, 투명성에는 반드시 댓가가 따른다는 점이다. 물론 투명성을 달성할 가치가 없다는 것은 아니다. 다만 투명성에는 심도 있는 이해가 필요한 단점도 내재되어 있다는 것을 깨달아야 한다. 이러한 투명성 댓가는 AI 리스크 관리 체계에 반드시 포함시켜야 한다. 다시말해, 설명 가능한 AI 모델을 어떻게 적용해야 하고, 어느 수준까지 관련 정보를 이해관계자들과 공유해야 하는지를 판단하고 제어하는 리스크관리 체계와 반드시 연계되어야 한다는 점이다. 둘째, 기업들은 AI 경영에서 정보보안에 더욱 고민하고 걱정해야 한다는 점이다. AI가 비즈니스 전반에 더욱 광범위하게 채택, 활용됨에 따라, 앞으로 더 많은 보안 취약성과 버그가 발견될 것이다. 장기적 관점에서 AI 도입의 가장 큰 장벽은 보안이 될 것이다. 셋째, 리스크 관리와 법무 담당 조직을 구축해야 한다. AI를 채택, 개발하고 비즈니스에 배치, 활용할 때 가능한 빠른 단계에서부터 이들 조직을 참여시켜야 한다. 리스크관리, 그중에서도 특히 법무 조직을 참여시킨 기업은 상상할 수 있는 인공지능 모델의 법적 취약성을 커버할 수 있다. 실제로 기업 내 법무 담당 변호사들은 비밀유지특권legal privilege 하에 업무를 수행하고 있다. 예를 들어, 사이버보안cybersecurity 이슈가 발생했을 때, 사내 법무 담당 변호사들은 사전 리스크 평가는 물론, 사건 발생 후 대응까지 깊숙이 관여하는 것이 일반화되어 있다. AI에 있어서도 같은 접근법이 적용되어야 한다. 데이터 분석가들은 데이터는 더 많을수록 좋다고 요구한다. 하지만, 리스크관리 관점에서 보면, 데이터는 그 자체가 종종 법적 책임의 원천 중 하나로 간주될 수 있다. AI경영 시대에 간과해서는 안되는 사실이다.

AI에 의한 개인정보 유용의 문제점

대기업들이 AI 채용에서 의도치 않은 결과를 초래할 수 있다. 규칙과 규제가 필요하지만 이것들이 오히려 기업들을 옥죄는 장치도 된다. 그러나, 이것들은 절대 필요하다. 개인정보를 거래하는 등의 비윤리적인 행동을 제한하거나 제재할 수 있다.

유럽연합EU의 일반 데이터보호규칙GDPR은 비즈니스를 수행하는 과정에서 유출되는 개인정보를 규제하는데 목적이 있다.* 개인 데이터를 수집하고 저장하는 개인이나 기업을 규제하는 제도이다. 예를 들어 은행이 가장 이해하기 쉽다. 은행이 알고리즘을 사용하여 대출심사를 하고 있다면, 누구에게 대출을 받게 할 것인지, 금리 결정에는 어떤 요소를 감안하고 가중치를 부여하는지 프로세스에 대해 설명해야 한다. 또 AI의 결과를 확인하고 수행하는 과정 일체를 문서로 남겨야 한다. 개인정보를 처리하는 기업뿐 아니라 인터넷·전자상거래 등을 모니터링하는 경우도 모두 적용 대상이다. 그리고, EU 내에서 수집된 개인정보의 역외 이전을 원칙적으로 금지하고 있다. 기업들이 EU 역내에서 수집된 개인정보를 한국 국내로 역외 이전하게 되면 자칫 GDPR을 위반할 수 있다.

AI 시스템 채용 때 유의할 점

AI 시스템을 효율적으로 이용하는 방법이 하나 있다. 그 방안

---

* GDPR은 2016년 4월 27일에 채택 이후 2년 유예 후, 2018년 5월 25일부터 27개 회원국에 동일 적용됐다. GDPR 시행 후 과징금이 부과된 유형 10가지 가운데 첫 번째가 적법한 처리근거의 부족이다. 이런 기업들은 60%에 달했다. 이어 기술적·관리적 보안조치 미흡은 129건, 개인정보 처리 원칙 위반 등이다. 2020년 말까지GDPR 위반 과징금이 가장 많이 부과된 기업은 구글로, 5000만유로(664여억원)이다. 2위는 패션의류업체 H&M으로, 2020년 10월 독일 감독기구로부터 3500만유로(465여억원)의 과징금을 맞았다. 3위는 통신업체인 텔레콤이탈리아모바일TIM로 2020년 1월 이탈리아 감독기구로부터 2780만유로(369여억원), 4위 영국항공British Airways 2200만유로(293억원), 5위는 호텔체인인 메리어트인터내셔널로 영국 감독기구로부터 2045만유로(271억원)의 과징금을 각각 부과받았다. 대부분 고객 개인정보의 부적법하게 처리했거나 기술적·관리적 보안조치가 미흡했다는 이유에서다. 영국항공과 메리어트인터내셔널은 대규모 고객 개인정보 유출 사고로 알려진 기업들이다.

가운데 하나는 질문이 늘면 늘수록 AI대답도 늘어난다는 점이다. 주로 인사나 인재 매니지먼트, 인재개발과 관련하여 효율적인 질문이 나와야 할 것이다. AI 시스템을 도입할 때 몇 가지 유의점은 아래와 같다.

첫째, 기업의 니즈를 명확히 설정하는 일이다. 당연한 것처럼 들릴지 모른다. 하지만, 많은 AI 솔루션 구매자들은 '업무에 가장 적합한 인사를 찾는 일'이나, '고객(소비자)의 일상적인 고충을 처리하는 일' 등 자신이 희망하는 업무의 최종 결과에만 초점을 맞추고 있다. 그러나, AI 이용에서 더 중요한 기준이 있다. AI가 다음 단계를 특정하기 위해 어떠한 판단을 내리는지, 판단에 어떠한 기준이 적용되는지, 기초 데이터는 어디에서 유래하는가 등을 명확하게 해야 한다.

둘째, 차선책을 예비해둔다. AI는 항상 최선의 판단을 하도록 프로그램화 되어 있다. 하지만, 인간에게는 그럴 여유가 거의 없다. 최선의 판단과 차선의 판단을 비교하는 것이다. 논리의 미비나 인간의 설계자가 잘못해 짜 넣은 알고리즘의 편견 등을 판별할 수 있다.

CHAPTER. 6

메타버스와
AI의 융합

무한 가능성의 메타버스

30년 전인 1992년 닐 스티븐슨의 소설 '스노우 크래시'에서 메타버스란 말이 처음 나온다. 스노우 크래시란 주인공 히로가 자주 들어가는 가상공간이다. 둘레 길이가 65,536km인 검은색의 둥근 행성이다. 그 한 가운데를 '더 스트리트'라는 100m 폭의 길이 나 있다. 길이가 수십만 km 길이에 이른다. 이 엄청난 크기의 땅을 글로벌 멀티미디어 프로토콜 그룹이 소유하고 있다.

대부분의 사람들은 이 메타버스에 접속해 있다. 주인공 히로는 아바타를 통해 제2의 삶을 살아가고 있다. 주인공이 가상현실에 들어가려면 머리에 장착하는게 있다. 헤드 마운트 디스플레이 HMD다. 이 개념을 처음 제시한 사람은 1968년 하버드대학의 아이번 서덜랜드와 밥 스프럴이다. 요즘 유행하는 가상현실VR이나 증강현실AR의 시초이다. 그런데 당시 주인공이 머리에 쓴 이 장비는 너무 무거워 천장에 연결해 지탱해야 했다.

　이를 기폭제로 해서 다양한 가상현실 기기의 등장했다. 2003년 린덴 랩의 세컨드 라이프 서비스가 큰 인기를 끌면서 가상현실 기기는 다시 업계와 미디어의 주목을 끌었다. 세컨드 라이프란 여가 생활을 위한 가상 공간이다. 사교와 교류에 목말라하는 사람들은 이 공간을 통해 다양한 사회 활동을 하면서 개인이나 그룹 활동을 영위하는 서비스 플랫폼이 되었다. 세컨드 라이프는 2013년 사용자가 1백만 명에 이를 정도로 인기를 얻었다. 하지만, 이제는 페이스북 등 여타 인터넷 공간에 밀려 80~90만 명 수준의 사용자에 그치고 있다. 메타버스란 과연 세상을 바꿀만한 게임체인저가 될 것인가. 인터넷으로 일상화된 우리의 현재 스타일을 통째로 바꿀만한 영향력을 갖고 있는가. 쉽게 말해 최대한 빨리 올라타야 하는 '버스'라면 메타버스이다. 그러나, 아직 어디로 가야할지 모른다. 메타버스의 향방이 어디로 향할지 방향을 정하지 못한 셈이다. 메타버스는 출발했는데, 아직 방향을 잡지 못하는 형국이다. 대기업은 물론, 전문가들도 메타버스의 정확한 지향점을 제대로 알기가 쉽지 않다. 그만큼 확장성이 무한대라는 의미다. 마치 인터넷 세상이 열리기 직전의 상황과 유사할 것이다. 세컨드 라이프는 3차원 방식의 가상공간이다. 린든 달러Liden Dollar라는 가상화폐도 사용한다. 이를 통해 지금 우리가 메타버스에서 얘기하는 많은 모습을 먼저 경험하게 되었다. 따라서 메타버스를 '오래된 미래'라고 얘기하기도 한다.

메타버스는
창조적인 사회적 공간

영화에서도 메타버스는 인기 소재이다. 현실 공간에 존재하는 가상공간 개념은 홀로그램을 통해 일반에 널리 알려졌다. SF 드라마 스타트렉의 홀로덱Holodeck이라는 3차원 홀로그램이다. 그러나, 이제 서비스는 게임 공간을 넘어서고 있다. 이벤트, 사회적 활동과 네트워킹을 위한 장소가 되고 있다. 게임 공간은 이제 '사회적이며, 조직화된, 창조적인 매체'로 비약하고 있다. 가상현실이나 혼합현실은 현재 관련 산업에 영향을 미치고 있다. 미래 먹거리로 등장하는 모양새이다. 특히 모바일 단말기 외에 얼굴에 장착하는 기기들의 발전이 관련 산업의 덩치를 키우고 있다. 2012년에 킥스타터에 등장한 오큘러스, 2016년에 등장한 마이크로소프트의 홀로렌즈와 HTC의 바이브, 소니의 플레이스테이션 VR이 대표적이다. 이제 스마트폰 보다 저렴한 가격에 구입할 수 있는 기기가 되고 있다. 최소 1억 대는 팔려야 시장이 형성될 것인데, 앞으로 2~3년 정도 걸릴 것이다. 그럼에도 메타버스가 펼칠 미래에 대해 아직 분명한 감을 잡지 못할 것이다. 이는 향후 펼쳐질 AI와 결합된 메타버스 세계에 대한 답변이기도 하다. AI와 결합된 메타버스의 세계가 어떻게 펼쳐질지 누구도 정확히 해석할 수 없다. 따라서 AI와 메타버스 융합에 대한 다양한 견해가 분출하고 있다. 그래서 AI가 만들어낸 가상세계, AI 가상공간, 거울세계, 라이프 로깅, AI 사이버스, 증강현실 클라우드, 공간 인터넷 등 다양한 이름으로 불리고 있다.

이 분야에 지식이 풍부한 에픽게임즈 CEO 팀 스위니는 "메타버스가 무엇인지 아무도 정확히 알지 못한다"고 했다. 메타 CEO 마크 저커버그는 메타버스를 '우리가 다른 사람과 디지털 공간에 존재할 수 있는 가상환경이다. 단지 콘텐츠를 보는 것 대신 우리가 안으로 들어가게 되는 체화된embodied 인터넷'이라 정의했다.[*]

특히 그는 메타버스를 모바일 인터넷의 후계자라고 선언했다. 말하자면 얼굴을 스크린으로 보는 것이 아닌 실제 사람들이 상호작용을 하면서 모든 업무를 처리할 수 있는 시스템이 갖춰진다는 의미다. 마이크로소프트MS의 CEO 사티아 나델라는 2021년 가을 이그나이트 키노트에서 메타버스는 "디지털 세계와 물리적 세계가 융합하는 것이고 새로운 플랫폼 레이어가 될 것"이라고 했다.[**]

---

[*] The Verge, "Mark in the Metaverse, Jul 22, 2021

[**] CRN, "Satya Nadella's 5 Biggest Statements At Microsoft Ignite Fall 2021," Nov 2, 2021.

그는 게임을 하는 것이 아니라 게임 안에 함께 들어와 있는 것이라는 게임 중심 이론을 설명했다. MS는 주로 협업과 전문적인 업무 수행을 하는 공간의 모습을 강조한다. 주요 기업이 모두 미래에 가장 중요한 플랫폼이나 공간이 된다는데 대부분 동의하고 있다. 그럼에도 닌텐도의 후루카와 슌타로 CEO는 지난 2월 실적발표에서 아직은 본격적으로 뛰어들 생각이 없음을 밝혔다. 그러나, 향후 변화는 최소한 PC에서 모바일로 넘어간 혁명이나 인터넷의 상용화만큼 패러다임을 바꿀 정도 또는, 그 이상이 될 것이다. 메타버스는 단지 어떤 흥미로운 애플리케이션이 아니다. 결론은 인터넷 기반이 통째로 바뀌어야 할 정도의 혁명적 변화이다. 특히 공간을 기반으로 하는 차세대 인터넷의 방향으로 파악할 필요가 있다. 쉽게 말해, 인터넷에서 맛보지 못했던 경험을 맛볼 수 있다는 의미다.

이미 기업들은 천문학적인 돈을 투자하고 있다. 에픽게임즈는 2021년 10억 달러를 유치하는데 성공했다. 메타는 연간 100억 달러를 투입하겠다고 선언했다. 메타버스만을 위한 것이 아니다. MS 역시 다양한 게임 스튜디오 인수에만 수백억 달러를 쏟아붓는 중이다. 국내의 제페토는 2021년 11월에 소프트뱅크 등에서 2억 달러의 투자를 받았다. 미래 메타버스에서 메이저 플레이어가 되기 위한 투자 규모는 최소 조 단위의 투자가 필요하다. 최소 수조 단위의 자금력 없는 기업은 아예 진입할 생각을 말아야 한다. 이른바 쩐의 전쟁이다.

메타버스의 핵심 구성 요소

메타버스에 대한 정의에 대해 아직 견해가 통일되어 있지 않다. 하지만, 메타버스 전문가들은 그 특성에 대해 대략 윤곽을 잡아나가고 있다. 거액을 투자한 매튜 볼이 제시한 메타버스 구성 요소는 대략 이렇다. 메타버스가 갖추어야 하는 특성으로 지속성, 동기화, 라이브, 제한 없는 동시 접속, 완전한 경제 시스템, 디지털과 현실 세계 등 다양한 플랫폼을 넘나드는 경험 등이다. 여기에 데이터-디지털 자산-콘텐츠의 상호운영성, 전문가들이 만든 콘텐츠와 경험 등에 더해져야 한다. 이를 위해 아래와 같은 원동력에 해당하는 요소가 필요하다고 제시했다. 이를 위해서는 하드웨어, 컴퓨팅 기능, 네트워킹, 가상 플랫폼, 교환 가능 도구와 표준, 지불 서비스, 콘텐츠 서비스와 자산이다.

그러나, 이는 앞으로 기술자들이 개발해내야 할 기술적 과제다.

그 구성 요소들에 대한 간단한 설명을 붙인다면 대략 이렇다.

첫째, 지속성이다. 이는 메타버스가 늘 존재하고 언제든지 접속 가능해야 한다는 것이다. 인터넷으로 연결되는 페이스북이나 유튜브도 가끔 접속 장애를 일으킨다. 인터넷이 아직도 기술적으로 완벽하지 않다는 것인데, 메타버스 진보를 위해서는 기술적으로 반드시 해결해야 할 과제이다.

둘째, 동기화와 라이브 문제이다. 물리적 세계에서 이루어진 행동이 실시간으로 바로 메타버스에 또는 반대로 시현되는 기능이다. 어떤 행위가 현실 세계에 그대로 반영되고 그 결과도 곧바로 나에게 전달되도록 하기 위해서는 보다 빠른 네트워크가 필수적이다. 이런 기술은 지금 인터넷 연결 기술로는 구현하기 어렵다. 양방향 소통 수단인 홀로그램 등을 지원하려면 실시간 인터넷이 필요하다. 이를 지원하려면 5G를 넘어서 6G의 대역폭과 전송 속도가 필요하다. 기술 혁신이 이뤄져야 한다는 말이다. 현재 한국을 비롯한 전 세계 통신기술 선진국들은 5G 통신망을 확충하면서 고도화하고 있다. 이미 6G 기술 연구 초입 단계에 있는 국가도 나타나고 있어 현실화는 그리 어렵지 않다.

셋째, 동시 접속자 수에 제한이 없어야 한다. 접속 무제한을 의미한다. 메타버스 플랫폼 운영자가 해결해야 할 가장 어려운 과제이다. 포트나이트 배틀 로열이나, 제페토월드 등 게임에는 10여 명에서 최대 100명까지 접속이 가능하다. 오프라인 야구 경기장

AI · 메타버스 융합의 기회

은 수십만명 관전이 가능하다는 점에 비춰보면, 온라인 동시 접속 폭이 아직은 협소하다. 이는 서버 용량과 클라우드의 능력, 네트워크의 한계로 인해 개발이 쉽지 않아 보인다. 이 역시 6G가 상용화된다면 실현 가능할 수 있다. 몇 년내지 수십년이 걸리 수 있지만, 어쨌든 조만간 현실화 될 것이다.

넷째, 상호 운용성과 표준 프로토콜 확립이라는 과제이다. 콘텐츠 생성 기능은 지금도 각 서비스가 스튜디오를 통해 제작 지원을 하고 있다. 또 이를 거래하기 위한 시스템은 블록체인이나 NFT를 통해 모색 중이다, 하지만, 중요한 것은 호환성 또는 상호 운용성이다. 로블록스에서 구입한 디지털 자산을 제페토에 가서 사용할 수 있을까? 사실은 생각보다 쉽지 않다. 디지털 자산 특히 액세서리는 각 플랫폼 특성에 맞게 디자인이 되어 있다. 이를 다른 플랫폼으로 전환하는 것은 쉽지 않다. 더욱이 각 플랫폼들이 협력하지 않으면 불가능하다. 플랫폼들은 개방적이면서도 폐쇄적이다. 사용자가 자기만의 플랫폼에서 결제하도록 유도하고, 자기들만의 생태계를 만들고자 하기 때문이다. 개방적인 플랫폼을 만들려고 시도하는 스타트업들이 다수 도전장을 내밀고 있다.

하지만, 아직은 아니다. 다양한 메타버스 지향 플랫폼이 서비스 표준에 합의하고 이동을 자유롭게 하려면 경제적인 매력 요인이 생겨야 한다. 아직은 시간이 필요하다. 페이스북, 유튜브, 인스타그램에서 업로드한 콘텐츠가 이동이 자유로운가. 일부 자유롭지만 이마저도 최근 에야 자유로워졌다. 이른바 DTP, 즉 데이터 이동 과제도 2018년에 등장했다. 페이스북 사진과 영상을 구글 포토로 이동하는 것이 2019년에야 가능했다. 애플도 합류했다. 적어도 몇 년은 합의 과정과 표준 프로토콜 개발이 이루어져야 한다.

다섯째, 메타버스 플랫폼 간의 이동성이다. 지금의 인터넷은 2차원 웹페이지 메타포에서 하이퍼링크를 통해 다른 페이지로 이동이 가능하다. 3차원 공간 인터넷에서는 이를 어떻게 구현할까? 공간 이동을 위해서는 하이퍼포털 내지 보다 확장된 개념이 필요하다. 2021년 12월 중순 페이스북(메타)은 호라이즌월드 플랫폼을 통해 구현했다. 페이스북의 메타버스 플랫폼인 호라이즌월드는 로블록스나 MS 마인크래프트와 유사하다. 사람들이 아바타로 어울리고 게임을 할 수 있는 맞춤형 환경을 구축할 수 있도록 해주는 플랫폼이다. 호라이즌월드 출시가 불과 몇 개월 밖에 되지 않았기에, 성장세는 아직 알 수 없다. 하지만, 지난 연말 오큘러스 퀘스트 VR 헤드셋의 판매가 급증했다. 이런 증가세는 호라이즌월드 사용자를 늘리는 데 도움이 된다.

여섯째, 메타버스는 공간이 아니다. 공간 건설이 아닌 경험의 디자인이라는 점이다. 모두가 아는 외국 브랜드를 체험하는 가상 공간이나 숍을 만드는게 아니다. 메타버스 플랫폼에 자사의 공간을 만들어 그 안에서 특별하게 얻을 수 있는 경험을 디자인하는 것이다. 연결된 사회적 경험을 제공하는 것이다. 그저 가상 건물을 짓는 것이 아니다.

AI · 메타버스 융합의 기회

클라우드는 메타버스의 핵심

지난해 과학기술정보통신부는 메타버스 전략을 발표했지만 비판을 들었다. 메타버스의 핵심 기반 기술 중 하나인 클라우드 기술을 놓치고 있다는 지적이었다. 지금 메타버스를 지향하는 서비스는 모두 클라우드를 기반으로 한다. 에픽게임즈의 포트나이트나 로블록스는 AWS나 MS 애저에 의존한다. 메타 역시 AWS를 장기 파트너로 선택한 바 있다.

클라우드 컴퓨팅은 익숙한 분야다. 하지만, 메타버스를 위한 기반 서비스에는 아직 시간이 필요하다. 네이버 클라우드나 KT, NHN 클라우드가 당분간 이 영역에서 강자로 군림할 것이다. 이어 하드웨어와 통신분야에 주목해야 한다. 확장현실XR을 위한 하드웨어는 렌즈, 에너지 소모, 센서, 촉감 기능 등 아직 도전할 부분이 많다. 현재 바이브나 퀘스트가 최강자에 있지만, 국내 전자기업도 충분히 도전할 만하다. 삼성전자가 XR 글라스 기업(디지렌즈)에 투자한 것은 메이저 하드웨어 메이커로 자리매김하려는 목적에 따른 것이다.* 그러나, 마이크로소프트는 홀로렌즈3 개발을 철회한다고 발표했다.

---

* VentureBeat, "Samsung invests in DigiLens XR glasses firm at valuation over \$500M," Nov 4, 2021

메타버스의 부정적 영향

◆ ◆ ◆

　메타버스는 향후 10년을 전후해서 우리 삶에 큰 영향을 미칠 가능성이 높다. 하지만, 기업들이 메타버스를 오남용할 경우 사회에 큰 위협요인이 될 수도 있다. 향후 메타버스는 쇼핑과 사교에서 비즈니스와 교육에 이르기까지 모든 것에 영향을 미치는 인간 삶의 기초가 될 것이분명하다. 우선 메타버스의 핵심은 전달 기술이다. 구현된 광경, 소리, 심지어 감정까지 우리 주변의 실제 세계에 대한 인식을 원활하게 통합할 것이다. 가능한 가장 자연스러운 형태로 증강현실AR 콘텐츠를 제공하는 매스미디어 역할을 할 것이다. 이는 현재까지 어떤 형태의 미디어보다 현실을 왜곡할 우려를 암시하고 있다. 증강현실AR은 우리의 현실 감각을 변화시키고 일상 경험을 해석하거나 그 방식을 왜곡할 수 있다.

　대부분의 사람들은 데이터 수집 및 개인정보 유출을 우려한다.

하지만 간과하는게 있다. 메타버스에서 가장 위험한 기술인 AI를 인지하지 못한다는 점이다. 실제로 사람들은 메타버스의 핵심 기술로 대개 안경에 집중한다. 그래픽 엔진, 5G 또는 블록체인을 언급할 것이다. 그러나, 그것들은 우리의 몰입형 미래의 핵심 요소일 뿐이다. 딥러닝을 탑재한 AI는 메타버스에서 경험을 생성하거나 조작할 수 있다. 이런 비즈니스 유형이 천박한 자본주의 상인과 만나면 그 폐해는 심각할 것이다. AI는 모든 관심을 끄는 헤드셋만큼 우리의 가상 미래에 중요하다. 그리고 메타버스의 가장 위험한 부분은 AI에 의해 제어된다는 사실이다. 페르소나persona는 사용자처럼 보이고 행동하지만 실제로는 AI가 조종하는 대화형 에이전트이다. 대화형 에이전트는 광고주를 대신하여 조작할 우려가 있다. 광고 콘텐츠가 실제가 아니라는 사실을 소비자들은 알아채지 못한다. 깨닫지 못하는 소비자를 표적 삼아 대화를 조작한다. 일종의 필터링으로 현실을 조작하는 것이다.

현실 세계에서 일어날 수 없는 위험을 증폭시킬 우려도 있다. 예를 들어 개인에 촛점을 맞춘 AI 알고리즘은 개인의 관심과 신념, 습관 및 기질에 대한 데이터에 액세스한다. 동시에 얼굴 표정과 목소리 억양을 읽어 감정 상태를 모니터링 하고 조작한다. 이처럼 AI에 의해 왜곡된 AR과 메타버스는 과장된 정보나 위험을 증폭시킬 가능성이 있다. 지금 통용되는 소셜미디어의 선택적 광고가 조작이라고 소비자들은 생각할 수 있다. 그러나, 메타버스에 올라 탈 대화형 에이전트에 비하면 아무 것도 아니다. 그들은 어떤 인간 판매원보다 더 능숙하게 상품을 홍보할 것이다. 우리에게 단순히 상품을 판매하는 것만이 아니라 허위사실을 유포하고 사회적 분열을 조장하는 정보를 퍼뜨릴 수 있다. AI에 기반한 대화형 에이전트가 미칠 사회적 파장은 향후 커질 것이다.

앞으로 AI 에이전트는 인간의 응답을 프로파일링 할 것이다. 인간이 어떻게 행동하는지 뿐만 아니라 우리가 어떻게 반응하는지 알고 가장 깊은 수준에서 데이터를 축적할 것이다. AI 알고리즘은 자세, 호흡, 심지어 혈압까지 모니터링한 데이터를 대화형 에이전트에 실시간으로 제공한다. 이를 기반으로 대화형 에이전트는 메시징 전략을 능숙하게 실행할 수 있다. 만일 첨예한 사회적 이슈의 경우 극단적인 수준의 대화 조작이 발생할 수 있다.

가령 생활용품 관련, AI 기반 아바타 형태의 광고의 예를 들어 보자. 사용자의 반응이 회의적일 때 이를 감지하고 문장 중간에 전술을 변경한다. 개인적으로 영향을 미치는 단어와 이미지에 빠르게 초점을 맞춘다. AI가 세계 최고의 체스와 바둑을 이기는 법을 배웠다. 구글의 알파고가 한국의 이창호 9단을 제압한 사실이 불과 몇년 전이다. 소비자가 필요없는 물건을 구매하도록, 그리고 믿도록 하는 법을 대화형 에이전트에 학습시키는 것은 너무 쉬운 일이다. AI 에이전트는 시리Siri나 알렉사Alexa 같은 디지털 비서의 자연스러운 진화의 결과이다. 그들은 메타버스에서 가장 강력하고 미묘한 형태로 강요되는 각 소비자를 위해 맞춰 의인화된 캐릭터로 활동할 것이다.

빅브라더스의 출현 가능성

◆ ◆ ◆

　메타버스는 온라인 공간을 마치 현실의 3차원 공간처럼 이용하는 기술이다. 다양한 가능성을 보여주는 메타버스가 주목되면서 부작용에 대한 우려도 높아지고 있다. 메타버스를 지배하는 강력한 빅브라더의 등장이다. 메타버스 세계에서는 현실 세계에서 생성되지 않았던 개인 정보가 수집되어 처리된다. 경험했던 가상의 장소는 어디이고, 시간은 얼마나 사용했는지, 대화를 나눈 상대방은 누구이며 어떤 대화를 나누었는지, 이용자의 시선 이동은 어떻게 이루어졌는지가 모두 기록으로 남는다. 아울러 무엇을 보고 누구와 교류하는지, 시선 처리를 추적해 심리상태는 어떠한지 분석이 가능하다. 제3의 보이지 않는 존재가 개인의 사생활을 입체적으로 관찰할 수 있다. 개인에 대한 심층적인 인사이트 도출이 가능한 것이 메타버스 세계이다.

메타버스 플랫폼 기업은 종래 상상하기 어려운 데이터들을 수집하고 AI가 분석할 수 있다. 이러한 기업들이 '빅브라더Big Brother'가 된다면 끔찍할 것이다. 빅브라더는 정보를 독점한 거대한 세력이다. 맘만 먹으면 개인 인권 침해는 물론이고, 개인을 감시하고 권력을 차지할 수 있다. 플랫폼 기업들은 서비스를 목적으로 다양한 개인정보를 수집 및 활용할 것이다. 이는 곧 메타버스 유저들의 일거수일투족이 감시 대상임을 의미한다.

메타버스에서 나의 '아바타'가 현실의 나처럼 거동할 수 있다. 메타버스는 현실에서 직면한 문제에서 벗어나 새로운 공간에서 시간을 떼우는 도구가 될 것이다. 이는 감정의 대리배설이다. 스트레스 해소와 대리만족이라는 순기능을 가지고 있다. 장점이 있으면 단점도 있기 마련이다. 현실과 단절된 생활을 하는 '메타페인'이 등장할 것이다. 가상세계에서 보내는 시간이 길어지고 현실보다 가상에서의 삶에 과도하게 집착하는 부류이다.

메타버스 세계에서 금융 활동은 필수적이다. 경제적 추구와 문화생활을 위해서는 돈이 필요하기 때문이다 메타버스 세계에서는 현금이 아닌 디지털 자산으로 거래가 이루어질 것이다. 디지털 자산과 관련한 신종 금융 범죄가 창궐할 것이다. 해킹, 신분 인증 복사 등의 보안 문제, 금융 범죄, 개인정보 유출, 디지털 성범죄 등 강력 범죄와 파생 범죄들이 성업할 것이다.

또한 빅데이터를 기반으로 한 다양한 인공지능 기술은 사회적 윤리적 문제를 동시에 초래할 수 있다. 데이터 해석의 편향성이나

AI · 메타버스 융합의 기회

알고리즘의 차별성은 이미 나온 문제들이다. 메타버스 세계에서 정보의 격차도 심각한 문제가 될 것이다. 현실에서의 빈부격차와 마찬가지로 기술의 활용력, 경제력, 사회적 위치 등 계층에 따라 습득할 수 있는 정보의 차이가 발생하기 때문이다.

정보 격차는 세대간에도 야기될 수 있다. 메타버스 세계에 익숙한 세대와 그렇지 않은 세대 간의 격차, 경제력이나 사회적 위치에 따라 차별적으로 정보를 얻을 때 생기는 격차 등이다. 기술이 발전할수록 이러한 격차는 더욱 벌어질 것이다. 메타버스 세계에서의 위험성은 지금의 플랫폼 환경에서도 예측이 가능하다. 검색엔진 구글이 이 분야에서 선도적이다. 빅브라더 문제와 AI 챗봇 '이루다' 사건을 통해 데이터 편향성과 인공지능 윤리 문제의 심각성을 일깨워 주었다.

온라인 성범죄, 게임 집착 등 메타버스에서 우려되는 많은 문제들이 오늘날의 플랫폼 환경에서 실제 발생하고 있다. 비트코인, 이더리움, NFT^{Non-Fungible Token}와 같은 디지털 자산이 현실화되면서 신종 금융 범죄 우려가 증폭되고 있다. 빅브라더의 출현을 견제하기 위한 적절한 법제도와 디지털 자산의 기준도 마련해야 한다. 현재 수준보다 더욱 진보적이고 견고한 국가적 차원의 정책이 필요하다.

메타버스가 주는 높은 몰입도가 인간 심리에 어떻게 작용할 것인지 인문학적 고찰도 더욱 필요하다. 안전한 메타버스의 발전을 위해 사회적, 정책적, 문화적인 '공진화'가 필요할 것이다.

개방형 플랫폼이
개발 상생의 길

◆ ◆ ◆

　메타버스^{metaverse}란 메타^{meta}(초월)와 유니버스^{Universe}의 합성어이다. 초월한 세상이란 의미인데, 온라인 공간을 마치 현실 공간처럼 이용하는 기술이다. 앞에서 설명한 것처럼 메타버스 세계에서는 상상 이상의 엄청난 개인 정보를 수집, 보관할 수 있다. 현실 세계에서 경험하지 않은 것들이 대부분이다. 메타버스 세계 내에서 경험했던 가상의 장소는 어디이고, 시간은 얼마나 사용했는지, 대화를 나눈 상대방은 누구이며 어떤 대화를 나누었는지, 이용자의 시선 이동은 어떻게 이루어졌는지 등이다. 마치 제3의 보이지 않는 존재가 일어나지도 않은 개인의 사생활을 입체적으로 관찰하고 분석할 수 있다. 이를 통해 개인에 대한 심층적인 인사이트 도출이 가능한 것이다.

　메타버스 플랫폼 기업은 이처럼 기존에 우리가 상상하기 어려운 데이터들을 수집 및 분석할 수 있다. 이러한 기업들이 정보를 독점한 거대한 세력과 결탁해 개인을 감시하고 권력을 차지한다면 어떻게 세상이 변할까.

메타버스를 구축하는 플랫폼 기업은 서비스를 목적으로 다양한 개인정보를 수집 및 활용할 것이다. 이는 곧 메타버스 이용자의 일거수일투족이 감시될 수 있음을 의미한다. 메타버스 세상에서 플랫폼 기업들은 더욱 다채롭고 강력한 마케팅 능력을 갖게 될 것이다.

메타버스 세계에서는 나의 아바타가 현실의 나처럼 거동할 것이다. 메타버스는 현실에서 직면한 문제에서 벗어난다. 새로운 공간에서 시간을 보낼 수 있는 수단이다. 스트레스 해소와 대리만족 등 순기능도 적지않을 것이다.

반면 현실보다 가상에서의 삶에 과도하게 집착하게 되면서 현실과 동떨어진 생활을 하는 '메타은둔' 인간이 등장할 수 있다. 메타버스 세상에서는 현금이 아닌 디지털 자산으로 거래가 이루어질 것인데, 이러한 디지털 자산과 관련한 신종 금융 범죄가 발생할 위험도 있다.

앞서 설명했지만 반드시 구축해야 하는 과제가 있다. 바로 개방성이다. 현재 스마트폰의 증강현실 플랫폼은 구글의 ARCore와 애플의 ARKit가 주도하고 있다. 향후 하드웨어의 성능 특히 고난도 AI 칩이 나올 것이다. 그러면 대기업들은 아마도 더 혁신적이 거나 전혀 다른 프레임워크를 내놓을 것이다. 그리고는 그들만의 성역을 쌓으려 할 것이다. 국내 현행 메타버스 서비스 엔진은 '유 니티'와 '언리얼'을 기반으로 한다.

유니티는 3D 및 2D 비디오 게임의 개발 환경을 제공하는 게임 엔진이다. 아울러 3D 애니메이션과 건축 시각화, 가상현실 등 통 합 제작 도구이다. 국내에서 사용하고 산업용으로도 널리 사용하 는 유니티는 2004년에 덴마크에서 출발한 회사다. 정식 론칭은 2005년이었다. 포케몬고나 제페토에서도 사용하는, 게임 개발자 들이 가장 널리 활용하는 엔진이다. 언리얼은 팀 스위니가 언리얼 게임을 만들면서 개발된 엔진이다. 그 시작은 공식적으로 1998년 이며, 현재 버전4까지 출시되었다. 언리얼 엔진 5도 나왔다. 언리 얼은 만달로리언이나 웨스트월드 같은 SF 드라마 제작에도 활용 되었다.

그런데, 흥미로운 것은 바로 이런 행동이다. 두 회사 모두 오픈 소스 커뮤니티와 함께 성장했다. 언리얼은 버전4를 무료화했고, 유니티 역시 관련 기술을 다양하게 상호 공유했다. 유니티는 엔진 자체를 공유하지 않지만 관련 기술과 제휴를 통해 공존을 모색 했다. 일종의 게임 개발의 민주화이다. 게임 애호가나 개인이 앱 을 만들거나 작은 회사가 처음 도전을 할 때는 무료로 사용도록 했다.

이는 무엇을 의미하는가. 메타버스 플랫폼은 전략과 협업, 신뢰가 중요하다는 점이다. 가장 중요한 것은 오픈소스 전략과 개발자 커뮤니티와 협업 그리고 개발자의 엡데이트 신뢰가 중요하다는 것이다. 다른 플랫폼 개발 방향을 잡는다면 뭐가 있을까. 스마트폰을 위한 증강현실AR 기반이 있다. 하지만 이 역시 구글과 애플이라는 강력한 플레이어가 있다. 이들의 플랫폼을 확장하거나 그 위에 또 다른 차별 기능을 만드는 방안이 당분간 우리가 취할 방향이다. 국내 기업 맥스트는 이런 방향으로 시동을 걸었다.

메타버스 플랫폼 전문 기업 맥스트는 세계 최대 모바일 산업 박람회 'MWC 2022'(2월 28일~3월 3일, 바르셀로나)에서 '틀뢴'을 선보였다. 틀뢴은 현실 세계를 복제한 가상 세계이다. 틀뢴은 보르헤스의 소설에서 비밀 결사를 설립한 과학자·엔지니어·학자들이 만든 가상 세계의 이름이다. 증강현실AR 기술을 통해 현실세계로 확장 및 연결하는 현실 기반의 가상공간이다. 맥스트는 개방형 메타버스 플랫폼으로 발전시킬 계획이다. 사용자 스스로 틀뢴을 만들어 자신만의 도시를 건설하고 커뮤니티를 확장해 나갈 수 있다. 사용자가 현실 같은 가상공간에서 자유롭게 세계를 여행하면서 사람들을 만나고 함께 다양한 활동을 경험한다.

NFT를 이용한 경제 활동도 지원할 예정이다. 3차원 공간 복원 기술을 통해 현실 공간의 촬영 이미지를 기반으로 틀뢴을 누구나 쉽게 만들 수 있도록 한다는 복안이다. 누구나 이 공간을 이용해 사람을 만나서 교류하고 수익을 올리고 경제활동을 할 수 있는 탈중앙화 개방형 메타버스 서비스이다.

6G 기반 메타버스의 상용화

◆ ◆ ◆

메타버스는 현실 세계와 디지털 세계 간 경계가 없는 '초연결' 세상을 만들어 갈 것이다. 모바일과 인터넷을 잇는 차세대 플랫폼으로 자리잡을 것이 분명하다. 궁극의 메타버스는 '현실과 디지털의 동질화'를 구현하는 것이다. 가령 집에 있는 사람이 노상 카페에 있는 친구 앞에 홀로그램으로 나타나 체스를 두는 일 등이 가능해질 것이다. 5G가 스마트팩토리 같은 B2B(기업 간 거래) 서비스에 집중했는데, 곧 실현될 6G 시대엔 초연결·초실감 메타버스 서비스를 중심으로 B2C(기업과 소비자 간 거래) 시장이 크게 활성화될 것이다.

따라서 통신 분야 또한 비약적 발전을 할 것이다. 결국 모바일 에지 클라우드와 6G가 연계될 것이다. 그런 의미에서 기업들은 3차원 그래픽 기반이 아니라 아예 장기적으로 홀로그램 기반의 메타버스에 눈독을 들이고 있다. 어차피 향후 10년 간은 기존 리딩 기업이 주도할 것이다. 국내에서 본격적인 메타버스 플랫폼 리더가 나오기는 어렵다. 앞으로 메타버스 안에서 사람만 만나는 것이 아니다. AI 기반 에이전트를 만나게 될 것이다. 이에 대한 기술은 AI 기술을 토대로 음성 인식, 대화 생성, 음성 합성을 기반으로 발전할 것이다. 2-3년 뒤면 우리가 메타버스라고 생각하는 공간에서 만나는 인물이 실제 사람이 아닐 수 있다. 그들과 이루는 사회 시스템에 대해서도 생각해야 할 것이다.

메타버스는 앞으로 10년 동안은 꾸준히 진화하고 발전하는 영역이다. 페이스북, 즉 메타는 엔지니어 1만 명 이상을 투입하고 연간 100억 달러를 쏟아부을 계획이다. 저커버그는 미래 플랫폼에 사운을 걸었다. 차세대 대세를 선점하겠다는 것이다. 6G(6세대 이동통신) 시대가 열리면 메타버스는 핵심 서비스가 될 것이다.

AI- 메타버스 융합의 시너지

◆ ◆ ◆

AI는 그 자체로 고도의 첨단 기술이다. 더하여 블록체인, VR, 뇌과학 등 다른 영역에 있는 기술과 융합하면 새롭고 창조적인 가치를 무한하게 만들어 낸다. 그 중에서도 특히 눈여겨볼 만한 분야는 메타버스다. 메타버스는 가상현실^{VR}보다 한 단계 더 진화한 개념이다. 아바타를 활용해 단지 게임이나 가상현실을 즐기는 데 그치지 않고 실제 현실과 같은 사회·문화적 활동을 할 수 있는 개념이다.

AI와 메타버스의 융합이 중요한 이유는 따로 있다. 무궁무진한 잠재성을 가진 AI가 현실세계에서는 물리적 한계에 가로막힌다. 가령, 여행 애호가에게 AI는 적합하고 분수에 맞는 해외 여행지를 추천해줄 수 있지만, 이 사용자가 갈 수 있는 여행지는 일주일에 기껏해야 한 두 곳 정도이다. 지금은 코로나 제약 상황이라 그

마저도 어려워졌다. 현실은 기존 패러다임으로는 체험할 수 없는 물리적 한계에 있다. 특히 현실세계에서 AI의 존재를 꺼리는 사람들이 분명히 존재한다. 기존 시스템에 익숙해져 있는 생산 현장의 사람들은 AI가 창조하는 신개념의 수용을 거부하려 한다. 하지만, 메타버스라면 얘기가 달라진다. 가상 세계는 물리적 제약이 거의 없다. 원하는 곳은 어디든 갈 수 있다. 그 자체가 IT 기술로 구현된 혁신적인 세계이다. 이 때문에 새 방식에 대한 거부감이 덜 할 것이다. 그 안에서 새로운 세계를 자유롭게 만들고 수정할 수 있다. 이 때문에 다양한 실험이 가능하다. 메타버스는 AI의 기술적 잠재성을 마음껏 발휘할 수 있는 공간으로 안성맞춤이다.

그러면 AI와 메타버스 융합이 주는 시너지 효과, 또는 어떤 기회가 찾아올 것인가. AI가 메타버스 공간에서 어떤 역할을 할 것인가. 먼저 메타버스 세계를 제대로 알아야 한다. 메타버스 세계에서 얻을 수 있는 기회는 크게 3가지이다. 지금까지 나온 견해를 정리해본다. 첫째, 현실을 초월한 확장 공간이고, 둘째, 가상의 소유를 성취할 것이며, 셋째, 확장된 거래로 구분할 수 있다. AI와 메타버스의 융합은 이 3가지 영역에서 활발히 일어날 것으로 상상할 수 있다.

현실을 초월한 공간 확장

이는 새로운 메타공간^{MetaSpaces}이 제공된다는 의미다. 이 공간은 현실을 초월한 공간이지만 그렇다고 현실과 동떨어진 공간도 아니다. 가상의 세계로 구현되지만, 현실의 다양한 행사와 교류 등을 할 수 있는 현실과 동일한 느낌의 가상 공간이다. 실제와 같은 현장감을 느낄 수 있다. 이는 재택근무 공간으로 메타버스 시스템을 채용할 수도 있다. 공간 활용으로 우열을 결정하는 공연이나 전시회도 메타버스에서 열린다.

2020년 4월 유명 래퍼 트레비스 스캇Travis Scott은 에픽게임즈Epic Games의 포트나이트Fortnite 메타버스 공간에서 라이브 공연을 했다. 포트나이트 가상 공간에는 순식간에 1,230만 명의 관객이 모였다. 동석하지 않았음에도 참여한 것과 같은 몰입, 체험을 맛보는 자리다.[*]

가상 소유물에 기꺼이 투자

현실세계처럼 메타버스 세계에서는 가상의 소유물을 갖는 라이프스타일을 추구할 수 있다. 인간은 삶을 영위하는데 의식주와 관련한 다양한 물품들을 마련한다. 스스로를 꾸미고 즐거운 삶을 만

---

[*]

포트나이트 : 2019.2. DJ 마시멜로 콘서트에 약 1000만명 운집, 2020.4.24. 트레비스 스캇 콘서트에 약 2000만명 운집, 2020.9.25. 방탄소년단(BTS) 콘서트 및 신곡 안무 발표.
제페토 : 2020.9.3. 블랙핑크 가상 팬사인회에 4600만명 이상 참여, 2021.2. 나이키, 구찌 등 60여종의 가상 의류 및 악세서리 아이템 출시, 2021.3. 네이버 신입사원 가상 사옥 투어 및 교육 진행.
닌텐도 : 2020.5. 마크 제이콥스, 발렌티노 등 가상 의류 아이템 출시, 2020.9. 미국 바이든 대통령 선거활동에 활용.
SK 점프 VR : 2021.3.2. 순천향대 신입생 입학식 개최.

들어가는데 소비가 필요하다. 메타버스 세계에서도 여러 가지 가상의 소유물을 구매하고 꾸밀 수 있다. 아바타에 입힐 옷을 틈틈이 구매할 수 있다. 헤어컬러를 바꾸는 데에도 돈을 쓰면서 메타 라이프Meta life를 즐긴다.

메타버스 가상 매장인 패브리칸트Fabricant에서는 아디다스, 퓨마, 타미힐피거 등 의상 브랜드가 입점했다. 2019년에는 디지털 드레스가 9,500달러에 팔렸다. 실제 존재하지도 않는 드레스를, 실제 입을 수도 없는 드레스를 비싸게 사는 건 낭비라고 비판할 것이다. 하지만, 가상 공간 체험에 나서는 소비자들은 디지털 소유물에 비싼 비용을 지불할 준비가 되어 있다.

가상 공간 글로벌 시장에서는 이미 수천만 달러의 가치를 부여하고 있다. 로블록스Roblox에서는 2021년 6월 디지털 전용 구찌 가방이 실제 가방 가격보다 더 비싼 4,000달러에 팔렸다. 지금은 아직 실감을 못하겠지만, 조만간 체감할 날이 닥칠 것이다.

더 많은 비즈니스 기회

이는 비즈니스의 확장을 의미한다. 메타버스 세계에서 소비하면 기업들에게는 기회의 플랫폼이 된다. 새로운 수익을 창출할 수 있는 새로운 시장이다. NFTNon Fungible Token는 메타버스 시장에서 통용되는 가상화폐 역할을 할 것이다. NFT는 블록체인 기술로 뒷받침되는 디지털 자산이다. 예술가, 암호화폐 애호가, 기업가 등이 향후 주목해야할 금융자산이다.

　코카콜라는 2021년 8월 비주얼, 오디오, 디지털 웨어러블 NFT를 포함한 4개 NFT 컬렉션을 출시했다. 코카콜라의 빨간색을 잘 반영한 버블 자켓은 디지털 웨어러블인데 디센트럴랜드Decentraland에서 인기를 끌었다. 명품 의류 버버리는 2021년 8월 마이티컬 게임즈Mythical Games를 통해 플래그십 멀티플레이어 게임을 NFT 컬렉션으로 출시했다. 이처럼 메타버스 공간은 광고업계에도 훌륭한 비즈니스 기회를 제공하는 플랫폼이다.

　게임광고는 이미 자리를 잡았다. 브랜드와 마케터, 청중이 소통할 수 있는 놀이터가 게임이다. 메타버스가 창출한 게임의 놀이터는 기업들에게 제품 홍보하는 최적의 가상공간이다. 페라리는 2021년 7월에 최신 모델인 '296GTB'를 게임 포트나이트에 내놓았다. 게임 유저들은 세계 곳곳을 누비며 직접 운전한다. 그들은 포트나이트에 접속하여 지도 곳곳에서 페라리 296GTB를 찾아 차량을 살펴보고 세상 곳곳을 질주한다. 페라리는 순간 시속 100km에 도달하는 부스터 기능과 굉음 등을 실제 모델 그대로 살렸다. 그렇다면 메타버스의 이런 장점을 토대로 AI 기술은 어떻게 가치를 창조해낼까. AI는 어떻게 메타버스 세계를 열어갈 것인가. 메타버스는 알려진 것처럼 차세대 인터넷이며, 인터넷 다음 세계를 보여준다. 사람들과 기업에게 새로운 기회를 주는 잠재력이 엄청날 것이다. 과연 AI는 메타버스를 증강시키거나, 메타버스의 물리적 기술적 한계를 극복하는 수단이 될 것인가.

NFT의 무궁무진 가능성

◆ ◆ ◆

NFT^{non-fungible token}은 '대체불가토큰'으로 불린다. 대체가능 fungible 토큰들은 각기 동일한 가치와 기능을 가진다. 서로 교환이 가능하며, 동일 단위의 1:1 교환이 발생하면 사실상 교환이 발생하지 않았던 것과 다름이 없다. 명목화폐, 비트코인·이더리움 등의 통상적 암호화폐, 귀금속, 채권 등이 이에 해당된다. 반면 대체불가^{non-fungible} 토큰들은 각기 고유성을 지닌다. 발권자, 비행편, 좌석 등이 전부 특정되어 있다. 이를테면, 동일품이 아예 존재할 수 없는 항공권과 비슷하다. NFT는 암호화된 거래내역을 블록체인에 영구적으로 남김으로써 고유성을 보장받는다. 특정 개인이나 기관으로부터 임의의 인증을 받음으로써 고유성을 보장받는 전통 방식과 다르다. 아무나 복제할 수 있는 '디지털 파일'에 대해서도 '고유 소유권'을 발행하는 기술이다. NFT 발행에서 현재 가장 널리 사용되는 플랫폼은 이더리움이다. 이더리움 같은 개방형 블록체인을 통해 NFT를 발행하면 고유성이 보장된다는 의미다. 대체가능성은 추적가능성traceability이나 가분성divisibility과는 구분된다.

- **추적 가능성** : 모든 NFT는 추적이 가능하지만, 추적가능한 모든 토큰이 NFT가 되는 것은 아니다. 특정 지폐의 유통경로를 알 수 있다고 해서 명목화폐가 NFT로 기능하진 않는다. 이를 테면, 포트워스에서 발행된 1달러와 2021년 워싱턴DC에서 발행된 1달러는 동일한 1달러다.

- **가분성** : NFT가 처음 개발될 당시 토큰을 분할할 수 없었다.(항공권을 반으로 찢어 둘로 나눌 수 없듯이) 그러나, 분할소유를 가능케 하는 NFT 모델들이 시장 수요에 따라 빠르게 출시되고 있다. 현재 NFT 시장에 어마어마한 양의 자본이 들어오고 있다. 소유권이 거래될 수 있는 대상으로 지정될 수 있는 자산의 폭이 급격히 확대된다. 따라서 기존의 상식들이 파괴되는 중이다. 만일 항공권이 대체불가 자산으로 분류되고 값비싼 존재가 될 때 그 가치는 천정부지일 것이다. 마찬가지로 지구상에 단 하나 뿐이라는 인식이 확산되면 그 가치는 부르는게 값이다. 조만간 기존 금융상식이 파괴될 날이 닥칠 것이다.

암호화폐 시장의 약세로 NFT 투자 열기도 잠잠해지고 있다. 그러나 앞으로 5년간 NFT 거래 금액이 기록적인 성장세를 보일 것이다. 암호화폐 전문 매체 블록체인뉴스는 시장 조사 기관 주니퍼리서치Juniper Research의 연구 결과를 인용, 조만간 NFT 하루 거래 금액이 4,000만 달러를 기록할 것이라고 전망했다.

주니퍼리서치의 최신 보고서에 따르면 NFT 거래 금액은 2022년 2,400만 달러에서 2027년 4,000만 달러를 기록할 것으로 내다봤다. NFT 채택이 중간 수준으로 이루어지며, 많은 브랜드가 메타버스를 활용해 디지털 경제성장을 도모하는 상황으로 발전할 것이다. 왜냐하면, 향후 소비자 중심 사업의 경쟁력 강화를 위한 중요한 요소로, NFT 기반 콘텐츠가 대량 생성될 것이기 때문이다. 특히 시간이 지나면서 첨단 기술을 능숙하게 다루는 젊은 소비자 비율이 급증할 것이다.

향후 젊은 소비자들은 최신 디지털 및 온라인 콘텐츠 구매를 선호할 것이다. 이를 고려하면, 여러 NFT 종류 중 메타버스 관련 NFT 부문이 가장 빠른 성장세를 기록할 것이다. 다만, NFT가 메타버스 흐름에 따라 거래량이 증가하더라도 실효성 있는 규제가 없다는 점에 주의해야 할 것이다. 주니퍼리서치는 "NFT가 자금 세탁, 사기 등 불법 활동 수단이 된 사례가 많다. 이를 고려해, NFT 거래에 나서고자 하는 공급사는 브랜드 이미지 손실을 감수해야 할 것이다"라고 경고했다. 소비자 보호, 환경 영향 감소를 위한 규제 당국과 업계의 협력이 중요하다고 강조했다.[*]

---

* 코딩월드뉴스(https://www.codingworldnews.com)

AI는 메타버스를 증강시킨다

◆ ◆ ◆

AI 기반 에이전트의 역할과 능력

AI는 고도화된 첨단 기능으로 현실세계를 확장할 것이다. 메타버스 세계에서도 AI는 라이프스타일을 윤택하게 증강하는 역할을 할 것이다. 다시 말해 메타버스는 디지털 우주로 비유된다. 디지털 세계에서 벌어지는 수많은 이벤트, 그리고 다양한 콘텐츠들이 만들어지는 광활한 공간이다. 마치 1850~70년대 미국 서부가 열리면서 새로운 대륙을 체험했던 것처럼 사람들은 광활한 세계를 체험할 것이다. 당시 서부 개척자들은 어디에 뭐가 묻혀있는지 알 수 없었다. 개척자들을 선도한 집단은 부동산 에이전트였다. 다시 말해 가상공간에서도 AI 기반 에이전트가 필요하다. 유저들의 선호를 파악한 AI 에이전트는 가장 필요한 무엇인가를 제공해준다. 머스트해브Must-have 아이템 또는 반드시 가봐야 할 공간을 추천한다. 유저들이 백화점이나 매장에서 들어갔을 때 AI 에이전트, 즉 AI 점원은 신상품을 알려주거나 아바타에게 입힐 의류를 추천해준다. 지금 이 순간 볼만한 공연이나 이벤트도 추천한다. 메타버스 세계에서 AI 엔진은 유저의 삶의 질을 윤택하게 하는 수단으로 안성맞춤이다.

엔지니어의 메타버스라 불리는 옴니버스Ominiverse는 3D 협업 툴이다. 옴니버스에는 이미 5만여 명의 엔지니어, 디자이너 등이 운집해 다양한 협업 프로젝트를 만들어내고 있다. 이들은 협업을 통해 더욱 역량을 확장시켜 나갈 것이다. 협업 파트너로 AI가 추가된다면 그 잠재력은 더욱 커질 것이다. AI 디자인 파트너는 어느 누구보다 빠른 시일내 디자인 시안을 만들어 낸다. AI 파트너는 새 디자인 시안을 작성하거나, 카툰 지망생의 애니메이션 제작을 지원할 수 있다. AI와 협업은 반복되는 작업을 보다 효과적이고 빠르게 할 수 있다. 유저에게 AI 에이전트는 수만 명이 수행하는 작업을 단 몇 분만에 마무리하는 엄청난 연산능력을 갖고 있다. 대량생산이 가능한 메타버스 공간은 그만큼 중요한 생산처로 자리잡게 될 것이다.

아울러 지능형 소유물, 즉 지능형 NFT를 창조할 수 있다. 메타버스 내에서 소유할 수 있는 자산이다. AI의 고도화된 기술을 통해 지능형 NFT로 확장 가능하다. 지능형 NFT란 스스로 움직이는 자산이다. 인공지능 기업 '알레시아AI'Alethea AI는 지능형NFT

'로버트 앨리스'를 출시했다. 소더비에서 47만8,000달러에 거래됐다. 프로필 사진과 같은 이미지 NFT이지만 말을 걸면 대답을 하는 지능형 에이전트다. 알레시아AI는 또 다른 종류의 지능형 NFT와 함께 두 NFT가 서로 대화하도록 만들었다. 지능형 NFT의 등장은 메타버스에서 무한한 창조의 가능성을 시사한다.

메타버스 한계를 초월하는 AI 기술

AI는 메타버스의 한계를 극복할 것이다. 메타버스는 현실을 본떠 구현되고 있지만, 아직 기술적 발전이 충분히 이뤄지지 않았다. 이를테면, 컴퓨터그래픽에 의해 구현되지만 아직 기술력 미흡으로 인해 리얼하지 못하다. 아바타 역시 현실의 나를 대입하기에는 생소하다. 생김새가 다르고 내 감정을 제대로 이입하지도 못한다. 이런 기술적 한계를 AI 기술로 커버할 수 있다. AI는 나의 얼굴과 흡사한 캐릭터를 만들어낼 수 있다. 나의 감정을 아바타의 표정으로 섬세하게 반영할 수 있다. 현재 메타버스의 아바타는 대체로 움직임이 부자연스럽다. AI 기술은 모든 동작을 현실만큼 자연스럽고 디테일하면서 세련되게 그려낼 수 있다. AI는 현실세계와 가상세계의 움직임을 동기화시키는 디지털 트윈Digital twin 기술을 구현할 수 있다.

반면, AI 또한 메타버스 공간의 도움을 받을 수 있다. 무궁무진한 잠재성을 가진 AI는 현실세계에서는 물리적 한계에 직면할 것이다. 하지만, 메타버스의 세계에서는 이러한 물리적 제약이 없다. AI의 잠재성이 무한히 발휘될 수 있는 무대가 될 수 있다.

AI는 유저에게 메타버스 공간을 최적화할 수 있게 도와줄 것이다. 바로 공간 컴퓨팅 능력이다. 이를테면 사무실의 업무 공간을 메타버스에 구현해본다. 내 사무실이 여타 사람들과는 다르고 어색할 수도 있다. AI는 이런 색다름과 어색함을 커버할 수 있다. '아키드로우'는 AI와 메타버스를 접목시킨 3D 인테리어 추천 서비스 '시숲SEESOOP'을 출시했다. 아키드로우는 AI 인테리어 3D 플랫폼 기업이다. 이 회사는 디지털화된 집의 도면을 활용해 3D로 가구나 가전제품을 미리 배치해보는 체험을 제공한다. 사람들은 가상 공간에 다양한 가구나 기기를 배치할 수 있다. 이처럼 AI 기술을 통해 고객의 선호를 파악하여 적절한 디자인 또는 인테리어 소품을 제안할 수 있다. 현실의 집에서는 가구 하나 옮기는 것도 힘들다. 가상공간에서는 이러한 물리적 제약이 없고 AI가 추천하는대로 다양한 디자인을 설계할 수 있다. AI의 공간 컴퓨팅 능력이 바로 이 것이다.

물리적 한계의 극복과 다양한 콘텐츠의 창출

메타버스 속에서도 인간의 한계는 그대로 적용된다. 하지만 AI 기반의 'DJ봇'은 늦은 밤이든 새벽이든 24시간 가동된다. 사람 DJ는 모든 사람의 선호를 다 알기도 어렵고 일일이 맞춰줄 수도 없다. 이에 반하여 AI 시스템은 모든 사람에게 개인화된 맞춤형 방송을 제공할 수 있다. 각 사람에게 특화된 1:1 음악 방송도 가능하다. 메타공간은 현실보다도 더 역동적인 공간이 될 것이다.

특히, 메타버스 세계에서도 역시 중요한 것은 콘텐츠다. 다양한 콘텐츠로 구색을 갖춰야 메타버스도 매력적인 세계로 유저들을 몰려들도록 할 것이다. 속칭 볼거리가 많아야 사람들이 몰리는 식이다. 아직 초기 단계인 메타버스 콘텐츠는 게임에 편중되어 있다. 이마저도 많지 않다. 콘서트, 교육, 스포츠, 광고 등 더 많은 콘텐츠 제공자가 참여해야 한다. 구색을 갖추기에는 시간이 걸릴 수 있다. 하지만, AI는 콘텐츠 창출에 절대적인 기여를 할 것이다.

로그라이크 게임 '던전'Dungeon을 예로 들어본다. 게임 세계에서 AI 던전을 구동할 수 있다. 신경망 알고리즘을 통해 다양한 콘텐츠를 만들어내는 게 가능하다. 새로운 콘텐츠가 생성되면 게임 참여자는 더욱 흥미로운 콘텐츠를 즐길 수 있다.

AI는 메타버스 속에서 공간 컴퓨팅을 강화하고, 참여자들의 라이프스타일을 확장하고, 보다 다양한 경험을 할 수 있는 무대를 제공하며, 지능적 소유물이 확장되도록 기여할 것이다. 메타버스와 AI의 만남은 거대한 두 세계의 만남이 될 것이다. 인류 역사상 한 번도 해본 적 없는 거대한 융합이며, 그 시너지 효과는 무한할 것이다. 테슬라 CEO 엘론 머스크의 궁극의 목적은 AI를 인간의 행복을 돕는 기계로 만드는 것이다. 여기에 메타버스는 다양한 플랫폼을 제공하게 될 것이다. 메타버스와 AI가 조화된 기술이 다

방면에서 선보일 것이다. 인간이 가진 정신적·육체적 한계를 보완하는 것이 무엇보다도 중요하다. 우선 엘론 머스크가 시도하는 침습형, 즉 뇌에 칩을 이식하는 기술은 거부감이 가장 문제이다. 이는 안전 문제와 직결된다. 생체 조직에 염증을 일으키거나 손상시킬 우려가 있다. 따라서 염증 걱정이 없어야 하고 인간의 뇌에 장시간 이식돼 있어도 문제 없어야 한다. 인간 뇌에 칩을 심는 기술은 안전한 전극 코팅, 저전력 국소 신호 처리 등 첨단 기술이 필요하다. 엘론 머스크는 미국 식품의약국FDA에 인간 대상 시스템 테스트를 신청했다고 밝혔지만, 승인받기는 쉽지않을 것이다. 인간의 뇌를 대상으로 하는 실험이기 때문이다. 아울러 뇌 해킹 개념이 등장할 수 있다. AI의 해킹 프로그램을 통해 타인의 데이터를 몽땅 도둑질할 수도 있다.

무엇보다도 인간의 뇌에 칩을 심는다는 것은 심리적 윤리적 논란이 불거질 수 있다. 특히 디스토피아적 시나리오가 영화로 만들어져 부정적 여론 형성을 부추길 수 있다. 인간을 능가하는 초능력 AI의 탄생으로 인류를 파괴하는 시나리오가 그것이다.

'사피엔스'로 유명한 젊은 작가 유발 하라리는 AI의 등장을 우려하고 있다. 그렇지만 엘론 머스크가 갖고 있는 꿈에는 비견할 수 없다. 사람이 AI와 경쟁이 아니라 AI가 사람을 돕는 보완적 관계가 바람직하다. 여기서 문제를 도출한다. AI가 인간을 초월할 것인가 하는 점이다.

CHAPTER. 7

AI가 인간 능력을 초월할까?

AI 딥드림의 장점은
정확히 학습하는 것

AI는 수학 연산에서 사람보다 수천 수억배 빠르고 정확한 능력을 가졌다. 따라서 AI가 인간 삶보다 다양한 분야에서 인간을 대체할 것이다. 다만, 아직까지 예술 분야 만큼은 결코 AI가 정복할 수 없다는 견해가 주류다. 인간의 고유 특성인 예술적 감성을 과연 기계가 할 수 없다는 관점에서다.

최근 여러가지 사례는 이런 인간의 생각을 깨뜨리고 있다. AI가 그린 그림, 작곡한 음악 등이 등장하면서다. AI는 정말로 인간 고유 영역이라는 '감수성 영역'을 이해하고 예술 분야까지 정복할 것인가. 조만간 유사 작품들이 쏟아져 나올 것이다. 챗GPT 등 앞으로 선보일 수많은 AI 기반 모델들이 그래서 거대한 복사 내지 모방 사회를 만들 것이라는 말이 나온다.

AI가 예술가임을 입증하는 대표적인 사례는 미술이다. 화가와 조각가들은 자신만의 독특한 기법을 가지고 있는데, 데이터로 따지면 이는 엄청나게 방대한 분량이다. AI는 이런 예술가들만의 기법을 모두 학습해 모방하거나 재현하고, 딥러닝 기술로 새로운 미술 작품을 창작한다는 논리다.

AI 화가의 대표적인 사례는 구글이 만든 AI '딥드림Deep Dream'이다. 구글 딥마인드는 지난 2016년 3월 이세돌 9단을 4대1로 격파하면서 세계적인 AI 열풍을 몰고온 AI 알파고를 개발한 바 있다. 딥드림은 새로운 이미지가 입력되면 그 요소를 매우 잘게 나눠 데이터화 시킨다. 이어 AI에 종래 입력되어 있는 패턴과 대조해 유사 여부를 확인하여 새 이미지를 기존 입력된 이미지 패턴에 추가한다. 다시 말해 보다 많은 정보, 즉 이미지가 보태지면 자연히 더 세밀한 작품이 만들어지는 원리다.

좀더 구체적으로 설명하면 이렇다. AI에 새의 이미지(그림1, 맨 왼쪽 이미지)를 입력하면 알고리즘을 거쳐 새로운 이미지(그림1, 가운데 이미지)가 나온다. 알고리즘은 이미지 속에 담긴 요소를 하나하나 쪼갠다. 그 다음 알고리즘에 따라 물체를 인식하기 위한 일정 패턴을 찾는다. 그 패턴대로 결과를 나타낸다. 이런 과정에서 이미지 조작, 왜곡이 나타난다. 이런 식의 변형 작업을 통해 새로운 이미지(그림1, 맨 오른쪽)가 만들어진다. 결과적으로 알고리즘을 거치면 기존의 단조로웠던 새의 이미지는 빈 공간을 원과 선으로 재해석한 다양한 패턴의 이미지로 바뀐다. 이를 AI 창조라고 부른다.

이와 같은 방식으로 유명 화가의 화풍을 학습시키면 유명 화가

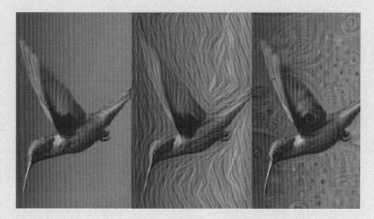

〈그림1〉

출처 : 구글 딥드림 홈페이지

〈그림2〉

출처 : 구글 딥드림 홈페이지

의 화풍을 담은 작품으로 손쉽게 그려낼 수 있다는 것이다. 이러한 원리로 AI는 머신러닝·딥러닝을 통해 유명 화가의 작품 스타일을 습득하고 주어진 사진을 해당 화가의 화풍에 따라 그림으로 변환해낸다. 2015년에 광화문을 보고 고흐가 그린 그림처럼 변형한 작품이 나온 바 있다.

〈그림2〉는 구글 딥드림이 광화문 광장을 그려낸 그림이다. 딥드림에 고흐의 화풍을 학습시킨 뒤, 광화문을 그리게 하자 고흐의 화풍대로 그림을 그려낸 것이다. 이처럼 구글 딥드림은 인간 뇌 신경망을 본뜬 AI 신경망의 지속적인 업그레이드를 하고 있다. 하나의 신경망으로 수십 수천 가지 스타일의 화풍을 생성할 수 있는 프로세스를 구현해낸다.

인공지능의 한계

하지만, AI가 찾아낸 패턴이란 기본적으로 통계화해 산출된다는 점이다. 딥드림이 찾은 패턴이란, 따지고 보면 바로 확률인 것이다. 인식과 학습을 기반으로 한 예측은 모든 상황에 완벽할 수 없다. 사람도 지능이 제각각이듯이 AI도 확률상 100% 완벽한 구현이 어렵다. 이 때문에 특정 케이스에서는 얼마든지 오류 발생과 그로 인한 잘못된 판단이 발생할 수 있다. 자율주행차의 경우 시스템 오류 혹은 해킹 등의 비상상황에 의한 오작동의 가능성을 항상 염두해둬야 할 것이다. 따라서 아직까지는 사람의 판단을 위한 보조 수단으로 보고 취약점을 점점 개선해나가는 방식이다. AI 기술이 온전히 자리잡고 활용되기 위해서는 현실 상황에서 얼마나 예측 오차를 줄일 수 있는가가 향후 AI 기술 발전의 관건이다.

예술계에서 AI 음악은 결국 모두 기존 작가들의 모방품이라고 지적한다. 따라서 AI가 예술영역에서 사람을 대체하는 것은 결코 불가능할 것이란 평가가 지배적이다. 아무리 뛰어난 AI 모창 가수, 모작 화가라고 해도, 결국 어떤 원래 작품을 따라하거나, 변형시킨 수준이라면 진정한 예술가라고 할 수 없다.

새롭게 창작해 그렸다고 하는 오비어스의 초상화 에드몽 드 벨라미는 어디서 본 듯한 초상화일 뿐이며, 구글 딥드림이 그린 그림도 고흐의 '별이 빛나는 밤'과 세부적인 모습만 다를뿐 전체적으론 아주 유사하다. 따라서 AI가 만든 작품이 멋있는 그림이나 듣기 좋은 음악일 수는 있겠으나, 예술가로서 예술의 가치를 창출한다고 보긴 어렵다. 1900년대 전후 사진기가 처음 발명됐을 때도 미술업계가 전부 망하는 것 아니냐는 말이 많이 나왔으나 결국 그렇지 않았다. 다만, AI가 예술가들에게 붓이나 악기처럼 새로운 보조 수단으로는 유용할 것이란 전망이다. 사람의 손으로 구현하기 어려운 정교한 부분은 AI가 하되, 고유의 창작활동은 인간이 행한다는 것이다.

AI아트는 현재의 미술을 대신하거나 예술가의 영역을 대체하는 것이 아니다. 상호 공존, 인간과 AI가 협업을 통해 새 미술 사조를 탄생시킬 것이란 견해가 우세하다. AI화가가 그린 그림들은 예술 작품으로 나름 인정받고 있기도 하다. 지난 2018년 10월 미국 뉴욕 크리스티 경매에서 세계 최초로 AI화가 '오비어스'가 그린 초상화 '에드몽 드 벨라미'가 경매에 나왔다. 무려 43만2000달러(약 5억원)에 낙찰됐다. 애초 예상 낙찰가보다 40배가 넘는 가치다. 이

초상화의 인물이 실물 초상이 아닌, AI 오비어스가 14세기부터 20세기까지의 서양화 1만5000여 작품을 데이터 베이스로 해서 만들어낸 초상화라는 점이다. 오비어스는 딥러닝을 통해 AI 스스로 인간의 얼굴과 모습에 가까운 형태를 그려냈다.

AI가 똑같이 재창조할 수 있는 비법은 AI 자체에 있다. 즉, AI 기계학습(머신 러닝)의 가장 큰 장점 중 하나는 정확히 학습하는 것이다. 사람은 시행착오를 거치면서 배우고 고쳐나가지만, AI는 일정량의 데이터를 공급받아 학습하고 인간이 미처 발견하지 못한 패턴을 학습한다는 점이다. 아울러 딥러닝 기반 알고리즘은 더욱 원작에 가까운 모조품을 만들어 낼 것이다.

질병 진단에 사용되는 산더미 같은 데이터에 묻혀 있는 질병 패턴의 발견은 AI만이 할 수 있다. 특히 손실된 자료나 패턴을 복구하는 것은 AI가 가장 잘하는 분야다. 인간의 문화를 보존하는 그림이라면 더욱 두말할 나위가 없다는 것이 AI 옹호론자들의 지론이다. 특히 저명한 화가의 오래된 그림의 경우 긁힌 자국 등을 100% 자동 제거할 수 있는게 AI다. 통상 골동품 사진에는 많은 결함을 가지고 있는데 디지털 사진의 한계 때문에, 긁힘, 골절, 심지어 구멍 등도 나있다. 결함이 있는 사진을 수리하고, 흑백 사진을 컬러화하는데 AI 기술은 안성맞춤이다.

온라인상에서 무료 또는 유료로 제공되는 밴스 AI 사진 복원기 Vance AI Photo Restorer도 있다. 이 도구는 한 번의 클릭으로 컬러링되지 않은 오래된 사진을 쉽게 복원해낸다. AI가 딥러닝을 사용해 소중한 이전 사진에서 긁힌 자국, 골절, 얼룩 등을 100% 자동 제거할 수 있다. 아울러, 색을 선명하게 함으로써 사진 속의 초상화를 더욱 빛나게 한다. 이런 AI의 장점을 대기업들은 재빨리 상업화한다. 엔비디아NVIDIA의 이미지 인페인팅은 오래된 사진 표면의 결함을 제거하는 데 뛰어나다. 이런 AI 사진 복원 도구는 딥러닝과 이미지 복원 기술로 오래된 사진의 빠진 부분을 채우고, 불필요한 부분이나 얼룩을 제거해준다. 마이크로소프트MS도 오래된 사진을 되살리는 앱을 출시하고 있다.

음악분야에서 AI의 활약은 미술보다 훨씬 오래전부터 시작됐다. 미국 UC산타크루즈대 데이비드 코프 교수진은 AI작곡가 '에밀리 하웰'Emily Howell을 만들었다. 에밀리 하웰은 모차르트, 베토벤, 라흐마니노프 등 여러 위대한 작곡가의 작품을 학습했고, 이를 토대로 화음, 박자 등 수많은 요소를 조합해 새 음악을 창조해냈다. 2010년 첫 디지털 싱글 앨범을 발매하기도 했다.

최근 나온 AI작곡가는 룩셈부르크에 본사를 둔 AI스타트업 '에이바 테크놀로지'가 개발한 에이바Aiva'다. 2018년 12월 글로벌 영화 제작사소니픽처스는 에이바가 작곡한 곡을 영화 OST로 사용했다. 에이바는 무려 3만개가 넘는 다른 곡들을 학습했다. 프랑스와 룩셈부르크 음악저작권협회SACEM는 에이바의 창작물 저작권을 인정하고 있다. 에이바의 작곡 기술은 딥러닝 알고리즘에 기초한다. 더 예술적 평가가 좋고 잘 어울리는 음악적 구성을 학습하는 기법이라고 한다.

소니, 2050년 노벨상 타는
AI 개발 선언

소니는 2019년말 AI 연구개발 조직 '소니AI^Sony AI'를 설립했다. 소니AI의 목표는 2050년까지 노벨상을 타는 수준의 영특한 AI를 만든다는 목표를 설정했다. 일본과 미국에 거점을 두고 일본측 대표는 소니컴퓨터사이언스연구소 사장인 키타노 히로아키北野宏明, 미국측 대표는 텍사스대학 컴퓨터사이언스학부 교수인 피터 스톤이 맡았다.

소니AI의 목표는 인류의 상상력과 창조력을 확장하는 AI를 만들어 내는 것이다. 창조와 기술로 세계를 감동시킨다는 소니의 꿈 실현에 AI를 적극 활용한다는 것이다. AI가 가장 잘하는 분야는 100년 걸리는 계산을 단 1초도 걸리지 않는 시간에 해치운다는 사실이다.

2020년 7월 리버풀 대학 연구팀이 개발한 모바일 로봇 화학자는 화학 실험을 자율적으로 수행하는 연구 로봇이다. 인간이 수행하는 데 몇 달이 걸리는 것을 AI 로봇은 스스로 화학실험을 해 적절한 화합물을 8일 만에 찾아냈다.

이 로봇의 무게는 400kg, 높이 1.75m, 상단에 부착 된 그리퍼와 로봇 팔이 장착됐다. 배터리 충전 시간에만 중지되며 매일 21.5시간 작동한다. 로봇은 고체 계량, 액체 분배, 용기에서 공기를 제거하고 촉매 반응을 수행하고 반응체/제품을 정량화하는 등 다양한 실험 작업을 독립적으로 수행했다.

로봇은 8일 동안 192시간 중 172시간을 작동하여 688개의 실험을 수행했다. 로봇은 이전 실험 결과를 토대로 9억8,100만 개 이상의 실험 후보에 놓고 최적의 실험을 결정했다. 로봇은 인간이 실험하는 것보다 실수가 적다. 특히 코로나 사태에도 로봇은 실험을 계속 수행했다.

통상 사람은 하루 24시간 실험을 할 수 없으며 실험 사이에는 식사와 휴식이 필요하다. 그러나, 이 로봇은 이런 조건을 모두 뛰어넘는 실험 능력을 발휘했다. 로봇은 8일 동안 688건의 실험에서 수소를 생산해내는 새로운 광촉매를 식별했다. 연구 결과는 2020년 7월 8일 네이처지에 게재되었다. 연구팀은 로봇이 찾아낸 광촉매를 사용하여 물에서 효율적으로 수소를 추출하는데 성공했다. 무려 6배 이상의 수소생산이 가능한 광촉매 혼합물을 찾았다. 사람보다 거의 1000배나 빠른 실험을 수행했다.

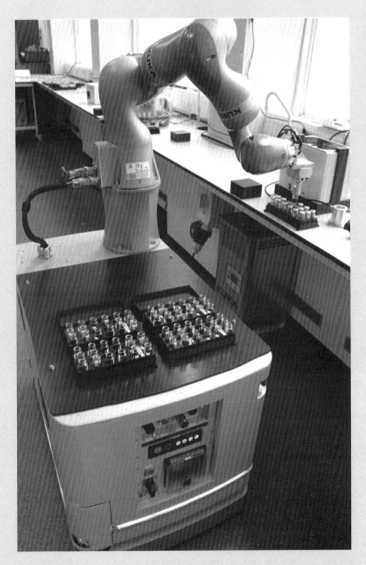

수소생산 광촉매를 찾는 실험을 하는 AI로봇

삶의 방식을 결정해 주는 AI

◆ ◆ ◆

AI와 데이터는 함께 발전할 것이다. AI가 첨단 현대사회의 중심으로 자리잡은 가장 큰 배경에는 방대한 데이터의 수집과 가공이 가능했기 때문이다. 지금 이 순간에도 구글이나 페이스북 등 빅테크 기업들은 사용자의 수많은 데이터를 규칙적으로 매집해 비즈니스에 최적화하고 있다. 고객에 대한 방대한 데이터를 토대로 "장래에 어떤 병에 걸릴 것 같은가"라든가 등은 알토란 같은 정보이다. 이런 친소비자 정보 뭉치를 통해 기업들은 "어떤 분야에 돈이 모일까" 등 매우 전문적이고 깊숙한 정보를 확보해나간다. 거대 정보기술 기업들은 친구나 부모, 파트너보다도 더 당신에 관한 비밀스런 지식을 갖게 될 것이다.

AI라는 기계는 친구, 부모님, 파트너 등 누구보다도 정확하게 고객의 취향을 예측하고 미래 앓을 수도 있는 병도 예측할 수 있다. 2020년 무렵 메타(페이스북)는 수면과 신체활동량, 심박수 등을 바탕으로 유저의 우울증 여부를 진단하는 앱을 출시했다. 뿐만 아니라 스마트폰이나 스마트 워치 등에서 얻을 수 있는 정보를 기초로 개개인의 신체나 정신 상태를 계측·판단할 수 있다. 이를 디지털 피노타이핑Digital phenotying 이라고 한다.

AI는 1980년대부터 상업적으로 활용되기 시작했다. 당시엔 방대한 계산기 수준을 넘어서지 못했고, 기술적 한계에 부닥쳐 한동안 정체기를 맞았다. 본격적으로 AI 중흥기가 도래한 것은 21세기부터다. 이는 같은 시기 발달한 인터넷과 아울러 빅데이터 기술의 확산, 특히 나노급 고성능 반도체가 개발되면서 AI의 꽃피는 시대가 도래하고 있다. 전세계 유저들은 초고속 검색 엔진 등을 통해 방대한 정보를 수집할 수 있게 됐고, 빅데이터도 활발하게 활용되었다.

AI 발달의 가장 중요한 것은 인공신경망이다. AI에 대한 연구개발의 시작은 애초 인간 지능을 닮고자 하는 관심에서 출발했다. 이를 통해 더욱 신경과학과 뇌의 정보처리 방식을 연구하기 시작했다. 인간 지능 활동의 원리는 뉴런으로 이뤄진 뇌신경 연결망에 있다. 뇌세포를 연결하는 뉴런으로 이뤄진 뇌 신경망을 본뜬 것이 AI의 인공신경망이다. 다시 말해 인간 두뇌의 구조와 활동을 분석해 만든 정보 처리 알고리즘이 바로 AI의 작동원리인 것이다. 인간 뇌 구조와 유사한 인공신경망 알고리즘이 최초로 등장한 시기는 1943년이다. 당시 뉴런은 '전부 아니면 전무'All-or-Nothing의 과정 속에 움직인다는 점 등 인간 뇌 신경망의 행동 양식을 처음 밝혀냈다. All or Nothing이라는 신경 활동의 명제는 'Yes or No'라는 컴퓨터 알고리즘의 구조와 유사하다. 1958년 신경생물학자 프랭크 로젠블랫은 수많은 뉴런의 연결 구조를 발견했다. 개개의 뉴런은 윗 단계 뉴런에게서 받은 신호를 아래층에 연결된 뉴런들에게 넘겨주는 식의 구조였다. 마치 AI 각 층에 설정된 알고리즘 (함수)들이 각각 신경망 역할을 하는 것과 같다.

디지털 피노타이핑

AI 발전의 요인 중 하나는 방대한 데이터를 수집하고 분석해 비즈니스에 최적화하는 기술 이 발전하기 때문이다. 유저들에게서 획득한 방대한 데이터를 통해 '장래에 어떤 직업이 가능한가. 또는 어떤 병에 걸릴 것 같은가' 등의 정보는 비즈니스를 창출한다.

기업들은 미래 성장산업을 미리 예측할 수 있을 것이다. 지난 2020년 캘리포니아 대학과 애플이 합작해 'Apple Watch'를 만들어 냈다. 수면시간이나 신체 활동량, 심박수 등을 기초로 사용자가 우울증을 앓고 있는지 아닌지 판별할 수 있다. 이런 수준은 기초적 AI 기술이다. 스마트폰이나 스마트 워치 등에서 얻을 수 있는 정보를 기초로 개인의 신체나 정신 상태를 계측·판단하는 것이다. 이렇게 해서 등장한 것이 디지털 피노타이핑Digital phenotyping이다. 개인 데이터를 토대로 개인의 특징을 정량화해 건

복잡한 인간 심리를 과연 로봇이나 AI가 가질 수 있을까.

강 등에 적용하는 유형이다. 스마트폰은 광범위한 개인 정보를 얻을 수 있는 정보의 원천다. 스마트폰에서 수집 가능한 풍부한 데이터를 고려할 때 스마트폰은 디지털 피노타이핑에 적합하다. 스마트폰 데이터는 행동 패턴, 사회적 상호 작용, 신체적 이동성, 운동량 및 음성을 연구하는 데 아주 유용하다.

스마트폰에 쌓인 각종 데이터를 사용하면 정신의학, 노화, 우울증 등 질병 유형과 관련된 세분화된 건강 관련 정보를 얻을 수 있다. 스마트폰의 쓰임새는 다양하다. 공간 위치를 모니터링하기 위한 GPS 데이터, 움직임과 운동량을 기록하는 데이터, 다른 사람들과의 사회적 참여를 기록하는 통화 및 메시징 로그 등 실로 다양하다. 이런 것도 있다. 연인이 자신을 연모하는지 아닌지 등을 AI이 답변해준다면 연애에 걸리는 시간과 노력을 줄일 수 있지 않을까. AI는 상대방의 동공의 크기나 과거 연애 상대의 유형을 바탕으로 데이터를 작성해 사용자에게 보여줄 수 있다.

'나'보다 나를 더 잘아는
인공지능

◆ ◆ ◆

AI 용도가 확장하고 진보를 거듭하고 있는 결정적 요인은 방대한 데이터와 데이터 가공 기술의 발전에 있다고 설명했다. AI 초입 단계인 현 시대에 데이터가 과연 어떤 역할을 하고 있는가. 구체적으로 일상 사례를 들어본다. 이를 테면 점심 먹으러 갈 때이다. 현재는 스마트폰을 통해 "맛있다는 평판을 얻는 음식점인지 아닌지", "가까이에 있는지 아닌지" 등을 결정하고 있다.

그러나, AI가 내재된 스마트폰은 다르다. 칼로리와 영양 균형을 바탕으로 당신에게 레스토랑을 제안한다. AI은 당신에 관한 방대한 데이터를 갖고 있으므로 맞춤형 메뉴를 추천할 것이다. "주인님은 이번 주에 고기 요리를 너무 많이 드셔서 비타민이 부족하기 때문에 샐러드 위주의 가게를 제안합니다."

여름 휴가철엔 이런 것도 가능하다. 과거의 여행지와 당시 추억을 바탕으로 올 여름 최고의 여행지를 제안하는 것이다. AI는 머지않아 인간의 모든 희망사항을 들어주는 신이 내린 신녀와 같은 존재가 될 지도 모른다. 일상사에서 AI의 판단을 더 신뢰하게 될 가능성은 충분히 있다. 당신의 능력, 특성, 습관, 잘하는 분야에 대한 방대한 데이터를 갖고 있는 인공지능이기 때문이다. "대학에서 무엇을 배울 것인가", "어느 회사에 취업 것인가", "누구와 결혼하면 더 행복할까"등에 대한 답변도 들을 수 있다, 인생을 크게 좌우하는 선택에 대해 AI는 당신과 사회에 관한 방대한 데이터를 기초로 제안하게 될 것이다.

오늘날 이 세계는 마치 디스토피아(역유토피아, 공상의 암흑 세계를 그림으로써 현실 세계를 비판하는 문학, 조지 오웰 작 '1984년' 등) 세계로만 생각되어 질 수 있다.

하지만, 수십년 후에는 이런 시대가 올 가능성이 더 높다. 이를테면 즉 "내 머리로 판단하는 것보다, '나'를 훨씬 깊게 알고 있는 AI에 판단을 맡기는 것이 좋다"는 등이다. 누구보다도 신뢰할 수 있는 인생의 동반자가 되는 것이다. 그러면 사람은 AI의 지시에 따르게 될 것이다. 유발 하라리는 이를 두고 "인공지능이 곧 군주(군림하는 자)로 변한다"라고도 표현한다.

사람들은 이러한 미래를 두려워하기도 한다. '나보다 나를 더 깊이 아는 인공지능'에게 구원을 찾는 사람도 나타날 것이 틀림없다. 예를 들면, 인생이 너무 힘들어 스스로 목숨을 끊을 사람이 있다고 치자. 주인을 깊이 아는 AI는 가상현실을 통해 돌아가신 할

머니의 모습을 나타내고, 상냥한 말을 건네는 것으로 자살 시도를 멈추게 할 지도 모를 일이다.

"나에게는 아무런 재능이 없다"라고 괴로워하고 있는 젊은이에게, 방대한 데이터를 기초로 AI는 그 사람의 재능을 살릴 수 있는 직업을 제안할 수 있다. 자신도 몰랐던 재능을 발휘함으로써 인생이 충실하고 사회에 공헌할 수 있다면 이보다 더 좋은 방향은 없을 것이다. 나를 나보다 더 깊이 아는 AI를 제대로 이용한다면 인류는 지금보다 훨씬 행복해질 수 있다.

그렇다면, AI는 결코 인간이 순종해야 할 군주가 아니다. 더 나은 미래의 가능성을 제시해 주지만, 사람은 스스로 그 제안을 거부할 수 있다. AI가 인류에게 희망의 존재가 될 것인지, '절망의 왕'이 될 것인지는 인간 손에 달려 있는 셈이다.

오컴의 면도날

AI가 가속도적으로 발전하는 요즘 인류는 과학과 어떻게 조우해야 하는가. 한 예를 들어본다. 14세기 중엽 영국의 작은 마을 오컴Ockham에서 출생한 신부이자 논리학자 윌리엄 오컴William of Ockham은 '오컴의 면도날'로 유명해졌다. 흔히 경제성의 원칙Principle of economy으로 불린다. 오컴의 면도날이란, 어떤 현상을 설명할 때 불필요한 가정을 할 필요가 없다는 말이다. 현대적 의미로 설명하면, '같은 현상을 설명하는 두 개의 주장이 있다면, 간단한 쪽을 선택하라'는 말이다. 두 가지 사유를 면도날로 단칼에 도려내고 '생각 하나'에 집중하라는 의미다. 여기서 면도날은 필요하지 않은 생각 하나, 즉 가설을 잘라내 버린다는 의미에서 빗댄 것이다. 단순한 현상을 가지고 편집증적으로 해석하면 정신 건강과 삶을 피폐하게 만든다. 코이케 류노스케의 '생각 버리기 연습'에서도 이와 같은 불필요한 생각들로 자신을 괴롭히는 현대인들에게 단순하게 생각할 것을 권고한다.

앞서 오컴의 면도날은 '어떤 일을 설명하기 위해서는 필요 이상으로 많은 것을 가정해서는 안 된다'는 것을 비유한 사례이다. 가능한 한 적은 원리로 자연계를 설명하자는 가치관으로 연결된다.

AI의 발전 속도는 그야말로 놀라운 수준이다. 10년 전까지만 하더라도 AI를 통해 어떤 프로그램을 작성했다고 하면 수준 떨어진다고 폄하했다. 하지만, 이제 AI의 지능 수준이 인간 수준 정도로 올라왔다고 봐도 좋을 것이다. 특정 영역에서는 오히려 인간보다 더 좋은 능력을 보여주고 있다. 과거에는 AI에게 바둑을 질 수야 없다라고 생각한 사람이 많았다. 이제는 알파고와 바둑 대결에서 이길 사람은 사실상 없을 것이다. 이렇게 AI가 점점 똑똑해짐에 따라 AI의 사고 과정이 궁금하다. AI는 과연 어떤 근거와 기준에 의해 판단하고 결정하는가.

AI의 답은
가장 높은 확률의 값

 여기서 말하는 근거와 기준이란 알고리즘 이야기가 아니다. 무지막지하게 복잡한 연산 메커니즘을 가리킨다. 이 메커니즘을 통해 AI는 각종 어려운 연산을 풀어나간다. 문제는 인간이 이해하는 수준에서 AI의 의사결정의 근거와 기준을 알 수 있을까에 있다.

 예를 들어, 바둑을 둘 때 인간은 하나하나 경우의 수를 생각하며 둔다. 이세돌이 하나의 수를 둘지라도 그 근거가 있다. 상대의 길을 막던가 본인의 영역을 확고히 하고자 하는 이유가 있다. 그럼 알파고는 어떻게 결정할까. 바둑을 둘 때도 한 수 한 수에 모두 근거가 있는가. 다시 말해 AI는 어떤 근거로 각각의 상황 판단을 하고 의사결정을 하는가.

 아직까지 AI는 어떤 근거로 특정한 판단을 하고 있는지 딱히 설명하는 텍스트가 존재하지 않는다. 알파고를 구성하는 첨단 반도체 세트를 만드는 삼성전자 기술진은 알까? 아니다. 그들은 반도체 회로만 구성할 줄 알지, 어떤 경로로 연산하는지 등은 다른 차원의 문제이다. 인간으로 치면 말하자면 사고방식이다. 철학적으로 말한다면 '사유 방식'에 비유할 수 있다.

사람이 이해하는 정도로 AI의 사고방식을 그대로 알아내는 것 자체가 아직 불가능하다. 이것을 AI 업계에서는 블랙박스Black Box라고 한다. 블랙박스라는 이름이 붙여지게 된 것은 다른 이유가 특별히 있는 것은 아니다. AI가 어떻게 사고하고 판단하는지 베일에 가려져있다는 의미에서 붙혀졌다. 그래서 이미 앞에서 설명했지만 XAI, 즉 설명가능한 AI 개념이 도출된다.최근 개발된 AI는 거의 대부분이 딥러닝Deep Learning 방식을 이용하고 있다. 딥러닝의 가장 큰 특징은 입력 값과 출력 값을 넣으면 컴퓨터가 스스로 학습한다는 것이다. 통상 알려진 사실은 AI는 경우의 수를 따라 움직인다는 것이다. 수학적 용어는 확률이다. 우선 수 많은 계산을 해야 한다. 사람의 능력으로는 거의 불가능에 가깝다. 따라서 딥러닝 알고리즘을 직접 만든 사람이라고 할지라도 AI가 어떤 근거로 사고하는지 거의 알 수 없다. 엄청나게 복잡한 수학 연산이 일어나고 그 연산이 어떠한 방향으로 흐를지 정도는 AI개발자가 관여하지만 단지 그 뿐이다. "개 눈이 귀엽고 털이 많으며, 고양이는 깜찍하다. 이건 고양이가 아닌 개 사진이군"이라는 직접적 판단 과정은 알 수 없다. 잘 알려진 사실이지만, AI는 이미지와 텍스트를 포함한 정보를 숫자로 환산해 해독한다. 복잡한 숫자 뭉치의 조합으로 사진을 읽어내고, 수학 연산으로 결과를 내뱉는다.

AI는 모든 연산을 숫자로 진행한다. 연산 방식을 알아내면 인공지능의 사고방식을 알 수 있지 않을까. 하지만, 이는 확률적 통계이다. AI가 엄청난 연산 과정, 즉 숫자를 지지고 볶아 최종 값을 산출하는 것은 확률의 값이다. 이 결과 값은 정확한 답이 아니다. 다시 말하면, 숫자 조합과 연산에서 정확한 무언가를 도출하는 것은 사실상 불가능하다. 확인 가능한 것은 확률이다. AI는 연산을 통해 정답일 확률이 높은 경우의 값을 내는 정도이다. 구글 알파고를 예로 들면 "이 자리에 돌을 놓는 것이 바둑 시합에서 이길 확률이 높다는 정도로 해석할 수 있다.

무언가가 일어나는 검은 상자, 즉 블랙박스 현상을 해결하는 것, 즉 XAI 개발 역시 AI 연구자들이 집중하는 영역이다. 딥러닝 기술을 이용한 AI는 강력한 능력을 갖고 있다. 사람의 힘으로 수년이나 걸릴법한 엄청난 수학적 연산을 단 1초에 해결한다. 그러나, 그 과정은 아직 인간의 힘으로 알 수 있는 단계는 아닌 것이다. 이런 블랙박스 문제를 해결하고자 인공지능 연구자들은 연구에 매진하고 있다. 그 중 하나가 XAI[Explainable AI]이다. 설명 가능한 인공지능이다. 말 그대로 인공지능의 사고방식을 인간이 해명하려는 연구분야이다. 전체적으로 보면, 이미지 분야에서는 대단한 진보가 이뤄지고 있다. 딥러닝에 이용되는 데이터의 종류를 정형(숫자), 텍스트, 이미지로 구분한다면, 이미지 데이터에서 XAI 발전이 많이 이뤄져 있다. 이미지 데이터의 경우 데이터 자체 시각적 효과가 크다. 물론, 숫자 데이터에서도 어떤 변수가 AI 의사 결정 과정에 가장 영향을 미치는지도 활발한 연구가 진행중이다.

데이터 과학과 AI 분야에서 크게 두가지로 구분할 수 있다. 첫 째는 기술적인 분야다. 어떻게 하면 딥러닝 모델에 더 좋은 알고 리즘을 탑재할 수 있느냐 여부이다. 그래야 딥러닝 모델이 정확도 를 높일 수 있기 때문이다. 둘째는 활용 분야인데 비즈니스와 연 결된다. 이미 도출한 데이터 분석 결과 혹은 AI 모델을 어떤 방식 으로 활용하느냐는 것이다. 한편, XAI 연구에 부정적인 반응을 보 이는 부류도 있다. 설명 가능한 AI연구에 필요성을 못 느끼는 경 우다. 구태여 AI 판단 과정을 사람이 알 필요가 있을까 하는 문제 이다. 그보다도 AI의 정확도를 높이는게 더 효과적이라는 지적이 다. XAI가 보다 핵심이라는 반론도 만만찮다. 아무리 인공지능의 정확도를 높인다 한들 불안함은 상존할 것이다. 가령 국가적 대사 나 국민에 중대한 영향을 미치는 중대한 프로젝트를 AI의 결정에 맡긴다면, 그 판단 근거나 준거가 중요할 수 밖에 없다. 아직 그럴 일은 없을지라도 향후 분명 그럴 때가 올 것이다. AI가 어떻게 데 이터를 받아들이고 해석해서 판단을 내려 결론에 이르렀는지는 매우 중요하다. 특히, 기업들 입장에서는 핵심적으로 중요하다. 기업 사활이 걸린 진로 결정의 경우, AI 의사 결정 과정을 모르고 선 설명할 수 없다면 AI 시스템 도입을 망설이게 될 것이다. 말하 자면, 기업공개로 투자를 받아야 하는 기업 입장에서 타인, 즉 어 떻게 투자자를 설득하느냐 문제는 매우 중요하다.

AI 블랙박스가
유리박스로 변신할까

◆ ◆ ◆

구글이 만든 알파고-이세돌 대국에서 특이한 점이 있다. 그 누구도 알파고의 포석과 행마를 이해할 수 없었다는 점이다. 해설하는 프로기사들도 연신 "도무지 알 수 없는 알파고의 수"라고 반복했다. 알파고를 만든 딥마인드의 개발자도, 대신 돌을 놓은 기사(아자 황)도 알파고의 행위를 설명할 수 없었다. 이해도, 설명도 할 수 없지만 알파고의 수는 대적 불가능한 한 수 한 수를 이어갔다. 작동원리를 알 수 없지만 뛰어난 효율성을 지닌 AI를 인간은 어떻게 받아들여야 하는가?

효율 개선이 필요한 많은 분야에 적용해 비약적 성취를 얻을 것인가, 아니면 작동 방법을 알아 통제하기 전까지는 신뢰를 접어야 하는가.

향후 '설명가능한 인공지능', XAI 개발이 인공지능 연구의 핵심

분야가 될 것이다. AI 연구의 첨단을 달리는 미국 팬타곤 방위고등연구계획국^{DARPA}은 2017년부터 XAI연구에 뛰어들었다. 울산과학기술원^{UNIST}도 XAI 연구에 착수한지 꽤 되었다.

지금까지 컴퓨터는 인간이 설계한 방식대로 작동해왔다. 따라서 기계가 스스로 출력 값의 도출 과정에 대해 설명할 필요가 없었다. 그러나, 인공지능은 다르다. 이른바 머신러닝은 인간 뇌 구조를 모방한 인공신경망 방식의 딥러닝을 통해 뛰어난 성과를 내고 있다. 하지만, 이로 인해 인공지능은 블랙박스가 되었다. 딥러닝, 즉 인공신경망 메커니즘은 서로 복잡하게 연결된 수백개의 계층에서 수백만 개의 매개변수들이 상호작용하는 구조이다. 이는 사람이 인지하는 게 불가능하다. AI가 도출하는 결과와 그 효율성은 탁월해졌지만 알고리즘은 더 불투명해지고 인간 인지 영역을 넘어서고 있다.

인과관계를 설명하지 못한 상태에서 결과에 의존할 때 오류가 발생해도 규명하기 어렵다. 자본 투자, 의학적 판단, 군사적 결정에서 AI가 아무리 효율적이라고 해도, 판단의 근거를 설명할 수 없다면 실제로 현실에 적용되기는 쉽지 않다. 미 국방부 DARPA가 XAI를 핵심연구과제로 삼은 배경은 이것이다. 근거는 모르지만 결과는 좋다. 그렇지만 현실에 적용할 수는 없는 딜레마기 생길 것이다. 아이비엠^{IBM}의 최고경영자 지니 로메티는 2018년 다보스 세계경제포럼에서 "기업은 AI 알고리즘의 결정이 어떻게 도출됐는지 설명해야 할 의무가 있다. 그렇게 할 수 없는 기업이라면 퇴출되어야 한다"고 했다. AI의 한계를 지적한 말이다.

AI가 고양이 사진을 식별할 때 고양이라는 결과만 제시하던 시대는 지났다. '설명가능 인공지능' XAI는 털·귀·수염 등 판단의 근거를 제시해 인간이 이해할 수 있도록 인터페이스를 창출해야 한다. 사람이 이해하기 위해서는 인간의 언어와 논리로 추상화하고 재구성해야 한다.

한 가지 대안은 있다. 미 국방부 DARPA 인공지능 프로젝트 책임자 데이비드 거닝은 "인공신경망 안의 개념에 라벨을 붙이는 법을 찾는게 열쇠"라고 말한다. 인공신경망 내부에서 자체 대화가 가능하도록 해서 AI 내부에서 무슨 일이 일어나고 있는지 스스로 말하게 만드는 것이다.

AI가 블랙박스가 아닌 설명 가능한 모델이 된다면, 그간 판단과 결정 근거가 부족해 사용될 수 없던 영역에 투입될 수 있다. 흑인을 고릴라로 분류하는 얼굴 인식이나 '의사는 남자, 간호사는 여자'로 번역하는 AI의 차별도 탐지와 교정이 가능해진다. 울산과기원 연구센터도 시각과 의료 분야에서 XAI 개발에 맞추고 결과물 산출을 목표로 하고 있다. 또 하나 AI는 만능이 될 수 없다. 설명 가능한 XAI만으로 충분하지 않다. 인간의 판단은 공정성·첫 인상 등 다른 가치에 의해서도 내려진다. 이를테면, 알아듣기 좋은 설명은 사람들이 동의하기 쉽다. 이같은 사회구조적 성격 때문에 AI가 처리하는 것은 한계가 있다. 기계적으로 투명성과 설명이 주어진다고 해서 인공지능의 문제가 해결되는 것은 아니다.

머신러닝ML과
딥러닝DL의 능력

　지금까지 AI의 일처리 방식은 인간이 구성한 알고리즘에 따랐다. 데이터를 인풋input하면 지정된 알고리즘을 거쳐 결과가 아웃풋output하는 식이다. 일일이 하라는 대로만 하는 것이다. 그러나, 머신러닝ML은 AI에게 구체적인 지침을 짜주지 않는다. 데이터 뭉치를 인풋하면 AI가 스스로 학습해 작업한다. 그러면서 AI가 학습을 통해 분별하길 원하는 정보의 특성에 색인을 붙여indexing 제공한다. 예를 들어 AI에게 강아지를 파악하는 능력을 길러주고 싶다면, 인간이 할 일은 '이런 게 강아지야' 하고 강아지 사진들을 데이터로 입력한다. 그러면 AI는 강아지로 색인된 정보들을 학습해 이후 스스로 강아지를 판별할 지능을 갖춘다.

　머신러닝ML이 대상의 특성을 색인으로 지정한 데이터를 제공해 가르치는 방식이었다면, 딥러닝DL은 '자습'이다. 딥러닝은 사람이 데이터를 집어넣는 것 밖에는 할 게 없다. 그냥 때려부어넣으면 된다. 다만 정제된 최적화된 데이터여야 한다. 그러면 AI는 정보 뭉치를 분석하고 해석해 스스로 걸러내고 자습하면서 분류해낸다. 인간 두뇌의 신경망을 모방한 인공신경망이 이런 작업을 해내기 때문이다.

중요한 것은 AI 스스로 어떤 대상을 분류해내려면 과거 컴퓨터와 비교할 수 없을 정도로 막대한 양의 데이터가 필요하다. 이를 연산해 낼 기술적 하드웨어 역시 뒷받침돼야 한다. 21세기 AI의 중흥기가 도래한 이유도 딥러닝이 요구하는 빅데이터와 하드웨어, 즉 고성능 반도체를 장착한 AI 모델이 가능하기 때문이다. 딥러닝 기술은 탁월하다. 복잡한 비선형 관계에서 특징, 즉 패턴을 뽑아내는데 탁월하다. 기존 머신러닝ML에 비해 편의성과 적용 분야에서 비교 불가의 기능이다. 정제된 빅데이터라는 양분과 엄청난 하드웨어 능력으로 AI는 능력을 키우고 있다.

많은 사람들이 AI를 생각하면 로봇 형태로 구현된 것을 떠올리지만 꼭 'AI = 로봇'은 아니다. AI 자체는 데이터를 처리하는 소프트웨어이다. 로봇은 AI를 장착한 기계이며 하드웨어다. AI는 능력의 적용 분야, 효율, 깊이 등을 기준으로 전문인공지능 = 약인공지능ANI, 일반인공지능 = 강인공지능(범용 인공지능AGI), 초인공지능ASI으로 나뉜다. 약 → 강 → 초 순으로 발전한다. 현재 우리 삶에 친숙한 AI는 모두 약인공지능으로 분류된다.

AI는 지능화 · 자동화 수준에 따라 2가지 즉, 약AI와 강AI로, 또는 세 가지로 분류한다. AGI는 초기의 AI 학자들이 추구한 '인간의 지능을 완벽하게 모방한 AI'다. '약 AI'는 인간을 돕는 도구로 설계 구현된 특화된 AI를 가리킨다.

ANI Artificial Narrow Intelligence, 전문인공지능는 특정 문제해결에 특화된 AI를, AGI Artificial General Intelligence, 일반인공지능는 모든 영역에서 인간 수준인 AI를, ASI Artificial Super Intelligence, 초인공지능는 인류 전체의 지능을 초월하는 AI를 각각 가리킨다.

일상에서 경험하는 AI는 대부분 1980년대 이후 발전된 머신러닝ML이나, 2010년대 이후 발전된 딥러닝DL을 활용한 ANI에 속한다. 머신러닝ML은 사전에 많은 데이터를 통해 학습한 알고리즘에 따라 주어진 문제를 풀어서 최적 솔루션을 제시해 준다. 머신러닝ML 적용 사례로 자동차에 내장된 첨단운전자보조시스템ADAS: Advanced Driver Assistance System, 스팸 메일을 걸러주는 필터 기능, 온라인 쇼핑의 상품 추천 기능, 문장 · 언어 번역기, 인터넷 검색엔진, 질병진단 프로그램(IBM 왓슨), 바둑 프로그램(예: 딥마인드의 알파고), 자동응답을 해 주는 챗봇chatbot, 무인매장(아마존고) 등이 있다.

딥러닝은 인간보다 더 정확하게 음성이나 문자, 이미지 등을 인식하고 음악 작곡이나 미술품 창작 같은 작업에 활용된다. 프랑스의 오비어스 연구팀이 AI를 이용해서 그린 그림(에드몽 벨라미의 초상)이 2018년 10월 뉴욕 크리스티 경매에서 약 5억원에 판매된 건 딥러닝이 적용 된 사례이다.

- **전문인공지능**ANI, Artificial Narrow Intelligence **= 약 인공지능**

어떤 특정 분야나 과정에 특화된 AI다. 용도에 맞게 자율성을 띠는 모든 기계에는 약인공지능이 탑재된다. 구글의 알파고 역시 바둑만 둘 줄 아는 약인공지능이다. 자율주행 자동차, 아이폰 Siri, 각종 검색 및 번역 프로그램, 음악·영화·상품 등 각종 추천 알고리즘, 유튜브 등이다.

- **일반인공지능**AGI, Artificial General Intelligence **= 강 인공지능**

인공일반지능을 강한 AI, 또는 완전 AI로도 불리며 모든 '일반 지능적 행동'을 실행하는 범용 능력이다. 인간 수준의 AI를 가리킨다. 경험 속에서 스스로 학습하는 능력, 바로 딥러닝이다. 심리, 사고 능력, 계획 능력, 문제 해결력을 갖게 된다. 예술이나 이론 같은 고급 이해력을 수행할 수 있다. 강인공지능 출현 시기를 대략 2040~2050년 안팎으로 내다보고 있지만, 지금같은 개발 속도라면 훨씬 빨라질 것이다.

- **초인공지능**ASI, Artificial Super Intelligence **= 강 인공지능**

인간을 초월하는 수준의 학습을 이룬 AI다. 종래인간이 축적했던 지식을 빠르게 익히고, 이를 조합해 새로운 지식 역시 빠른 속도로 만들어낸다. 미래학자인 레이 커즈와일은 싱귤래리티(기술적 특이점)에 도달할 것이라고 했다. 초인공지능이 출현하는 시점을 가리킨다. 2040년경 AI 기술이 특이점tipping point에 도달해 초인공지능이 출현한다고 예측한다. 인간의 이해를 벗어나고 이전 삶과는 판이한 변화를 맞이한다고 예측한다. 새로운 인간형이나 미래 인간 개념이 등장한다.

포스트휴먼

포스트휴먼은 AI와 과학기술의 발전으로 새롭게 맞이할 미래의 인간을 가리킨다. 기술과의 필연적 결합으로 인간의 모습과 삶은 이전과 확실한 구분을 맞는다. 또한, 이를 바탕으로 새로운 인간 개념을 정의해야 한다. AI 첨단 기술을 통해 성능이 향상된 인간을 가리킨다.

포스트휴먼에서 상상하는 것은 크게 두 가지다. 인간이 지닌 질병이나 수명, 신체 취약성 등을 극복한 인간 이상의 존재가 되는 것. 그리고 기술적으로 고도로 발전해 인간과 구별하기 힘든 AI 인간이라는 것이다. 로보캅, 아이언맨 등의 영화가 전자라면, 엑스 마키나, her 같은 영화가 후자를 설정한 영화로 구분할 수 있다.

AGI와 ASI가 언제 탄생할까?

◆ ◆ ◆

커즈와일은 AGI나 ASI 등장 시기를 각각 2029년, 2045년으로 예측한다. 2012년부터 구글에서 AI 연구를 하고 있는 커즈와일의 예측의 근거는 이런 것이다. 예측은 컴퓨팅 기능의 급속한 발전과 바이오/나노기술BT/NT의 융합에 의한 시너지 효과에 근거를 두고 있다. 최근 '2029 기계가 멈추는 날Rebooting AI: Building Artificial Intelligence We Can Trust'이 출간됐다. 이 책은 쓴 저명 인지과학자인 MIT 출신의 케리 마커스Gary Marcus와 인공지능 전문가 어니스트 데이비스Ernest Davis는 AI를 과대 포장하지 말라고 지적한다. 저자들은 AI가 마치 현대 사회의 만병통치약이며 미래의 유일한 성장동력이라고 떠드는 미래학자와 언론들을 비판했다. 미래학자들이 거론하는 '싱귤래리티'는 닥치지 않을 것이며, AI가 생명지능(인간 지능)을 추월하는 특이점은 그 보다 더 오랜 시간이 걸린다는 것이다.

"1억대 판매된 아마존의 알렉사는 정말 믿을 수 있는 비서인가, 구글의 자율주행차는 왜 아직 인간 없이 달리지 못하는가. IBM의 왓슨은 왜 의과대 1년 차보다 진단능력이 무능한가."

 딥러닝 기반의 AI일지라도 아직 보통 인간이 갖고 있는 지능을 가질 순 없다. 다시 말해 '상식과 추론common sense and inferential reasoning'의 영역에서 한계에 직면했다는 점이다. 인간사회는 개방적open system이기에 '심화 이해'가 절대 필요하다. 인간 내면의 심층을 이해할 수 있는 그 지점이 특이점으로 가는 과정에서 가장 중요하다. 사물 인터넷으로 수집된 빅데이터의 양이 충분할지라도, 또한 딥러닝으로 구축된 알고리즘이 정교하고 고난도 일지라도 인간처럼 판단할 수 없다는 것이다. 다시 말해 인간이 갖는 복잡하고 때로는 패턴에서 벗어나는 비이성적이고, 감정적이고 충동적인 행위에 대한 추론 능력을 완벽하게 갖추기란 어렵다는 것이다. "열 길 물속은 알아도 한 길 마음속은 모른다"라는 속담이 있다. 그만큼 인간의 마음을 관장하는 뇌와 내면 세계는 복잡하며 측정하기가 어렵다. 프로이트Sigmund Freud는 인간의 정신세계를 물위에 떠있는 빙산에 빗대어 설명했다. 즉 빙산처럼 10%의 의식과 물속에 가라 앉아 있는 90%의 무의식으로 이루어져 있다는 것이다.이런 견해도 있다. 미국의 저명한 철학자 대니얼 데닛Daniel Dennett은 저서 '의식의 수수께끼를 풀다Consciousness Explained'에서 인간 의식은 분명 지능과는 다른 차원이라고 설명했다.

특이점 논쟁

❖ ❖ ❖

　특이점이란 흔히 싱귤래리티로 불린다. 물리학의 경우 '특정 물리량들이 정의되지 않거나 무한대가 시작되는 공간'을 의미한다. 블랙홀이나 빅뱅 우주 이론에서는 최초 시작점을 일컫기도 한다. 스티븐 호킹Stephen Hawking과 엘리스G.F.R. Elllis와 같은 석학들은 현재의 물리학 지식이나 법칙들이 적용될 수 없는 시작점으로 정의한다. 한편, 데이터 기반의 정보사회학에서는 다르다. 즉 '인공지능이 비약적으로 발전해 인간의 지능을 뛰어넘는 순간'을 지칭한다.

　미국의 수학자 존 폰 노이먼H. v. Neumann과 버너 빈지Vernor Vinge, 그리고 영국의 과학자이자 수학자인 앨런 튜링Alan Turing 등이 이 개념을 발전시켰다. 노이먼은 컴퓨터 중앙처리장치 프로그램을 처음 고안한 사람이다. 최근 들어 논쟁에 불 붙힌 사람은 커즈와

일이다. 뇌공학자이자 구글의 인공지능 책임자였던 레이먼드 커즈와일Raymond Kurzweil의 저서 '특이점이 온다'The Singularity in Near 가 2005년 베스트셀러가 되면서 논쟁의 중심에 섰다.

커즈와일은 가까운 미래에 지능 기계, 즉 AI가 전 인류의 지능을 합친 것보다 더 강력해진다고 예측했다. 디지털 기술이 선형적인 발전을 하는 것이 아니라, 기하급수적 혁신을 계속한다는 전제를 달았다. 바로 '수확 가속의 법칙'The Law of Accelerating Returns이다. 결국 AI가 인류의 지능을 초월하는 특이점이 도래한다고 주장했다. 2029년 무렵이면 AI가 인간 지능을 앞서는 시점이라고 예측한다. 그 때가 되면 AI가 인간 수준의 지능을 갖게 될 것이며, 한편으로 인간 뇌의 생각 영역인 대뇌신피질neocortex에 마이크로 칩을 넣는 시점이 될 것이다. 이를 통해 사람의 뇌가 슈퍼컴이나 클라우드에 연결해 사람의 역량을 무한대로 확장시킬 수도 있다고 주장한다.

대부분 AI가 가져올 미래에 대한 두려운 주장들이다. 스티븐 호킹은 AI나 초지능Superintelligence이 머지않은 미래에 재앙으로 다가올 것이라고 경고했다. 엘론 머스크는 "AI는 원자폭탄보다 더 위험하며, AI 연구는 악마를 소환하는 일"이라며 AI에 대한 과도한 맹신을 비판한다.

커즈와일 또한 미래 AI 세상이 가져올 위험성을 언급한다. AI는 자신보다 더 우월한 또다른 AI를 스스로 만들어내기 시작할 수 있게 되면 인간은 더 이상 AI를 통제할 수 없는 시나리오가 가능하다고 했다. 불은 난방과 요리를 가능하게 하지만 집을 태울 수도 있다. 기술의 발전은 언제나 양날의 칼이라고 했다.

반면, 지금까지와는 다른 견해도 있다. 미래학자 제리 캐플런 Jerry Kaplan 스탠포드대 교수는 "인공지능은 인간의 능력을 초월하겠지만, 절대로 인간과 같은 사고방식으로, 생각하는 것은 불가능하다. 인간의 지능을 뛰어 넘는 '싱귤래리티'가 곧 올 것이라고 주장하는데 그럴리 없다"고 주장한다. 1세대 인공지능 연구자인 마빈 민스키 Marvin Minsky와 존 매커시 John McCarthy 등이 AI붐을 처음으로 일으킨 이후, 지금까지 AI에 대한 신화는 이어졌다. 현재 미 백악관의 '인공지능국가안보위원회NSCAI' 위원장인 에릭 슈미트 Eric Schmidt는 AI가 기후변화, 빈곤, 전쟁, 암과 같은 불치병도 해결해 줄 수 있을 것이라고 말했다.

생명과학 게임체인저의 탄생

10년 걸린 연구 3개월에 끝냈다. 무슨 말인가. 구글의 딥마인드는 2018년 알파폴드를 내놓았다. 단백질 구조를 규명하는 AI기반 소프트웨어이다. 알파폴드는 이미 입력된 데이터로 단백질 구조를 파악한다. 이 소프트웨어는 2020년 12월 단백질구조예측학술대회CASP에서 우승하기도 했다.

2021년 7월 알파폴드 소스코드(컴퓨터에 입력하면 프로그램을 완성할 수 있는 설계 파일)가 세상에 공개되자, 독일 막스플랑크 생물물리학 연구소는 이를 적용해 지난 10년이나 걸리던 연구를 단 3개월 만에 끝내, 단백질 구조를 규명했다.

인간 몸속 세포를 둘러싼 세포막에서는 통로가 있다. 세포핵 안팎을 이동하는 물질 흐름을 제어하는 영역이다. '핵막공복합체'라고 한다. 세포 외부에 있던 물질을 세포핵 안으로 이동시키거나 내부 물질을 배출하는 통로다. 평소 바이러스나 박테리아의 공격을 막는 중요한 역할을 하지만 핵막공복합체의 구조는 아직 완전히 밝혀지지 않았다. 이를 알파폴드가 일부 규명한 것이다.

단백질은 모든 생명현상에 관여하는 생체 분자로, 수백 개에서 수천 개의 아미노산 결합체이다. 그 구조에 따라 다양한 특성과 기능을 나타낸다. 20여 종의 아미노산이 복잡한 사슬 구조로 연결된 단백질은 사슬 구조가 꼬이고 얽히며 접히면서 3차원(3D) 입체 구조를 형성한다.

이를 통해 단백질 구조를 빠르게 알아낼 수 있다면, 사람의 생명현상은 물론 생체 내부 약물 작용이나 효능을 밝혀낼 수 있다.

과학자들은 지금까지 X선이나 극저온 전자현미경 등으로 10만여 종의 단백질 구조를 해독했지만, 아직 알려지지 않은 단백질은 수십억 종에 달한다고 한다. 그간 컴퓨터 모델을 이용해 3D 구조를 파악하는 연구도 이뤄졌지만 정확도와 신뢰도에서 신통치 않았다. 하지만, 알파폴드는 기존 실험을 통해 확인된 수십만 개의 단백질 구조와 아미노산 서열을 학습한 뒤, 미지의 단백질이 주어지면 '똑똑하게' 구조를 해독·예측한다고 한다.

구글의 딥마인드는 조만간 1억 개 이상 단백질 구조를 해독한 결과를 공개한다고 밝힌 바 있다. 현재 40만 명 이상의 연구자가 알파폴드의 데이터베이스를 활용한 다양한 연구를 진행했다. 알파폴드의 등장은 아예 생명공학의 판 자체를 바꾸고 있다. 최근 알파폴드는 구름 속에서 얼음을 만들어내는 박테리아의 단백질

알파폴드가 해독한 각종 단백질의 3D 구조. 다양한 단백질 구조를 통해 생명 현상에 관여하는 단백질 기능이 구현된다. (출처 : 딥마인드)

구조를 모델링하고 있다. 크리스틴 오렝고 영국 유니버시티칼리지런던UCL 컴퓨터생물학 교수는 알파폴드를 이용해 플라스틱을 먹어 치우는 새로운 효소를 찾아내는 연구를 진행 중이다. 플라스틱을 분해하는 효소가 어떻게 진화했는지, 또 분해 능력을 높이는 방안은 무엇인지에 대한 연구다. 만일 올해 안에 1억개의 단백질 구조를 해독해낸다면, 수십억 종에 달하는 지구상에 존재하는 단백질을 해독하는 일은 그리 어렵지않을 것이다.

알파폴드의 한계도 지적된다. 돌연변이 단백질의 해독은 아직 손도 못댄다는 점이다. 완전한 단백질 구조의 해독과 예측은 아직 어렵다. 이를 테면 암 발생 초기 단백질 구조를 파괴하는 다양한 돌연변이를 해독하기 어렵다는 점이다. 딥마인드는 따라서 알파폴드 알고리즘의 설계 변경을 구상하고 있다.

알파폴드가 새로운 돌연변이 단백질을 해독하고 예측할 수 있도록 보다 엎그레이드하는 것이다. 딥마인드는 알파폴드를 통해 앞으로 인체 내 전체 세포의 개별 단백질 분자 수준까지 모델링해 구현할 생각이다.

막스플랑크연구소 마틴 벡 소장은 "알파폴드는 게임체인저가 되고 있다"며 "생물학과 생명공학은 알파폴드가 소스코드를 공개한 2021년 7월 이전과 이후로 나뉠 것"이라고 말했다. AI의 진보는 단순한 과학분야의 발전만이 아니다. 거대한 역사적인 물줄기가 될 것이다. 수십년간 쌓아온 견고한 학문의 성 마저도 어느 순간 단숨에 무너질 수 있다는 메시지다. 아직은 여전히 AI시대의 초입이다. 지금은 딥러닝을 보다 쉽게 배울 수 있는 때이다.

CHAPTER. 8

인간과 유사한
예술 작품을
만들 수 있을까

인공지능의 의식 형성은
가능한가?

프랑스의 뇌 연구 권위자인 스타니슬라스 데하네Stanislas Dehaene*는 2017년 과학전문지 사이언스지에 '의식이란 무엇인가. 기계는 의식을 가질 수 있는가?' 제목의 논문을 발표했다. 데하네의 논문은 뇌 연구자들에게는 물론, AI 연구자들에게 상당한 영향을 미치고 있다. 그의 뇌 연구 실적은 한국에서도 '뇌의식의 탄생'이란 제목으로 번역되었다.

인간처럼 의식을 가진 AI, 즉 인간을 지배할지도 모를 '강인공지능AGI이 태어날 수 있을까 하는 것에 사람들은 두려움을 가지고 있다. 다소 섣부른 말이지만, 그럴 가능성은 매우 낮다고 데하네는 지적한다. AI가 인간과 유사한 의식을 가져야 가능할 것이

---

* 프랑스 인지신경촬영연구소SACLAY의 소장으로 프랑스를 대표하는 연구소인 '콜레주 드 프랑스 College de France'의 실험인지심리학 교수이다. 프랑스 학술원과 바티칸 과학원의 회원이다. 뇌 의식에 대한 저명한 연구를 진행해 온 인지신경 분야 전문이다.

다. 그런 단계에 도달하기에는 아직은 무리다. 아직 우리는 마음과 의식 형성에 대해 거의 무지에 가깝다. 사람이 알지 못하는 것을 AI에 대입할 수 없는 노릇이다. 현 단계에서 인간에만 존재하는 의식을 탐구하는 여정이 너무 어렵다. 이 분야는 아직 불모지로 남아 있다. 인간 뇌에서 과연 어떤 경로와 과정을 통해 마음이 형성되고 의식이 형성되는지 거의 알려져 있지 않다.

의식의 탐구를 위해 의식이 무엇인지 재정립할 필요가 있다. 위키백과에 따르면 의식은 '깨어 있는 상태에서 자기 자신이나 사물에 대해 인식하는 작용'이다. 또, '모든 정신 활동의 기초가 되는 중추신경계의 기능'으로, '타인에게는 경험할 수 없는, 그러나 체험자 자신은 직접 파악할 수 있으며 현재 느끼고 있는 경험이다. 다시 말해 사람은 누구나 깨어 있을 때 무엇인가를 항상 느끼고 생각하고 있으므로 이것을 총칭한다'고 되어 있다. 다만, 잠잘 때나 수술 시 마취 상태이면 의식이 없다. 보통 사람은 모든 지각을 의식하지도 못한다. 스스로 자신이 주의를 기울여 집중할 때만 의식한다. 1972년 노벨 생리-의학상을 받은 신경생물학자 제럴드 에델만Gerald Edelman은 "뇌는 하늘보다 넓다"는 저서에서 다음과 같이 말했다.

"의식에 대한 적절한 이론을 전개하려면, 뇌가 어떻게 작동하는가를 충분히 이해해야 하고, 그럼으로써 인지나 기억 같이 의식에 기여하는 현상들을 이해해야 한다."

뇌 신경세포의 수는 약 1000억 개에 달한다. 이 중 800억 개가 소뇌에 있다. 그런데, 소뇌는 인간의 의식 활동과 상관이 없다. 소뇌가 없는 사람은 행동에 문제가 생기지만 의식은 뚜렷하다. 반면, 대뇌 시상-피질계에는 소뇌보다 적은 수의 신경세포가 있지만 여기에 문제가 생기면 의식은 사라진다. 이 차이는 어디에서 오는가. 소뇌에 있는 수 많은 신경세포들은 각기 독립된 모듈로 작동한다. 다른 영역과 연결하는 경로가 없다. 그래서 소뇌는 놀라운 속도로 몸의 움직임을 제어하지만 의식과는 무관하다. 자전거를 타는 일이나 피아노를 치는 동작처럼 숙련된 행동이 무의식적으로 일어나는 상황을 떠올리면 이해하기 쉽다.

반면, 대뇌피질과 시상은 다른 영역과 종횡무진 얽혀 있다. 영화를 볼 때 시각정보는 청각정보와 결합한다. 때로는 영화를 보고 자신의 기억과 경험을 호출하여 더욱 큰 감동을 받기도 한다. 신경과학자 크리스토프 코흐^{Christof Koch}는 의식이 발현하려면 정보통합이 반드시 필요하다고 했다. 정보통합 이론은 의식의 메커니즘을 어느 정도 설명하지만 아직 부족하다. 그런 면에서 데하네가 쓴 '뇌의식의 탄생'은 기념비적 저서이다. 그의 이론을 정리해본다.

데하네는 "의식이란 대뇌피질 내부에서 뇌 전체에 정보를 발송하는 것"이라고 했다. 즉 의식은 신경세포의 네트워크에서 생기며, 신경세포망의 존재 이유는 뇌 전체를 통해 대대적으로 적절한 정보를 공유하는 것이라고 주장한다.

전역작업공간_{글로벌워크스페이스}의 개념

♦ ♦ ♦

데하네는 의식을 설명하기 위해 직교하는 두 가지 가설을 설정했다. 첫 번째는 '시스템 전체의 가용성'이고, 두 번째는 '자기감시(수단)'이다. 직교란 한쪽이 다른 쪽에 영향을 주지 않는다는 뜻이다. '시스템 전체의 가용성'이란 이런 것이다. 앞에서 언급했듯이, 뇌는 오감으로부터 대량 입력된 정보를 바탕으로 의식의 세계를 만들어 낸다. 당연하겠지만 모든 정보가 의식의 세계에 반영되는 것은 아니다. 뇌 의식이 형성되는 과정에서 정보는 취사선택되고, 아주 적은 수의 선택된 정보만 뇌 전체에 공유되어 이용 가능한 상태로 정리된다. 데하네는 이를 '시스템 전체의 가용성'이란 개념으로 설명하고, 정제된 뇌 속 정보의 공유 장소를 '전역작업공간(글로벌워크스페이스, GNW·global neuronal workspace)'이란 개념을 제시했다.(그림 참조)

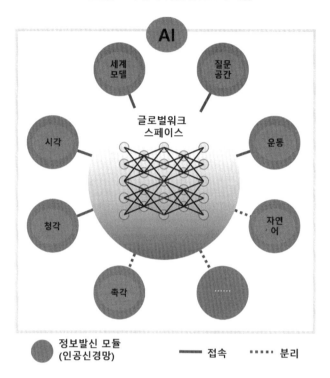

〈그림〉 AI의 전역작업공간(GNW) 개념

그는 이 작업 공간에 부여된 근본적인 성질은 '자율성'이라고 설명했다. 그렇다면 우리 내부로부터 기원하는 자율 활성화 신경 세포와 그 능력은 어디에서 기원하는가. 아직 의식에 대한 연구 수준은 걸음마 단계이지만 설명해 보기로 한다.

데하네 등이 제시한 '전역작업공간'은 뇌 속 모듈 간의 정보 브리징을 가리킨다. 의식 기능을 갖춘 범용AI의 탄생에 필수적인 가설로 통칭한다. 여기에는 인간의 두뇌가 시각, 청각, 운동 및 언어와 같은 특정 기능에 전념하는 여러 모듈로 구성되어 있다는 점이 전제된다.

의식은 이러한 모듈들 사이의 정보를 연결하는 흐름을 가리킨다. 사람들이 현실에서 정확하게 행동할 수 있다는 것은 갖가지 전념 모듈의 영리한 조정 때문에 가능해진다. 이때 서로 다른 모듈 간의 정보가 교환되는 장소가 바로 뇌 속 '전역작업공간'이다.

2018년 5월4일 과학전문지 '사이언스'에 이를 설명하는 논문이 발표돼 주목을 받았다. 논문 제목은 'The controversial correlates of consciousness'이다. 연구 결과를 정리한 미시건 의대 조지 마셔George A. Mashour 교수는 전전두엽 피질Prefrontal Cortex이 시각정보 처리를 수행하는 중요한 뇌 부위임을 강조했다. 시각 정보를 처리할 수 있는 신경망을 점화시키며, 시각 의식을 매개하는 중요한 뇌 부위 중의 하나라는 것. 전전두엽 피질을 통해 시각적 정보가 전달되고 있으며, 또한 상호작용이 일어나고 있다는 것이다.

조지 마셔 교수의 연구 결과 전전두엽이 '전역작업공간neuronal workspace theory'을 뒷받침한다. 이는 뉴런에서 의식이 발화하며, 많은 감각 정보가 공통의 작업 공간에서 섞이면서 의식이 일어난다는 이론이다. 두뇌의 사령탑이라 불리는 전전두엽은 뇌 앞부분에 위치하면서 창의성과 함께 작업 기억력과 의사결정력 그리고 사회적 상호작용을 주도하며, 자가조절을 포함한 인지 조절에 중요한 역할을 하고 있다.

비슷한 시기 구글 '딥마인드DeepMind'는 인간의 상상력에 보다 접근하는 유사한 연구 결과를 발표했다. 바둑 인공지능 'AlphaGo'를 개발한 구글은 인간처럼 인식하는 AI을 개발했다고 발표했다. 말하자면 사람밖에 못한다는 공간적 인식을 한다는 말이다.

예를 들면, 고양이가 있는 방안의 상황을 판별하는 AI를 개발할 경우 지금보다 더 복잡한 판단 능력을 요구한다. 방 안에 있는 의자와 테이블은 물론, 방 전체의 구조도 인식해야 한다.

사람이라면 당연하게 인식하는 분야, 즉 부분을 통해 전체를 추측하는 인지 능력이다. GQN으로 명명된 '생성적 질의 네트워크 Generative Query Network(GQN)'이다. 쉽게 말해 어떤 공간 전체를 알기에 부족한 부분에 관한 정보를 상상하고 보완하는 능력이다.

GQN은 표현 네트워크representation network'와 '생성 네트워크 generation network'라는 두가지 신경망으로 이뤄진다. 표현 네트워크는 AI가 인식한 범위 내의 공간 정보를 취득하고 상황을 인식한다. 즉 공간에 관한 부분적인 정보만 인식한다. 생성 네트워크는 표현 네트워크가 인식한 공간 정보를 토대로 아직 인식하지 않는 공간에 관한 정보를 만들어낸다. 아직 모르는 공간을 상상하는 것이다. 그리고 표현 네트워크가 인식한 공간 정보와 생성 네트워크가 만들어낸 공간 정보를 종합, 공간의 전체상을 인식하는 것이다.

예를 들어 GQN을 탑재한 로봇이 있다고 치자. 이 로봇은 미로

속을 돌아다니며 부분적인 공간 정보를 취득한다. 이 부분적인 정보를 사용하고, 아직 보지 않은 공간에 대한 정보도 상상해낸다. 다시 말해 몇 장의 2차원 스냅샷snapshot 이미지를 활용해 3차원 설계 이미지를 만들 수 있다. 이 기술을 활용하면 범죄 현장에서 촬영된 스냅샷 이미지를 활용해 현장을 3차원 이미지로 재구성하거나 자율주행차, 가정용 로봇의 3차원 이미지 생성 등에 적용 가능하다. 딥마인드가 지난 2016년 알파고 개발 당시 적용했던 생성기generator와 식별기discriminator라는 개념과 유사하다.

표현 네트워크는 인식된 물체를 매우 단순화된 추상화 수준으로 축소하고, 상세한 묘사는 생성 네트워크쪽으로 넘긴다. 일단 대상을 추상화하고 나중에 상세하게 묘사하는 방식이다.

표현 네트워크와 생성 네트워크를 융합하면 동물, 채소 등 부드러운 객체를 보다 잘 표현할 수 있다. 이 정도면GQN은 충분히 자율주행차나 가정용 로봇에 응용할 수 있다. GQN을 장착한 자율주행차나 자동차는 정확한 지도가 없는 곳에서 달릴 수 있고, 청소 로봇 역시 스스로 방 구조를 인식하게 될 것이다.

연구자들은 현재 딥러닝의 결합을 통해 '전역작업공간GNW'을 이용한 범용AI 실현에 몰두하고 있다. 딥러닝을 통해 학습한 인공신경망에서 특정 기능의 모듈을 실현하고, 이를 전역작업공간으로 연결하는 메커니즘을 구현하는 것이다. 현재 딥러닝 기술은 이미지 인식, 음성 인식 및 언어처리와 같은 많은 분야에서 사람의 능력을 능가하고 있다. AI가 다양한 신경망을 자유롭게 결합하고 활용할 수 있다면, 인간과 유사한 AI 구현에 보다 가까워질 수 있다.

　문제는 서로 다른 신경망간에 정보를 공유하는 방법에 있다. 예를 들어, 시각 신경망이 한 장면을 인식하면, 청각 신경망으로 캡처한 사운드와 제어신경망에 의해 취해질 다음 행동을 판단하기 위해 갖가지 정보를 전달하는 방법이다. 서로 다른 신경망 간의 정보 공유는 잠복 변수를 서로 변환하여 달성된다. 관건은 이런 특정한 잠복 변수가 서로 어떻게 변환되고 공유하는지 알아내는 것이다. 전역작업공간은 시각, 청각 등 외부 환경을 인식하는 모듈과, 발성 및 움직임 등 활성 동작(행동)을 생성하는 모듈을 포함하여 여러 신경망과 연결되어 있다.

　아울러 인공지능이 갖게 될 이 공간에서는 모든 조합에 대해 잠복 변수의 값을 서로 변환하고 전파할 수 있는 기능이 있어야 한다. 예를 들어, AI 장착 로봇이 방에서 물건을 찾고 있다고 가정해본다. 시각 및 청각을 담당하는 모듈에서 끊임없이 변화하는 방의 상태를 전역작업공간에 전달한다. 공간은 이러한 정보를 AI가 장착된 모든 모듈의 잠복 변수 값으로 변환하여 행동 모듈로 정보를 전송하여 방을 검색한다. 때때로 각 모듈에서 내보내는 정보가 항상 이 공간에 도달하는 것은 아니다. 정보는 현재 수행중인 작업에 따라 하향식으로 결정된다. 뇌 속에서 판단은 'ALL OR NOTHING' 즉 일치하는 모듈 정보가 선택된다.

AI는 인간과 유사한
의식을 가질 수 없다

◆ ◆ ◆

제임스 왓슨과 함께 DNA 이중 나선구조의 공동 발견자인 프랜시스 크릭Francis Crick과 신경과학자 크리스토프 코흐Christof Koch가 주목할 만한 연구실적을 냈다. 코흐는 '의식의 탐구'The Quest for Consciousness와 '의식의 모험'The Adventures of Consciousness 등의 저서를 통해 "컴퓨터는 의식을 가질 수 없다"고 주장한다. 아마존이 만든 AI 알렉사와 애플의 시리가 자연스러운 반응을 보일 수 있다 하더라도, 사람처럼 의식은 없다. 코흐가 주목하는 주요 이론은 의식과 신경의 상관관계NCC이다. 사람과 같은 의식을 생성하는 데 필요한 최소한의 신경 메커니즘을 찾는 연구인데, 그는 이에 대한 접근법을 연구중이다.

코흐가 주목하는 의식에 관한 주요 이론에는 두 가지로 대별된다. 그 중 하나가 앞에서 언급한 전역작업공간GNW 이론이다.

GNW이론을 전폭적으로 지지하는 스타니슬라스 데하네^{Stanislas} ^{Duanne}는 "의식은 뇌 전체에 걸쳐 정보를 공유하는 것"이라고 주장한다. 즉 의식은 정보가 전역작업공간에 퍼질 때 발생한다는 것이다. 고도로 발달된 AI는 미래에 의식을 가질 수도 있다. 이는 주로 실리콘 밸리에서 '특이점'을 연구하는 IT기술자들^{Singularitarians}이 뒷받침하고 있지만, 코흐는 이들의 위험성을 지적한다.

코흐는 "의식은 인간의 행동을 재현함으로써 창조될 수 있다고 믿는 사람들이 있다. 인간 두뇌의 컴퓨터 모델을 개발하고 GNW의 이론을 현실로 만들기에 충분히 높은 수준이 되면, AI 시스템은 의식을 가질 수도 있다고 믿는다. 그러나, 인간 두뇌가 컴퓨터에서 아무리 정교하게 재현되더라도 인간과 유사한 의식은 만들어질 수 없다"고 단언한다. 코흐의 말이다.

"알렉사, 시리, 구글 어시스턴트, 컴퓨터, 로봇 및 AI가 그리 멀지 않은 미래에 모든 인간의 행동을 시뮬레이션하는 것은 의심의 여지 없다. 그것은 인간과 유사한 현실적인 대화, 상상력 및 창의력을 의미한다. 그러나, 기계들이 마치 의식이 있는 것처럼 행동한다고 해서 (인간과 유사한) 의식을 갖다는 것을 의미하지 않는다. 만일 그렇게 된다 하더라도 그것은 거짓 의식이다."

그의 말을 이렇게 설명할 수 있다. 이를테면 알렉사에게 "오늘 기분이 어떻습니까?"라고 물으면, "예, 기분이 좋습니다"라고 말한다. 이는 의식이 아니라 사전 프로그래밍된 행동이다.

　의식을 시뮬레이션하는 것과 경험하는 것은 전혀 다르다. 마치 중력의 영향(컴퓨터 시뮬레이션의 블랙홀과 같은)을 시뮬레이션한다고 해서 질량을 생성하지 않는 것과 같다. 기계학습은 기계로 인간 능력을 고양하기 위해 진화한다. 지능은 환경을 조작하고, 새로운 상황을 배우고, 그 환경에 적응하는 능력이다. 이는 감정을 경험하는 것과는 다르다. 다시 말해 지능과 의식은 별도로 고려되어야 한다. 사람의 기술은 더 지능적이고 영리한 수십억 개의 스마트머신을 구현할 수 있다.

　코흐는 뇌-기계 인터페이스 기술을 구체적인 사례로 언급한다. "사람은 인간에게 많은 능력을 보태주는 기계 하드웨어를 뇌에 도입하려고 노력하고 있지만, 이런 노력은 머신러닝이나 딥러닝의 급속한 진화와 비교하면 매우 느리다"고 했다. 그러면, AI가 빠르게 진화하고 디지털 기술이 인간을 둘러싸고 있는 시대에 행복은 어떻게 바뀔 것인가.

　"트위터나 인스타그램을 항상 사용할 필요는 없으며, 자제력이 필요하다. 우리는 인터넷을 스스로 규제해야 하며, 자제력과 정신 훈련이 필요하다. 정크푸드가 몸에 좋지 않기 때문에 똑똑한 사람은 스스로 규제한다. 인터넷 중독은 뇌의 정크 푸드와 같다. 행복은 자기 실현에서 오는 것이 아니라 자기 통제에서 비롯된다고 믿는다."

자기감시와 메타인지

데하네가 제시한 뇌의 두 번째 기능은 '자기 감시'이다. 이는 자신의 내부 정보를 얻는 것을 가리킨다. 예를 들면, '몸이 나른하네'(그러니까 휴식하자) 라든지, '배가 고프다'(그러니까 식사하러 가자)라고 하는 감각은 스스로 자기 감시되고 있다는 증거이다.

좀 더 복잡한 자기 감시의 예로서 앞 장에서 설명한 메타인지를 들 수 있다. 사람은 보통 외부 자극에 기초해 사실적인 의식 세계를 만들어 낸다. 만일 뇌 속 내부 정보가 혼동된다면 이상한 세계가 만들어진다. 이를 테면 조현병의 주요 징후는 환청이다. 그 원인은 청각으로 들어온 외부 정보와 뇌의 내부 정보가 혼동되는 것일 수 있다. 즉 올바르게 현실을 감시하지 못하고 있다는 것인데, 이 것 역시 자기감시의 손상 내지 고장 사례로 볼 수 있다.

적절한 자기감시의 사례로 메타인지를 들 수 있다. 어떤 정보를 뇌 전체가 공유하면 이를 스스로 생각의 재료로 반영시키거나 다른 사람과 공유할 수 있다. 집단적인 의사결정 과정에서 자신이나 타인의 생각을 파악하는 것이 적절한 결론을 도출하는데 필수적이다. 또한, 다양한 정보를 통합하거나 다양한 정보를 처리하는 등 복잡한 문제에 직면했을 때 자신의 역량을 제대로 파악하고 있지 못하면 적절히 대처할 수 없다.

단순한 사례이지만, 자동차에 연료가스 부족 램프에 불이 켜졌다고 가정해본다. 의식이 없는 차는 아무것도 대처하지 못한다. 모든 대처는 의식있는 운전자가 요령대로 수행한다. 만일 자동차가 의식을 갖게 된다면, 차량 전체에 가스부족 램프의 정보를 공유하고 다른 다양한 모듈과 협력해 문제를 해결할 것이다. 이런 자동차는 꿈같은 이야기이다. 하지만, AI가 의식을 갖는 날에는 가능할 수도 있다. 만일 AI에 메타인지 능력이 장착된다면 '강인공지능'이 탄생할 수도 있다.

메타인지 능력이란 무엇인가? 객관적으로 자신을 인식하고 적절한 목표를 설정하고 문제를 해결할 수 있는 뇌의 능력이다. 사물을 객관적으로 인식하는 상태이다. 현재 수행하고 있는 행동과 생각에 기초해 자신을 객관적으로 인식하는 능력이다. 메타인지는 1976년 미국의 심리학자 존 H. 플레버John H. Flaver가 '메타 메모리meta memory'를 창안하면서 알려졌다. 이어 메타의 개념을 더 연구하고 '이해의 이해'인 '메타 이해'와 '주의에 주의를 기울이는 것'을 의미하는 용어로 발전했다. 메타 개념의 기원은 고대 그리스 철학자 소크라테스가 제안한 '무지에 대한 지식'에서 비롯된다. "당신이 모르는 것을 알고 있음"인데, 철학의 출발점으로 보는 유명한 말이다. '우리가 모른다는 사실을 알고 있다'라는 생각은 메타인지로 이어진다.

참고로 메타인지 능력이 향상되면 여러가지 이점이 적지 않다. 그러나, 단점도 있다. 어떤 상황이든 해결책을 찾을 수 있다는 것은 장점이지만, 끊임없이 두뇌를 작동시켜 사고력을 소모하는 상태로 이어질 수도 있다. 신뢰할 수 있는 상사 또는 동료의 조언을 귀담아 듣고 혼자 문제에 고민하지 말라는 것이다, 건전한 방향으로 메타인지 능력을 올리려면 자신의 단점과 약점으로 인식하는 부분에 집중할 필요가 있다. 이를 위해 발생된 문제와 문제를 되집어보고"그 당시 왜 내가 그랬을까?" 등 자문자답으로 상황과 이유를 분석하는 습성을 갖는게 중요하다. 이 과정을 반복하면 느리지만 천천히 모니터링하는 기능이 향상된다. 글쓰기 치료도 있다. 현재의 걱정, 불안, 문제 및 생각을 종이에 적어 놓고 시각화하는 방법이다. 가령 10 ~ 20분 정도 가능한 한 멈추지 않고 머리 속의 모든 생각을 종이에 적어 둔다. 그러면 자신의 생각을 객관적으로 볼 수 있을 뿐만 아니라 마음을 안정시키는 효과도 있다.

뇌 속 자기감시 신경망은
'적대적 생성 신경망^{GAN}'

◆ ◆ ◆

사람은 스스로 의식의 세계에 현실감을 느끼고 있다. 앞에서 조현병을 예로 들었지만 현실감을 감시할 필요가 있다. 즉 의식에는 정보의 생성과 감시가 필요하다. 적대적 생성신경망GAN이 그것인데, AI 연구자들 사이에 크게 주목받고 있는 것이 이런 인간 뇌구조이다.

GAN은 Generative Adversarial Networks의 약자이다. GAN은 실제에 가까운 이미지나 사람이 쓴 것과 같은 글 등 여러 가짜 데이터들을 생성하는 모델이다. 적대적 생성 신경망이라는 명칭에서 알 수 있듯이, GAN은 서로 다른 두 개의 네트워크를 적대적으로adversarial 학습시켜 실제 데이터와 비슷한 데이터를 생성하는generative 모델이다.

GAN은 구글 브레인에서 머신러닝을 연구했던 이안굿펠로우

Ian Goodfellow에 의해 2014년 처음으로 신경정보처리시스템 학회NIPS에서 제안되었다. 이후 이미지 생성, 영상 생성, 텍스트 생성 등에 다양하게 응용되고 있다.

GAN은 Generator(G,생성모델/생성기)와 Discriminator(D,판별모델/판별기)라는 서로 다른 2개의 네트워크로 이루어져 있다. 이 두 네트워크를 적대적으로 학습시키며 목적을 달성한다.

생성모델(G)의 목적은 진짜에 가까운 가짜를 생성하는 것이고, 판별모델(D)의 목적은 표본이 가짜인지 진짜인지를 결정한다. GAN의 궁극적인 목적은 '실제 데이터'에 가까운 데이터를 생성하는 것이다.

따라서 판별모델은 진짜인지 가짜인지를 한 쪽으로 판단하지 못하는 경계(가짜와 진짜를 0과 1로 보았을 때 0.5의 값)에서 가짜 샘플과 실제 샘플을 구별할 수 없는 최적 솔루션으로 간주한다. 제안자 이안굿펠로우Ian Goodfellow는 '경찰과 위조지폐범'을 예시로 들어 GAN 모델의 개념을 설명한다. 생성 모델은 진짜 지폐와 비슷한 가짜 지폐를 만들어 경찰을 속이려 하는 위조지폐범과 같다.

반대로 판별모델은 위조지폐범이 만들어낸 가짜 지폐를 탐지하려는 경찰과 유사하다. 이러한 경쟁이 계속됨에 따라 위조지폐범은 경찰을 속이지 못한 데이터를, 경찰은 위조지폐범에게 속은 데이터를 각각 입력받아 적대적으로 학습을 반복한다.

이 게임에서 경쟁은 위조지폐가 진짜 지폐와 구별되지 않을 때까지 즉, 주어진 정보가 실제 정보가 될 확률이 0.5에 가까운 값을 가질 때까지 계속된다. 가짜로 확신하는 경우 판별모델의 확률값이 0, 실제로 확신하는 경우 확률값이 1을 나타낸다. 판별기의 확률값이 0.5라는 것은 가짜인지 진짜인지 판단하기 어려운 것을 의미한다.

생성모델(G, 위조지폐범)은 실제 데이터와 비슷한 데이터를 만들어내도록 학습된다. 판별모델(D, 경찰)은 실제 데이터와 G가 생성한 가짜 데이터를 구별하도록 학습된다.

GAN의 목적은 다음과 같다. G와 D 2명의 플레이어가 싸우면서 서로 균형점을 찾아가도록 하는 방식이다. 프로그래밍할 때 D는 실제 데이터와 G가 만든 가짜 데이터를 잘 구분하도록 조금씩 업데이트되도록 구성한다. cGAN은 Conditional Generative Adversarial Networks의 약자이다. 생성기와 판별기가 훈련하는 동안 추가 정보를 사용해 조건이 붙는 생성적 적대 신경망이다.

쉽게 말해 Generator와 Discriminator에 특정 조건condition을 나타내는 정보 y를 추가해주는 것이다. 2017년 워싱턴대학교 University of Washington에서는 GAN을 이용하여 버락 오바마 전 미국 대통령의 가짜 연설 영상을 만들어 발표했다. 이 영상은 오바마 전 대통령의 과거 연설 영상들로부터 음성을 따고, 이 음성에 맞는 입모양을 만들어 합성한 것으로 모조품이다.

논문에서 저자는 먼저 오디오 인풋을 시간에 따라 달라지는 입

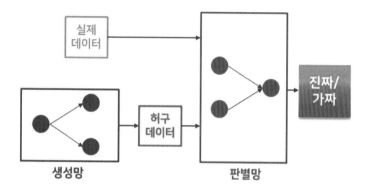

모양으로 변환한 후 진짜같은 입모양을 생성하고, 이를 대상(타겟) 비디오의 입모양 부분에 삽입하여 생성했다.

이런 이론도 있다. 뇌속 GAN의 콘텐츠 생성은 독특하다. 지금까지 연구결과에 따르면, 우선 생성 신경망은 노이즈에서 콘텐츠를 생성하는 것으로 설명한다. 예를 들어 예전 아날로그 지상파 TV방송에서 텔레비전이 전파를 수신하지 못하고 있을 때에 생기는 모래 폭풍과 같은 화면에서부터 컨텐츠를 만들어내는 식이다. 여기서 만들어낸 콘텐츠의 퀄리티는 높지 않을 수 있다. 그래서 판별 신경망이 진짜인지 가짜인지 식별한다. 가짜라고 판단되면 콘텐츠 생성을 다시 한다. 진짜라면 생성 신경망이 생성한 콘텐츠는 판별 신경망을 속일 정도로 사실적이 된다.

이런 얼개를 AI에 대입시킨다면 AI는 아주 풍부한 창의력을 갖

게 된다. 적대적 생성신경망GAN은 사실적 콘텐츠를 만드는 강력한 기법이 될 수 있다. GAN의 기능을 뒷받침하는 판별 신경망은 현실적 감시 기구라고 해도 이상하지 않다.

지금까지 GAN이란 무엇인지, GAN 모델의 내부와 성능 평가 방식, 그리고 GAN을 적용한 사례들에 대해서 살펴보았다. 이렇듯 유용해 보이는 GAN 모델 역시 초기부터 한계점을 가지고 있다.

GAN은 기술적으로 고해상도 이미지를 생성할 수 없다는 점과 학습이 불안정하다는 면에서 한계가 있다. 이러한 한계점들을 극복하고 다양하게 응용되면서 Ian Goodfellow에 의해 제안된 Vanilla GAN을 시작으로 DCGAN, SRGAN, CycleGAN 등의 GAN 모델이 개발되어 왔다.

진짜같은 모조품 생성하는 것이 활용도가 높은 반면 그만큼의
악용 가능성도 존재한다. 진짜와 가짜를 구별하기 힘들다는 점
을 이용한 딥페이크 기술로 만든 포르노 영상이 대표적이다. 유명
인사들의 이미지를 포르노와 합성하여 배포하는 것이다. 더하여
GAN을 이용하면 이러한 문제가 되는 데이터들을 빠르게 많이 만
들어낼 수 있기에 디지털 성범죄 등 사회 문제도 불거질 수 밖에
없다.

AI 작가, 화가, 작곡가가
출현할까?

◆ ◆ ◆

AI가 만든 예술품에 위화감이 드는 것은 어쩔 수 없다. AI가 만든 미술품이 뉴욕 크리스티 경매에서 45만 달러에 팔려 화제가 되었지만, AI 예술품에 대해 느끼는 위화감은 어쩔 수 없다. 그 원인을 찾기 위해 예술이란 무엇인지, 또 무엇을 위해 존재하는지를 먼저 생각할 필요가 있다.

미국 철학자인 조지 산타야나George Santayana(1863~1952)는 1896년에 발표한 저서 '더 센스 어브 뷰티The Sense of Beauty'에서 "인간은 아름다움을 관찰하고 그것을 소중히 하고자하는 매우 근원적이고 광범위한 경향이 존재한다"고 했다. 산타야나가 지적하는 것처럼, 사람은 예술과 자연뿐 아니라 가구와 스마트폰 등의 디자인에도 아름다움을 추구한다. 독일 심리학자 구스타프 페히너Gustav Theodor Fechner는 미적 감각과 뇌의 관계를 과학적으로 규명하려고

한 선구자였다. 그는 여러 모양의 사각형을 사람들에게 보여주고 아름다운 사각형을 고르게 하였다. 이 실험에서 30% 이상이 가로 세로 21 대 34 비율의 사각형을 선택했다. 아름다움이 발견되는 가장 큰 이유는 두 수 사이의 비율에 있다. 이러한 비율은 안정감이 있고 미적으로도 아름답게 보인다. 1 대 1.618의 비를 '황금비'라 부른다. 사람의 뇌에는 '아름다운 얼굴'을 보았을 때 활성화되는 복측 선조체ventral striatum와, '아름다운 예술 작품'을 보았을 때 활성화되는 전방 내측 전두엽 피질aMPFC 등 2개의 '미의 중추Beauty Center'가 존재한다.

영국 뇌 연구 전문가 세미르 제키Semile Zeki는 '뇌는 아름다움을 어떻게 느끼는가 – 피카소와 모네가 본 세계' 저서에서 "미술의 목적은 뇌 기능의 연장선에 있다"고 했다. 예술의 목적도, 뇌의 기능도 '사물의 본질을 추출하는 점에서 공통적'이라는 뜻이다.

파블로 피카소는 아주 신기한 그림을 그렸다. 예를 들어 얼굴의 각 부분이 짝짝인 이상한 얼굴을 그렸다. 당시엔 이를 큐비즘(후기인상파)이라고 불렀다. 피카소의 문제 의식은 객체(피사체)의 보편적인 뇌속 표상의 탐구에 있었다. 뇌가 피사체를 어떻게 인식하는가에 관한 것이다. 이를 탐구하기 위해 피카소는 자신의 상상력과 화가로서의 스킬을 구사했다. 누가 뭐래도

사람 뇌 속에서 피카소의 그림은 높은 호소력을 발휘하고 있다. 피카소보다 앞선 큐비즘의 선구자는 폴 세잔(1839~1906)이었다.

후기인상파의 창시자로 불리는 그는 식탁에 놓인 사과를 오래도록 바라보곤 했다. 화가로서 그는 육안으로만 관찰하는 건 충분하지 않았다. 모네와 르누아르, 드가 등 인상파 화가들은 카메라가 담지 못하는 시간의 흐름을 그리고 싶어했다. 그들이 이용한 건 빛이었다. 이를테면, 기차가 내뿜는 연기가 공기 속에서 어떻게 퍼져나가는지를 묘사하려 했다. 그러나, 세잔은 눈으로 보는 형태들이 정신적 산물, 신경세포들의 작용이라는 것을 알고 있었다. 피카소나 세잔의 그림은 시각의 주관성, 즉 마음이 현실을 창조하는 과정을 보여준다. 이처럼 눈에 보이기 전의 세상(뇌 속에서)이 어떻게 생겼는지를 과학자들은 나중에 밝혀냈다.

세잔의 대표적인 작품인 과일, 바구니, 항아리, 포트 등은 다양한 대상물이다. 이 작품을 가만히 보고 있으면 각 목적물의 균형이 깨져 있다. 전문가가 그린 그림이라고는 도저히 생각되지 않았다. 세잔은 고향 프랑스 남부 셍빅토아르산을 여러 번 그렸다. 어떻게 그리면 보다 호소력을 발휘할 수 있는지 탐구했다. 어떻게 뇌 속에서 표상되고 있는지를 생각한 다음, 어떻게 표현하면 다른 사람의 뇌에서도 높은 호소력을 발휘할 수 있을까를 연구했다. 이것이 사물의 본질이며 예술가가 탐구하는 동인이다.

예술가가 '사물의 본질'을 추구할 때도, 감상자에게 전달할 때도, 그리고 감상자가 예술을 즐길 때도 반드시 의식의 세계가 개입한다. 의식이란 경험이다. 따라서 예술이란 의식의 세계를 통해 다른 사람과 공유할 수 있는 경험이다. 예술 작품은 그런 경험을 만들어 내는 정보(콘텐츠)라고 할 수 있다. 역시 의식이 없으면 예술은 존재하지 않는다.

아마도 정말 예술가가 그리고 싶은 것은 사진을 뛰어 넘는, 리얼한 그림일 것이다. 이는 AI에게는 어려울 것이다. 리얼리티란 앞에서도 설명했지만 뇌의 상상력을 북돋우고 창작력을 발휘하게 함으로써 얻을 수 있다. AI는 예술작품을 만들 수 있으며 동시에 물리적 현상을 재현할 수 있다. 그러나, 의식의 세계와 같은 경험은 얻을 수 없다. 사람 뇌가 '수면이 반짝이고 너무 예쁘다'는 경험을 얻기 위해, 인공지능은 복잡한 함수를 사용해 광택감을 실시간으로 계산할 수는 없다.

그렇다면 번거로운 계산을 하지 않고 의식의 세계를 만들어내기 위해 뇌는 어떤 정보를 이용하는가. 대뇌피질의 신경세포 하나하나는 1000에서 1만의 시냅스를 통해 정보를 입력을 받는다.

대뇌피질의 신경회로는 통계 정보 처리를 매우 자신있게 하고 있다. 이렇게 많은 정보를 입력 받아 활동 전위를 낼지 안 낼지를 결정한다. 이를 통해 신경세포는 어떤 통계 정보를 처리하고 있는 것이다. 그렇다면, 화가가 그림 속에 만들어 넣는 표상은 이미지 통계정보가 아닐까.

AI는 글쓰기가 가장 어렵다

    AI가 창조적인 활동에서 사람을 대신할 수 있을까. 기계와 달리 사람은 과거의 경험을 넘어 추측 또는 창조할 수 있다. 기계는 반 고흐가 존재했기 때문에 반 고흐의 작품 양식을 학습할 수 있다. 바흐 스타일의 음악을 알고리즘으로 작곡하는 것은 바흐의 작품을 연구할 수 있기에 가능한다. 미래에 알고리즘이 지금보다 훨씬 정교해질 것이다.

    그렇다 한들, AI가 기존 작업을 능가하는 것은 없을 것이다. 사람과 AI의 근본적인 차이점 중 하나는 사람은 과거에 누구도 그림, 모양, 소리 또는 글쓰기에 사용한 적 없는 미지의 영역으로 들어갈 수 있다. 오늘날 창조적인 작가에게 주어지는 찬사의 대부분은 그러한 능력에 관한 것이다. 과거 전임자들과 같은 기술과 지식으로는 축하받을 일이 없다. 파생 저작물이라 할지라도 파생 방법이 독창적이어야 한다.

　비평가, 출판사, 큐레이터, 공연자 등으로 구성된 예술의 기초가 그렇게 세워졌다. 기계에 의해 생성된 작품은 일정 수준의 평가를 받을 순 있다. 그러나 결국, 우리는 독창성을 계속 존중받을 것이다. 아마도 예술가들은 일부 작업에 AI를 사용할 것이다. 그러나, 그들이 새로운 것을 시도할 용기가 있는 한, 그들의 존재는 기계로 대체되지 못할 것이다.

　AI의 창작이 가장 먼저 시도된 분야는 원리적으로는 가장 어려운 글쓰기였다. 글쓰기가 그림 그리기나 작곡보다 원리적으로 어려운 이유는 글의 속성상 의미론적 특징이 결정적으로 중요하기 때문이다. 화가나 작곡가도 물론 자신의 그림이나 음악을 통해 의미를 전달하려고 노력한다. 그에 비해 글쓰기는 시인이든 소설가이든, 의미론적 대상인 개념이나 표현을 1차 재료로 사용한다. 글쓰기는 분명 AI가 다루기 까다로운 작업임은 분명하다.

　그럼에도 AI가 저술 출판했다고 알려진 책이 여러 권 존재하고, 대학에서 석사학위 논문 가운데, 일부는 AI가 쓴 것들이 횡행하고 있다. AI는 기본적으로 학습 데이터에 존재하는 패턴을 찾아내어 그것을 다시 재조합해 구현해 내는 시스템이다. AI에게 수 많은 특정 장르의 글을 기계학습 시켜, 해당 분야 글 스타일을 학습시킨 뒤, 그럴듯한 글을 결과물로 내놓을 수 있다. 하지만, AI의 창작 능력에는 제한이 따른다. AI는 기존에 학습한 문장이나 표현을 적당히 변형해서 설계자가 미리 설정한 제한 조건을 만족하는 방식으로 생산해낸다. 시 창작의 경우에는 언어적 파격이 어느 정도 허용되기에 이런 문장들이 '기막힌' 언어적 유희로 해석될 수도 있겠으나, 학술서의 경우에는 용납될 수 없다.

이런 이유로 AI이 저술했다는 책들은 모두 산출 과정에서 수많은 인간과의 협력이 필수적이다. AI가 생산해 낸 문장들 중에서 어색하거나 아예 뜻이 통하지 않은 문장은 인간이 일일이 제거하거나 적절한 문장으로 고쳐 쓴다.

요약하면 AI 글쓰기는 'AI + 인간 협업'의 결과물이다. 종합하면, 물질 현상을 재현하는 AI와 의식 세계의 경험을 바탕으로 하는 인간의 창작 활동과는 전혀 다르다는 사실이다.

예술행위는
인간 의식 세계에 호소하는 것

    사진 같은 이미지나, 무엇을 그렸는지 잘 모르는 추상화도 인간 의식에 호소하는 것은 매한가지이다. 감상하는 자의 뇌에서 만들어지는 의식 세계에 호소한다는 의미다. 사진이나 그림을 보는 감상자에게는 다양한 생각이 떠오를 것이다. 작가가 던지는 메시지일 수도 있고 전혀 상관없는 것일 수도 있다. 다만 화가의 작품은 의식의 세계에 말을 걸어 어떤 경험을 제공하는 것이다.

    작가가 의식의 세계에 말을 거는 방법은 다양하다. 이를 테면 존 케이지John Milton Cage Jr.(1912 ~ 1992)가 작곡한 '4분33초'를 예로 들어본다. 존 케이지는 하버드대학의 무향실을 간 적이 있었다. 그는 하버드대 무향실에선 아무 소리도 안들릴 것으로 기대했지만, 훗날 이렇게 썼다.

"높은 소리와 낮은 소리, 두 개의 소리를 들었다. 공학자한테 물어
보니, '높은 소리는 내 신경계가 돌아가는 소리이고, 낮은 것은 혈
액이 순환하는 소리'라고 말해주었다."

이처럼 '절대적인 무음'은 없다는 발견이 존 케이지로 하여금
'4분33초'라는 곡을 쓰도록 만들었다. 4분33초는 3개의 악장으
로 되어 있다. 각 악장의 악보에는 음표나 쉼표 없이 TACET (연주
하지 말고 쉬어라)라는 악상만 쓰여 있다고 한다. 이 곡은 1952년 8
월 29일 뉴욕주 우드스탁에서 데이빗 튜로David Tudor의 연주로 초
연되었다. 연주자는 피아노 앞에 앉아 피아노 뚜껑을 열었다. 몇
분 뒤 그는 뚜껑을 다시 닫았다. 그 피아니스트는 뚜껑을 열었다
가 다시 닫고 자리에서 일어났다. 참고로 4분33초는 273초이다.
이는 절대 영하온도인 섭씨 -273도를 연상시킨다. 어떤 예술작
품이든지 작자의 의도가 있다. 그 의도는 감상자의 의식 세계에
서 어떤 경험을 하도록 한다. 그 경험이야말로 예술가가 생각하는
'사물의 본질'이다. 예술작품이 만들어내는 경험은 모든 감상자에
게 공통적일 수 있고, 감상자마다 다를 수도 있다. 둘 다 예술에서
본질적으로 중요한 요소이다.

따라서 사람과 같은 유형의 의식이 AI에 구현되지 않는 한 AI
에 의한 예술은 발전하지 못할 것이다. 그렇지만, 앞서 말한 것처
럼 GAN(적대적 생성 신경망)이 만든 초상화는 43만여 달러라는 높은
가격에 팔렸다. 어떤식이든 예술적 가치를 인정받은 셈이다. 앞서

'Edmond De Belamy' 제목의 이 작품은 파리의 예술
가-AI연구원 단체인 Obvious가 개발한 AI로 그려졌다.

말했듯이 GAN에는 초보적이지만 의식 기능이 구현되어 있다. 판별 신경망(판별모델)을 통한 평가는 GAN에게는 경험이며, 그 경험은 사람과 공유할지도 모른다. 즉, GAN이 진정한 예술 작품을 만들었다면, AI 예술이라는 하나의 장르가 확립될 것이다.

'Edmond De Belamy' 작품은 경매 사상 처음으로 AI 기반 작품으로, 43만2500 달러(약 5억원)에 낙찰되었다. Obvious가 개발한 AI는 GAN 알고리즘으로 만들어졌다. '생성모델'과 '판별모델'이라는 두 네트워크가 서로 경쟁하면서 학습했다. AI는 14세기부터 20세기까지의 초상화에 대해 1만5000개의 데이터를 제공받아 생성모델이 먼저 시작품을 만든다. 이어 판별모델은 생성모델의 작품과 사람이 만든 작품 사이의 차이를 반복적으로 구별해낸다. 판별 모델은 인간의 작품과의 차이를 더 이상 인식할 수 없을 때까지 생성모델의 작품을 계속 수정하도록 명령한다. 2018년 10월 25일 뉴욕 크리스티 경매에 이 작품이 막판에 등장했다. 처음 예상 낙찰가는 7000~10000 달러로 추정되었다. 실제로는 예상가의 43배 값으로 팔렸다.

그러나, 향후 이런 유형의 작품은 평가받지 못할 것이다. 재탕은 새로운 작품으로 인정받지 못할 것이기 때문이다. 따라서 AI가 예술을 석권하기는 어려울 것입니다. 아직 어느 쪽에 가능성이 있는지, 아니면 둘 다 가능성이 있는지 아직 파악하기는 어렵다. 지금까지 인간 의식과 AI 의식에 대해 설명한 것을 정리해본다.

- 의식에 상정되는 능력 : 시스템 전체에서의 가용성과 자기 감시.
- AI 의식을 구성하는 기술 : 로봇 시뮬레이션, 생성쿼리신경망(GQN), 적대적 생성신경망(GAN)
- 미술의 목적은 뇌 기능의 연장선상에 있다. 예술의 목적도, 뇌의 기능도 사물의 본질을 추출해내는 것이다.
- 예술가가 '사물의 본질'을 추출할 때나, 이를 감상자에게 전달할 때나, 감상자가 예술을 즐길 때나 모 두 의식 세계에서 벌어진다.
- 무엇을 그렸는지 잘 모르는 추상화도 감상하는 사람의 뇌에서 만들어지는 의식 세계의 경험에 호소한 다. 이 경험이야말로 예술 작품의 본질이다.
- 의식이 AI에 구현되지 않는 한 AI에 의한 예술은 발전하지 못한다.

자유의지와 뇌 활동

캘리포니아대학의 벤저민 리벳Benjamin Libet 교수는 전설적인 신경과학자로 통한다. 그의 명성은 인간 자유의지에 도전하는 것이기에 논란을 초래하면서 얻어졌다. 그는 자유의지란 없다는 것을 뇌 과학을 통해 밝히려 했다. 그는 의식 메커니즘을 연구하기 위해 간질병 대상자를 상대로 감각 실험을 했다.

오른손 감각은 뇌에 전기 자극을 주어 느끼게 했고, 왼손 감각은 손에 직접 전기자극을 주어 어느 쪽이 빨리 반응하는지를 측정하는 것이었다. 뇌에 전기 자극을 주어 생기는 반응은 손을 통한 반응보다 500밀리초(0.5초) 늦었다. 그것도 뇌에 전기 자극을 주는 것은 한 번이 아니라 여러번 시행했는데도 늦었다. 즉 뇌에 전기 자극을 주어 의식적인 자각을 일으키는데 500밀리초 정도의 반복 자극이 필요했다. 아마도 일정한 뇌 의식을 만들어내는데 500

밀리초 정도의 지속적인 뇌 속 활동이 필요했을 것이다. 이는 단순한 신경신호의 전달 지연(0.2초) 외에 500밀리초 정도의 더 큰 지연이 뇌 속 의식 세계에서 생긴다는 의미다. 그렇다. 우리는 의식 세계에서 살고 있다. 이 순간 눈 앞에 펼쳐진 시각적 광경은 원칙적으로는 결코 실시간이 아니라는 점이다. 아마도 500밀리초 정도 과거의 세계가 펼쳐진 것이다. 사실상 실생활에서 우리는 500밀리초의 지연을 느끼지 못한다.

앞에서 설명했지만 복기해보면, 리벳 교수의 실험은 단순했다. 뇌파를 측정하면서 피실험자에게 원할 때 손가락을 움직여 달라고 했다. 손가락을 움직이면 근전위가 측정되는데 그것보다 500밀리초(0.5초) 정도 전부터 뇌파는 흔들리기 시작했다. 이는 운동 준비 전위(RP)로 설명할 수 있다.

일반적으로 사람들은 실험 결과를 다음과 같이 예상할 것이다. 일단 피험자가 손가락을 움직이겠다고 마음먹고(②), 그에 따라 손가락 운동과 연관된 뇌파가 발생하고(③), 그 결과 손가락이 움직인다(①). 즉 ② - ③ - ①의 순서 말이다.

하지만, 실제 실험 결과는 달랐다. ③ - ② - ①의 순서, 그러니까 일단 손가락 운동과 연관된 뇌파가 먼저 발생한 후(③), 피험자가 손가락을 움직이겠다고 마음을 먹고(②), 손가락이 움직였다(①). 내가 마음도 먹기 전에 뇌파가 먼저 움직인다는 말이다. 그렇다면, 누군가 나의 뇌파를 정확하게 읽어낼 수 있다면 내가 손가락을 들겠다고 마음먹기도 전에, "당신은 잠시 후에 손가락을 들어 올리겠다고 마음을 먹을 것이야"라고 예언할 수 있다는 얘기다.

리벳은 뇌가 움직이기 시작하는 순간과 실제 손가락이 움직이는 순간을 기록할 수 있었다.아마도 뇌에 의한 행동 프로그램은 이미 무의식적인 실행이 선행된 결과일 것이다. 그렇다면 자신의 의지와 상관없이 행동 프로그램은 마음대로 부팅하고 있는 것이다. 이러한 이유로 리벳은 자유의지가 없다고 표현했다.

이 수수께끼의 연구를 위해 리벳 교수는 다른 실험을 계속한다. 리벳의 다음 실험은 뇌 시상에 전기자극을 가하는 것이다. 뇌 시상은 대뇌피질의 바로 앞부분이다. 뇌 시상의 전기 자극에서도 역시 한 번의 자극으로는 의식하지 못한다. 500밀리초 이상 지속적인 전류 펄스를 보냈다. 그런데 이상하게도, 시상에 대한 전기 자극의 경우 500밀리초의 시간 지연이 발생하지 않았다. 이 결과를 바탕으로 리벳 교수는 당시로선 상당히 충격적인 결론에 이르렀다. 뇌에서는 의식 내용과 그때의 지각이 따로따로 다뤄지고 결국은 의식 세계에서 통합된다는 것이다. 그리고 일정한 의식이 생기기 위해서는 500밀리초 정도의 처리 시간이 필요하다는 점이다.

바로 준비전위RP(유발 전위)라고 한다. 이른바 '타임스탬프'로 작용하여 의식 세계에서의 경험은 시간으로 보정된다. 가상 현실 세계에서는 시각과 촉각이 200밀리초(0.2초) 정도 차이가 있다. 반대로 말하면 시각과 촉각의 타임스탬프 정밀도는 0.2초라는 말이다.

시간 지각으로는 '크로노스타시스'라는 착시도 유명하다. 지루한 강의 도중 잠깐 시계에 눈을 돌리는 순간 먼저 타임스탬프가 찍힌다. 그 후 시계 이미지가 만들어지기까지 0.5초가 걸린다.

인간의 의식 세계에서 시간의 흐름은 아주 엉성하다. 즐거울 때는 눈 깜짝할 사이의 시간이 흐른다. 하지만, 지루할 때는 길게 느낀다. 이것도 의식 세계에서 만들어지고 경험하는 시간의 지각이라고 생각한다. 사느냐 죽느냐라는 긴급 상황이 되면 뇌는 풀회전하여 의식 세계를 만들기 위한 시각 영상을 평소보다 많이 만든다.

우리에게 자유의지가 없다면 법률적 근거도 다시 손질해야할 것이다. 치한도 흉악한 살인범도 자신의 의지와 상관없이 마음대로 부팅한 행동 프로그램에 따라했다고 한다면, 범죄자를 처벌할 수 있을까? 그렇다면 우리가 '자유의지'라고 느끼는 이 내적 감각의 정체는 무엇인가?

리벳은 다음과 같이 해석했다. 사람이 손가락을 들겠다고 생각하기에 앞서 '무의식'을 담당하는 뇌 영역에서 손가락을 드는 행위와 연관된 뇌세포의 신진대사가 발생하는데, 그것이 해당 실험에서 뇌파의 형태로 관측된다. 그 무의식 영역의 작용이 뇌세포의 연결구조를 통해 의식을 담당하는 뇌 영역으로 전해지면, 해당 영역의 뇌세포가 활성화되면서 그제야 뒤늦게 손가락을 들어야겠다는 '자유의지'가 생성된다는 말이다. 그러니 순수한 자유의지로 손가락을 들었다는 느낌은 일종의 착시현상(착각)이며, 무의식 영역에서 이미 결정된 사항이 의식 영역에서 뒤늦게 '자유의지'라는 형태로 떠오른 것뿐이라는 의미다.

그러나, 인간 정신은 의식으로만 구성되지 않는다. 의식 너머에 무언가가 존재한다. 잠을 자는 동안 꾸는 꿈을 생각해보자. 마치 가상 현실세계와 같다. 꿈 속에서 우리는 마치 영화처럼 관람한다. 만약 꿈이 '의식'의 작용이라면 직접 쓴 소설처럼 내용을 이미 다 알것이다. 그러나, 꿈은 무의식의 작용이다. 이 때문에 의식의 입장에서는 앞으로 무슨 일이 전개될지 알 수가 없다. 무의식이 제작한 영화를 의식이 관람하는 것이 바로 꿈이라고 알려져 있다. 의식은 인간 정신 활동 중 극히 일부에 지나지 않는다.

인간에게 자유의지가 없음을 암시하는 벤저민 리벳 교수의 실험 결과에 불편함을 느끼는 사람들이 많을 것이다. 사람은 고결한 '자유의지'를 통해 삶을 개척해왔다고 생각했다. 이는 단지 단백질로 이루어진 뇌 세포 신진대사의 결과물이며 착시현상이라는 말이다. 고귀한 존재에서 단백질 덩어리로 전락하는 불쾌한 상황에 거부감을 느끼는 것이다.

물질이 세상의 근원이라는 유물론적 관점을 수용한다면, 일련의 정신 활동이 있기 전에 그 정신 활동의 원인이 되는 물질(뇌 세포)의 활동이 앞서 존재하는 것은 분명하다.

자유의지에 대한 리벳 교수의 실험이 주는 사회적 의미는 가볍지 않다. 예컨대 보통 살인자는 그의 자유의지로 사람을 죽였으니 마땅히 처벌을 받아야 한다는 게 법 기본 논리이다. 만약 자유의지가 존재하지 않는다면 이 논리가 무너진다. 살인자가 특정한 순간에 사람을 죽이게 된 것은 살인자의 뇌세포 활성화 상태와 전류 흐름 때문이지 '자유의지'로 죽인 게 아닌 것이다. 살인자는 법정에서 뇌가 그렇게 작동해서 그 순간 살해했을 뿐이고, 뇌가 그렇게 작동하면 다른 선택의 여지가 없다고 변명할 수 있다. 인간 정신은 외부 환경과의 상호작용 속에서 끊임없이 변화하고 발전하는 뇌 세포의 연결 그 자체일 뿐이라는 결론이다.

그러나, 이 결론에는 많은 논란이 따른다. 상대에게 화가 났을 때, "이놈아, 후려갈겨라"고 생각하는 것과 정말 후려치는 것은 천양지차다. 인간 뇌는 자율적으로 무의식적으로 움직이고 있고, 그 움직임을 우리는 나중에 깨닫게 된다. 전철에서 치한을 붙잡았다. 그런데 '왜 못된 짓을 했어?'라고 따지는 건 옳지 않다. 과학적으로 무의식적인 행동 프로그램이 기동했을 뿐이라고 주장할 수 있다.

리벳 교수는 이렇게 주장한다. 인간은 자유의지는 없지만 거부할 자유가 남아 있다는 것이다. 그는 구약성경의 모세 십계명을 인생 매뉴얼 본연의 모습으로 극찬한다. 자신의 주장을 다시 주어 담으려는 생각인 것 같다.

불현듯 나는 생각을 도저히 억제할 수 없는 증상은 정신질환으로 간주된다. 예를 들어 반사회적 행동을 반복하는 정신질환의 경우, 전두엽에 이상이나 손상이 가해졌을 수 있다. 실행중인 행동 프로그램에 급브레이크를 거는 존재는 전두엽일지도 모른다. 특히 최근 연구를 보면 행동 프로그램을 긴급 정지하기 위해 전두엽에서 대뇌기저핵으로 통하는 신경회로가 주목받고 있다.

젊은이들은 때때로 충동적으로 반사회적 행동을 취할 수 있지만, 이것도 전두엽이 미성숙한 원인일지도 모른다. 너무 걱정해서 아이를 가둬두고 자물쇠를 채우는 맞벌이 부부도 있을 것이다. 특정 행동을 멈출 수 없는 강박장애라는 질환도 있다. 이 원인도 전두엽이나 대뇌기저핵에 문제가 있기 때문이라고 생각할 수 있다. 게다가 우울증에 걸리면 부정적인 사고를 끊을 수 없게 된다. 이처럼 사고나 행동 프로그램의 긴급 정지는 부팅 만큼이나 중요하다.

의식으로 발현되는 정보는
1만분의 1도 안된다

◆ ◆ ◆

　인간 뇌에서는 무수한 생각이나 행동 프로그램이 마음대로 부팅하고 있다. 그 중 극히 일부가 의식을 차리고 그것을 깨닫는다. 지금도 의식 세계의 특징으로, 모든 입력 정보가 의식으로 발현되는 것은 아니라는 점이다. 가장 인상적인 실험은 '고릴라의 착시'다.

　피실험자에게 백팀이 몇 번 패스했는지 세어달라고 지시하고, 백팀과 흑팀이 농구 연습을 하는 동영상을 보여준다. 피실험자는 백팀의 움직임에 집중해 패스 수를 세는데 동영상 중반 갑자기 고릴라 인형이 나타나 화면 중앙에서 가슴을 두드리며 어필한다. 동영상이 끝나고 나서 피실험자에게 패스 수를 물었고, 이후 고릴라의 등장을 깨달았는지 물었다. 놀랍게도 패스 수를 정확하게 답했지만, 피실험자의 약 절반은 고릴라가 나온 장면을 분명히 기억하지 못했다. 백팀의 움직임에 집중한 나머지 고릴라는 피실험자의 의식 세계에 나타나지 않았다.

시야가 밝은 도로에서 교통사고를 일으키면 운전자는 전방 부주의나 졸음 운전 등으로 의심된다. '고릴라의 착시'에서 시사되는 것처럼 운전자의 의식 세계에는 보행자가 없었을 수 있다. 의식 세계에 나오지 않은 물체를 피하라는 것은 터무니없는 것이다.

그러면 뇌에는 어느 정도의 정보가 들어오고 그 중 어느 정도가 의식으로 발현되는가? 우선 뇌속으로 유입되는 정보량을 생각해 보자. 사람의 시각 계통은 한쪽 눈으로 100만 개의 시신경이 눈에서 뇌로 정보를 운반한다.

각 신경은 O 또는 1의 디지털 정보를 운반한다. O 또는 1의 정보량은 1비트이다. 대체로 각 신경은 100밀리초(0.1초)마다 O 또는 1의 정보를 운반한다고 볼때, 1초마다 10비트의 정보가 운반된다. 한 쪽 눈의 시신경이 1만 개라면 초당 10만 비트의 정보가 뇌에 전달된다.

청각계의 경우 한쪽 귀로 1만 5000개의 청신경이 귀에서 뇌로 정보를 운반하는 것으로 알려져 있다. 각 청신경은 10밀리초(0.01초)마다 1비트의 정보를 운반한다. 초당 100비트를 운반하기 때문에 청신경 1만5000개가 초당 150만 비트의 정보를 뇌로 전달한다.[*]

---

[*] 高橋 宏知, 生命知能と人工知能―ＡＩ時代の脳の使い方・育て方, 2022.1, 도쿄 pp.252~254

뇌는 한 쪽 눈에서 초당 1000만 비트, 한쪽 귀에서 초당 150만 비트의 정보를 받는다. 그러면 어느 정도의 정보를 실제 의식 발현이 가능한가?

책을 읽거나 뉴스를 들으면 그 원고를 통해 의식으로 발현된 정보량을 가늠할 수 있을 것이다. 영어 알파벳은 문자이기 때문에 4비트(16문자)에서 5비트(32문자)에 해당한다.

1분 동안 의식적으로 처리할 수 있었던 글자 수를 통해 그 정보량을 추정해보면, 눈으로는 초당 40비트, 귀로는 초당 30비트이다. 1분간으로 환산하면 눈으로는 500문자, 귀로는 400 문자 미만이다. 이 것으로 뇌에 유입되는 정보량과 의식으로 발현되는 정보량을 가늠할 수 있다.

한쪽 눈을 통해 우리 뇌는 초당 1000만 비트의 정보를 받고, 그 중 의식으로 처리, 발현하는 정보량은 초당 40비트의 정도라면, 눈으로 받는 정보량의 0.0004%(1만분의 4) 수준이다. 귀를 통해 초당 150만 비트의 청각 정보를 받아 그 중 0·002%(2/1000)에 해당하는 초당 30비트의 정보를 의식으로 발현시킨다.* 즉 뇌에 입력된 정보 가운데, 의식으로 발현되는 정보는 아주 미미하다는 얘기다.

다만, 이러한 정보량의 추정에는 아직 찬반 양론이 있다. 여기서 추정한 것은 언어적으로 표현 가능한 정보량 뿐이지, 이것만

---

* 위의 책 pp.255~256

받아들이는게 아니다. 이것을 '액세스 의식'(컴퓨터가 연산할 때 목적하는 데이터를 찾는 컴퓨터 안에서의 동작)이라고 한다.

의식 세계에서는 말로 표현할 수 없는, 즉 언어화할 수 없는 정보도 많다. 신경과학에서 이것을 '원의식'이라고 한다. 또한 풍부한 의식 세계에서의 '느낌'을, 퀄리아라든가 감각질 등으로 칭한다.* 퀄리아는 기호(언어)로서 객관적으로 표현할 수도, 수치로서 정량화할 수도 없다. 따라서, 이러한 정보량은 현재의 과학적 방법으로는 아직 추정할 수 없다.**

---

* 감각질(感覺質) 또는 퀄리아(qualia)는 감각을 통해 느껴지는 것, 느낀다는 것 그 자체를 말한다. 인지과학과 인식론의 주제이다. 감각질은 객관적 개념이 아니라 주관적으로 결정되는 것이다. 객관적 개념은 감각-자료(sense-data)라 한다.

** 위의 책, p.254

의식 발현 시스템이
순차 계산을 채용한 이유

◆ ◆ ◆

뇌는 방대한 '팬인-팬아웃' 구조로 병렬계산을 채택한다. 컴퓨터 계산기는 순차^{Serial} 계산으로 연산의 고속화를 진행한다. 그런데 앞에서 설명했듯이 뇌는 의식 세계에서 타임스탬프(파일 등에 기록된 데이터의 입력 날짜와 시간) 방식을 채택한다. 이는 컴퓨터와 유사한 순차적인 정보처리를 시사한다. 의식 시스템에 한해 뇌는 순차 계산을 채택한 이유는 인과관계 때문으로 보인다.

의식으로 가는 정보 파이프라인은 매우 좁다. 왜 그럴까. 실시간으로 처리할 수 있는 정보량을 초과한다는 점이다. 이 문제에 대처하기 위해 뇌는 소중한 정보를 선별하고 타임스탬프를 붙인 후 독자적인 의식 세계에서 현실 세계를 재구축한다. 의식 세계에서 타임스탬프에 따라 순차적인 정보 처리가 이뤄지며, 명확한 시간 축이 정해진다.

각 정보의 상대적인 시간 관계를 알면 인과성을 추론할 수 있다. 먼저 일어난 일이 원인, 뒤에 일어난 일이 결과이다. 사람들이 왜 기뻐하는지 혹은 화가 났는지 추론하려면, 시간축을 거슬러 올라가면 파악할 수 있다. 이는 무슨 일이 있었는지 파악하는 능력이다. 이같은 인과성 추론 능력으로 인해 사람의 미래 예측 능력은 비약적으로 높아진다. 호모 사피엔스의 특징은 높은 사회성의 발달에 있다. 그 이유는 의식 세계의 시간 축 길이와 정확도에 있는지도 모른다.

반면, 컴퓨터와 뇌의 정보처리방식은 전혀 다르다. 컴퓨터는 주어진 프로그램에 따라서 한번에 하나의 명령으로 정보를 변환하고, 또 이 정보에 기초하여 다음에 무엇을 할 것인지를 결정한다. 한 번에 하나의 명령어가 처리되기 때문에 이를 직렬 정보처리라고 한다. 모든 정보는 0, 1의 숫자에 의해 기호로 표현되고 프로그램에 의해 처리, 변환된다. 이 때문에 컴퓨터에 의한 정보 처리의 기본은 기호조작이다.

뇌에서는 다수의 뉴런이 복잡하게 연결된 네트워크를 이루고 있다. 입력정보가 들어오면 그것을 수용한 뉴런이 흥분하여, 이 흥분이 다른 뉴런에 전달된다. 뉴런간의 결합에는 흥분성과 억제성의 두 종류가 있다. 이러한 상호작용이 뇌 전체에 퍼져, 동시에 병렬적으로 흥분 상태의 다이나믹스가 이뤄진다. 이것이 뇌의 정보처리 과정이다. 다수의 기본 요소(뉴런이건 아니건)의 결합에 의한 상호작용으로 정보처리가 진행된다.

정보처리에는 처음부터 직렬과 병렬의 두 가지 기본 원리가 존재했다고 볼 수 있다. 컴퓨터는 직렬을 선택하여 기호조작의 가능성을 발전시켰다. 생물은 진화의 과정에서 병렬을 선택했다. 인간은 언어에 의한 기호조작을 필요로 하여, 직렬원리도 포함시켜 이것을 병렬 하드웨어 상에서 실현시켰다. 의식의 개념도 이런 과정에서 생겨났다.

직렬 병렬 정보처리의 원리

앞에서 설명한 수학자 튜링 이야기를 복기한다. 그는 인간의 정보처리 방식인 사고 과정을 규명하려 하였다. 그는 만능 튜링머신을 개발했다. 프로그램과 데이타를 입력하면 어떤 알고리즘도 실행가능하도록 했다. 튜링머신이 바로 오늘날 컴퓨터의 기원이다. 1940년대 전자 기술을 사용하여 기술적으로 실현되었다. 그러나 정보처리의 원리는 이전에 정립되어 있었다. 직렬 정보처리의 기초이론 위에 알고리즘 이론, 언어이론, 데이터베이스의 이론 등을 포함하는 컴퓨터과학이 탄생했고, 그 위에 추가된 것이 인공지능이다.

이에 반해, 병렬처리의 기본 원리는 인간 뇌이다. 인간 뇌는 고도의 지적 정보를 처리하고 있다. 이 원리를 규명하기 위해 뉴로 네트워크, 즉 신경회로망이라는 수리모델이 만들어졌다. 이것은 확실히 뇌에 비하면 단순하고 일면적이다. 컴퓨터의 보급과 함께 정보과학도 1940년대에 탄생했다고 말할 수 있다. 아울러 인공두뇌가 아닌 인공지능Artificial Intelligence 연구도 시작되었다.

당시 인간의 지적 능력을 인공적으로 재현하기 위해 두 가지 방안이 제안되었다. 하나는 인간의 뇌를 흉내내어, 뇌와 같은 방식으로 정보처리를 실현하는 병렬 정보처리 방식이다. 또 하나는 논리와 알고리즘을 기초로, 그 당시 발전하던 컴퓨터를 이용하여 기호조작을 구사하는 직렬 정보처리 방식이다. 이 회의에서는 주저 없이 두 번째 방법을 선택하게 된다. 당시로선 뇌 연구가 초보적이었고, 그 본질을 규명하려는 노력도 없었기 때문이다. 따라서 인공지능 연구에 당장 사용할 수 있는 수단은 컴퓨터였고, 그 원리도 직렬 알고리즘이다.

인간의 의식적인 추론, 설명 가능한 행동 결정 등은 모두 직렬로 해명 될 수 있다. 의식은 시간 흐름과 함께 직렬로 흘러간다. 따라서 컴퓨터 안에서 기호조작의 알고리즘을 사용하여 인간 마음 움직임의 모델을 구축하고 특성을 규명한다면, 실제 인간 마음에 다다를 수 있지 않을까. 모델 구축 분야는 인공지능과 일치한다. 이러한 컴퓨터 모델을 간략히 AIArtificial Intelligence라고 불렀다. 이어 인공지능과 인지과학은 손을 마주잡고, 논리, 알고리즘, 기호조작을 축으로 1970년대부터 대약진을 시작했다.

당시 인지과학에도 반성이 일어났다. 인간이 의식적으로 하는 결정이란 것도, 실은 다수 뉴런의 의식하에 상호작용으로 유지된다. 말하자면 빙산의 일각으로 떠있는 의식의 흐름을 추적하여 그 법칙을 조사하는 식이다. 그러나, 사람의 인지 구조와 마음의 움직임을 정말로 재현할 수 있을까 의문이다. 아직 현재 과학기술은 학습능력을 지닌 병렬처리에 관해 체계적으로 구축하지 못했다. 그러나, 조만간 AI에 의한 지적 기능의 재현은 순차형과 병렬형 두 가지 기술의 협조 위에 구축될 것이다. 여기에 AI의 장래 방향이 있다고 생각된다.

인간 뇌는 예측하는 머신

◆ ◆ ◆

　보통 차멀미는 심리적 요인으로 간주된다. 운전은 매우 스트레스 받는 일이다. 차만 타면 멀미를 하는 사람은 운전은 도저히 감당할 수 없는 스트레스일 것 같지만 그렇지 않다. 본인이 운전을 하면 멀미하지 않는다. 왜 그럴까. 모든 상황이 예측대로 움직이기 때문이다. 산행과 차량운전을 비교해보자. 산행은 운전보다 훨씬 힘들고 피로하며 한 걸음 한 걸음마다 배가 출렁거린다. 그럼에도 산행하다 멀미하는 사람은 없다. 예측한대로 흐르기 때문이다. 만약 가마를 타고 산을 넘는다면 다리는 조금 편할지 몰라도 몸은 매우 불편할 것이다. 예측대로 움직이는 것은 알고 있다는 것이고 그 만큼 편안하다. 본인이 브레이크를 밟으면 속력이 줄고, 가속기를 밟으면 가속되면서 몸이 흔들리지만 이미 그런 상황이 올 것이라는 것을 알고 있다. 운전자는 예측대로 벌어지는 일에 전혀 멀미를 하지 않는다. 하지만, 그것을 모르는 승차자는 차가 감속과 가속 그리고 코너링을 할 때마다 예상하지 못했던 몸의 흔들림에 불편을 느낀다. 멀미는 심리적 요인이 아니다. 뇌의 예측력이 미치지 못하기 때문이다.

인간 뇌의 가장 뛰어난 능력 중 하나는 미래 예측력이다. 미래 벌어질 상황을 적절하게 예측할 수 있다면 생존 가능성 내지 성공 가능성도 높아진다. 이를 위해 뇌 속에서는 불완전한 입력 정보를 종합해 현실을 예측하는 생성 네트워크, 즉 생성 신경망이 있다.

이 생성 네트워크는 이른바 현실 세계의 예측 모델이다. 의식 세계는 예측 모델을 바탕으로 만들어져 있다. 하지만 어디까지나 예측이기 때문에 오차가 생길 수 밖에 없다. 오차발생 시 오차가 최소화되도록 예측모델이 수정된다. 수정을 거듭하여 적절한 예측 모델을 획득할 수 있다면, 인간 뇌는 강력한 예측 머신이 되는 것이다.

뇌가 적절한 예측 모델을 획득하기 위해서는 다양한 경험을 쌓아야 한다. 하지만, 아무리 경험을 쌓아도 올바른 예측 모델을 획득하지 못하는 경우가 종종 있다. 특히 의식 세계에서 시간상의 명확한 전후관계는 인과성 추론에 큰 영향을 미친다. 예를 들어 리벳 교수의 자유의지 실험에서도 자신의 의지가 발생한 직후 손가락이 움직이면 자신의 의지가 손가락을 움직였다고 뇌는 인과성을 오인할 수 있다. 또, 적절한 예측 모델을 획득하기 위해서는, 왜 그렇게 되었는지를 규명하는 후속 추론도 중요하다.

대뇌기저핵은 미래 예측 영역

◆ ◆ ◆

뇌 깊숙한 곳에 위치한 대뇌기저핵(대뇌피질 시각영역)은 강화 학습에 핵심 역할을 하는 것으로 알려져 있다. 대뇌기저핵의 대부분을 차지하는 선조체는 Striosomes와 Matrices라고 불리는 두 영역으로 구성된다. 이는 30년 전에 발견되었다. 하지만, 이 영역이수행하는 역할은 아직 분명하게 연구되어 있지 않다. 현재 선조체가운데, Striosome 뉴런의 활동이 강화 학습에서 역할을 한다고까지 밝혀냈다. 이 연구는 eNeuro 저널에 발표되었다.

Striosome 뉴런은 현재 조건에서 미래 보상을 추정하는 보상예측 기능에 관여하는 것으로 연구되었다. Striosome 뉴런은 중뇌의 신경 세포에 직접 연결되어 도파민이라는 중요한 신경 전달물질을 대뇌기저핵으로 보낸다. 척추 동물의 뇌에서 도파민은 보상 동기 행동을 조절한다. 보상 예측은 우리의 일상 생활에 중요하다.

예를 들어, 메뉴에서 좋아하는 요리를 발견하면 실제로 먹기 전에도 흥분하여 선택된다. Striosome 뉴런은 선조체의 15% 정도 차지한다. Striosome 뉴런은 물을 마시거나 바람을 쐴 때도 활동을 보였다. 즉, 예상되는 보상에 대한 신호를 보내는 것 외에도 Striosome 뉴런은 획득한 실제 보상에 대한 정보도 보낸다.

사람의 인식, 즉 지각 능력은 눈의 시작부터 뇌의 대뇌피질의 관련 영역까지 데이터가 유입되어 생성된다고 알려져 있다. 하지만 이는 잘못 되었다. 눈과 다른 감각 기관으로부터 정보를 받기 전에 뇌는 자신의 현실을 생성한다. 이를 내부 모델이라고 한다. 대부분의 감각 정보는 대뇌피질의 적절한 영역으로 가는 도중에 시상을 통과한다. 시각 정보는 시각 피질로 이동하기 때문에 시상에서 시각피질로 들어가는 많은 연결이 있다. 그러나, 여기에는 놀랍게도 반대 방향에 10배나 많은 연결이 있다. (데이비드 이글먼의 《뇌의 가장자리》에서)

다시 말해 새로운 정보가 눈에서 들어올 때, 이미 뇌는 예측 모델로서 자신의 현실을 만들고, 예측 모델은 시각 피질에서 시상으로 출력된다. 시상은 눈이 시각 피질에 보고하는 것의 차이(누락되거나 잘못된 예측이 있었던 부분)만 보내고, 눈이 보고하는 것과 예측 모델 사이에 차이가 없다면 눈의 정보는 실제로 뇌로 거의 전송되지 않는다. 우리는 외부에서 들어오는 정보를 받는 동안 생각하고 행

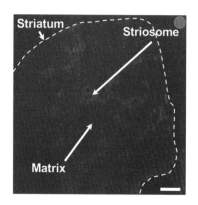

동하는 것처럼 보이지만, 실제로 우리 두뇌는 많은 시간 동안 자기 스스로의 세계에 살고 있다.

뇌는 미리 입력된 정보를 토대로 미리 예측모델을 만들어 놓는다. 이어 감각 신호와 비교하여 오차를 보정해 '앎 = 지각'을 생성하는 내부 모델을 만든다. 이를 인지신경과학 분야에서 '예측 코딩 이론'이라고 한다. 예측 오류, 즉 사고에 다리를 놓는 데는 에너지가 필요하기 때문에 뇌는 다양한 수준의 인식에서 검출된 예측 오류를 가능한 한 최소화하려고 노력한다.

AI · 메타버스 융합의 기회

뇌의 리버스엔지니어링

◆ ◆ ◆

만일 엔지니어가 사람의 마음을 형상화하려면 요구하는 기능 → 기능적 요소 → 기구 → 구조라고 하는 방향으로 검토한다. 이것이 엔지니어링의 기본형이다. 그러나, 실제 엔지니어링 현장에서는 반대이다. 즉 '구조 → 기구 → 기능적 요소 → 요구하는 기능' 이라는 방향으로 생각한다.

예를 들어 경쟁사가 혁신작인 제품을 내놓는다면 그 제품을 구입해서 분해하고 구조를 이해하려고 한다. 구조를 이해하려고 한다면 구조 → 기구 → 기능 요소 → 요구 기능이라는 방향으로 연구하며 설계자의 생각을 추리한다. 이를 통해 어떤 사고 과정에서 그 구조(설계 솔루션)에 당도한 것인지, 또는 그것을 웃도는 설계의 힌트도 얻을 수 있다.

역방향으로 연구하기에 리버스 엔지니어링이라고 한다. 뇌를 연구하기 위해서는 뇌 구조를 먼저 알 필요가 있는 이치와 같다.

우선 뇌 형태에서 보자. 성인 두개골 가운데 1.4~1.6kg 정도의 뇌 조직이 뇌수에 담겨있는 형태이다. 두개골과 뇌척수막에 쌓여 있으며 뇌의 아래는 척수와 연결되어 있고 척수에는 뇌척수액이 흐르고 있다. 뇌는 형태와 기능에 따라 대뇌, 소뇌, 뇌줄기(뇌간)으로 나뉘며, 뇌줄기를 좀 더 세분화하면 중간뇌, 다리뇌(교뇌), 숨뇌(연수)로 분류한다.

뇌, 즉 대뇌피질의 표면적은 신문지 1쪽 가량(약 200㎠)로, 표면 두께는 2~3mm인데, 이것이 두개골 속에 들어가야 해서 뇌에는 주름살이 있다.

대뇌피질에는 정보 처리를 담당하는 신경세포(뉴런)이 1000억 개 정도 존재한다. 가늠하기 쉽지 않기에 밀도를 보면, 1㎟(1입방미리) 속에 직경 10마이크로미(1마이크로미터 = 1/1000mm)의 뉴런이 9만개 정도 담겨있다. 이처럼 꽉꽉 채워진 신경 세포들은 서로 전기 신호를 보내고 받으면서 정보를 처리한다. 뇌는 하루 20와트 정도에 해당하는 에너지를 쓴다.

뇌 세포 사이 연결에서
마음이 형성된다?

◆ ◆ ◆

"사람의 정체성은 유전자에 있지 않다. 뇌 세포 사이의 연결 속에 있다."

'마음의 탄생'을 쓴 MIT 신경학자 세바스찬이 한 말이다. 그에 따르면 유기체의 다양성은 유전자 코드 값의 다양한 결합에 의해 만들어 진다. 마찬가지로 다양한 생각은 대뇌신피질 시냅스의 다양한 연결과 시냅스 연결의 다양한 패턴 값으로 만들어진다. 시냅스의 연결과 세기에 따라 대뇌신피질에서 지식과 기술을 재현하고 새로운 지식을 창조한다. 뇌는 복잡하다. 하지만 패턴을 인식하고, 기억하고, 예측하는 정교한 메커니즘이 대뇌신피질에서 수억번 반복하면서 우리 생각의 엄청난 다양성을 만들어 낸다. 그렇다면 인공지능 또한 이런 마음의 형태라도 만들어 낼 수 있을까?

그 답은 리버스 엔지니어링이다. 리버스 엔지니어링이란 이미 완성되어있는 하드웨어나 소프트웨어를 분해하여 시스템의 기술적인 원리를 밝혀내는 기술이다. 뇌의 동작을 분석해 구현하면 마음을 갖는 인공지능을 만들 수 있다는 것이다. 대뇌신피질이 우리가 생각을 할 수 있는 기반을 만들었고, 결국 지금 문명을 이루어냈다고 가정한다면, 대뇌신피질을 모델링하고 이를 시뮬레이션해 인공지능을 만들어 낼 수 있다. 그러면 새로운 문명도 창조해 낼 수 있다는 가설을 세울 수 있다.

그러나, 하버드 대학의 신경과학자 데이비드 콕스David Cox 교수는 "확실히 거의 완벽한 얼굴 인식에서 운전자가 없는 자동차 및 바둑 세계 챔피언에 이르기까지 AI의 업적은 놀랍다. 또한 일부 AI 응용 프로그램은 경험을 통해 학습하고 프로그래밍이 필요하지 않은 아키텍처를 채용한다"면서 "그러나, AI는 여전히 어색하고 옹색하다"고 했다.

그는 이어 "AI로 개 탐지기를 만들려면 수천 개의 개 이미지와 수천 개의 다른 이미지를 보여줘야한다"고 했다. 현재의 AI는 수많은 데이터로 작동한다는 지식은 이상하게도 깨지기 쉽다. 이를테면 인간이 눈치 채지 못하는 소음과 같은 영리한 장애물을 이미지에 추가하면 AI는 개를 쓰레기통으로 착각 할 수도 있다. 이러한 한계를 극복하기 위해 콕스 교수와 다른 신경 과학자 및 기계 학습 전문가들은 최근 1억달러 프로젝트에 착수했다. 이는 신경과학의 '아폴로 프로그램'에 비견될 수 있다. MICrONS 구상이 그것이다. MICrONS의 연구자들은 쥐의 대뇌피질의 작은 영역에서 모든 세부 기능과 구조를 도표화하는데 주력하고 있다.

MICrONS의 궁극적인 목표는 수많은 데이터에서 신경계의 비밀을 찾는 것이다. 미국 정보기관 출신의 연구자 보겔스타인Vogelstein에 따르면 인공신경망이란 수십 년 된 아키텍처와 뇌가 어떻게 작동하는지를 비교해 뇌의 뉴런을 모방하는 것이다. 서로 밀접하게 연결된 수천 개의 컴퓨터 노드에 정보를 배포하는 식이다.

대부분 뉴로모픽 컴퓨터 신호는 항상 한 노드 계층에서 다음 노드로 한 방향으로 흐른다. 그러나, 뇌는 피드백으로 가득 차 있으며, 한 부분에서 다음 부분으로 신호를 전달하는 각 신경 섬유에 대해 반대 방향으로 흐르는 동일한 양 이상의 신경 섬유로 가득 차 있다. 인간 뇌의 엄청난 힘은 피드백이 흐르는 신경에 그 비밀이 있다는 것이다.

CHAPTER. 9

챗GPT,
광풍인가
선풍인가

챗GPT의 원리는 '생성형 AI'

◆ ◆ ◆

전세계 IT 선두 기업들은 2023년 벽두부터 AI 기술전쟁을 벌이고 있다. 2016년 3월 이세돌 9단과 알파고(구글이 개발한 AI)의 대결이 인공지능을 알리는 AI예고편이었다면, 챗GPT는 개막을 알리는 본편이다.

지난 30년간 정보통신IT 분야에서 가장 주목할 이슈는 인터넷의 등장, 애플 아이폰과 이에 대응한 구글 안드로이드, 삼성전자 연합군의 경쟁으로 이어진 모바일 분야의 혁명적인 변화들이었다. 챗GPT의 인기는 지난 30년간 스마트폰 모바일 시대를 열었던 것 이상으로 관심을 받고 있다. 2016년 이세돌과 구글 알파고의 대결은 AI에 대한 전세계의 관심을 높였다면, 이번 챗GPT는 상용화로의 패러다임 변화를 예고하고 있다. 그러나, 연구자들은 흥분할게 아니라며 자제할 것을 권고한다. 빠른 시일 내에 인간 수준의 AI가 만들어질 가능성은 거의 없다는데 대부분 동의한다.

작년 11월 30일 공개된 오픈AI의 챗GPT(GPT-3.5)가 하루 사용자 1000만명을 돌파했다. 출시 두 달만이며, 누적 유료 가입자만도 1억명을 넘겼다. 그간 구글과 메타 등은 대화형 챗봇을 개발하고도 제한적 공개와 테스트에 머물러 있었다. 자칫 불완전한 AI가 사회적으로 미칠 영향을 우려했던 것이다. 하지만, 챗GPT가 업계 전반에 영향을 주고 인기를 누리면서 빅테크들은 눈치볼 것 없이 공개할 태세이다.

구글이 가장 긴장하고 있다. 무엇이든 물어보면 바로 대답하는 챗GPT가 장기적으로 구글 검색서비스를 대체할 수도 있다는 위기감 때문이다. 메타도 마찬가지다. 그간 종종 빚어진 사회적 논란을 의식한 탓에 자신있게 내놓지 못했다.메타는 앞으로 더욱 공격적으로 최첨단 AI 기술을 적용해 주목받는 AI 제품을 내놓겠다는 계획이다. MS는 챗GPT를 검색 엔진 '빙Bing'을 포함한 자사 제품군에 적용했다. 구글, 메타 등 빅테크 기업들은 그간 논란 재현을 우려해왔다. 2016년 MS의 챗봇 '테이Tay' 사달이 난 때문에 주저해왔다. 당시 테이는 "9·11테러를 유대인이 저질렀다" "대량학살을 지지한다" 등의 답변을 해 논란에 휩싸였고 출시 16시간 만에 삭제해버렸다. 테이와 같은 논란을 빚을 것을 우려한 빅테크들은 이후 AI 신기술을 전체 공개하기보다 전문가 일부에게만 공개했다. 챗GPT는 기존 지식을 요약 정리해서 답변해주는 편리한 도구로, 지금까지 나온 것 중 가장 우수하다는 평이다. 새로운 사

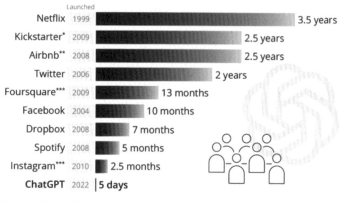

	Launched		
Netflix	1999		3.5 years
Kickstarter*	2009		2.5 years
Airbnb**	2008		2.5 years
Twitter	2006		2 years
Foursquare***	2009		13 months
Facebook	2004		10 months
Dropbox	2008		7 months
Spotify	2008		5 months
Instagram***	2010		2.5 months
ChatGPT	2022		5 days

* one million backers   ** one million nights booked   *** one million downloads
Source: Company announcements via Business Insider/Linkedin

맨 아래 나타난 ChatGPT는 단 5일 만에 가입자 1000만명을 돌파했다.

실과 관점을 밝혀내는 게 아니라, 보편적으로 수용되거나 확립된 사실과 관점을 깔끔한 논리와 문장의 형태로 출력하는 AI이다. 그러나, 챗GPT는 사실 확인을 하지 않고 부정확한 사실이나 잘못된 사실도 확신하는 문구와 표현으로 결과를 내놓으며, 미숙하다는 지적도 만만찮다. 챗GPT의 이러한 오점은 역으로 AI 기술의 한계를 드러내며, 어떻게 개선해야 할지 알려준다. 인류 사회가 아직 경험하지 못한 가상과 허위, 조작의 시대가 될 위험성도 없지 않지만, 어차피 겪어야할 시행착오 정도로 이해하고 있다.

챗GPT는 그동안 주목받아 온 '생성형 AI'Generative AI의 일종이라는 점이다. 인간의 고유물처럼 여겼던 창작 영역에서 인간들이 쓰고, 그리고, 구성한 콘텐츠를 학습시켰더니, 인간의 물리적인 능력보다 더 뛰어난 콘텐츠를 만들어낸다. 그래서 누구는 이를 적극 활용하기도 하고 또 누군가는 두려움과 공포를 느끼기도 한다. 생성형 AI의 원리는 앞 챕터에서 자세히 설명했다. 앞으로 무척 흥미로운 10년이 펼쳐질 것이다. 구글이나 마이크로소프트, 메타, 구글의 딥마인드, 마이크로소프트와 손잡은 오픈AI, 중국의 알리바바와 러시아의 얀덱스, 엔비디아 등은 모델 영역에서 경쟁할 것이다. 구글과 딥마인드는 챗GPT에 대응하기 위해 '스패로우'Sparrow라는 서비스를 조만간 선보일 계획이다. 스패로우는 딥마인드가 개발한 언어 모델 친칠라ChinChilla를 기반으로 한 AI 챗봇이다. 챗GPT와는 다르게 인터넷 검색도 사용해 답변 내용에 출처나 소스도 공개한다. 거짓 정보인지 먼저 가려주겠다는 것이다. 이 서비스가 나올 경우 챗GPT 학습에 쓰인 거대 언어모델 GPT-3는 매개변수가 1,750억 개인 데 반해 스패로우 친칠라는 매개변수가 700억 개이기 때문에 무조건 패러미터가 많아야 성능이 뛰어나다는 통념이 깨질지도 모른다. 과연 인간에게 미치는 그 영향력 만큼이나 광풍이 될까 아니면 선풍이 될 것인가.

챗GPT는 시작일 뿐이다

딥러닝DL 인공지능을 개척한 한 명인 얀 르쿤Yann LeCun은 AI가 사람과 비슷한 수준까지 생각의 범위를 끌어올리는 방법을 제시했다. 그가 제시한 방법은 흥미롭지만 또한 의문도 불러일으키는 방안이다. 미국의 AI전문잡지 'MIT Technology Review'가

2022년 7월 7일자에 소개한 글을 요약한 것이다.

메타Meta AI 연구소 수석 과학자이자 가장 영향력 있는 AI 연구자인 르쿤은 바빴다. AGI가 결국 인간 삶의 일부가 될 것이라고 말한다. 사람과 비슷한 추론 능력을 가진 이러한 기계를 인공일반지능artificial general intelligence, AGI이라고 부른다. 그의 비전에는 가상현실 메타버스metaverse를 추구하는 그의 고용주 메타의 CEO(마크저커버그)의 비전도 엿보인다. 르쿤은 이렇게 예측한다.

"10년에서 15년쯤 후에는 사람들이 주머니에 스마트폰을 넣고 다니는 대신 가상 어시스턴트virtual assistant가 장착된 '증강현실 안경'을 들고 다닐 것이다. 그러한 증강현실 안경이 유용하게 사용되려면 가상 어시스턴트가 거의 인간에 가까운 지능을 가져야 한다."

몬트리올대학교의 AI 연구원이자 밀라퀘벡연구소Mila-Quebec Institute의 과학 책임자 요슈아 벤지오Yoshua Bengio는 르쿤이 올바른 질문을 던지고 있다고 말한다. 르쿤의 제안은 어떤 분명한 연구 결과라기보다는 연구 제안서에 가깝다. 르쿤은 거의 40년 동안 AI에 관해 생각해왔다. 2018년 그는 딥러닝deep learning에 관한 선구적인 글을 냈다. 벤지오와 제프리 힌턴Geoffrey Hinton과 함께 컴퓨팅 관련 최고상인 튜링상Turing Award을 공동 수상했다. 그는 "기계가 사람이나 동물처럼 행동하도록 만드는 것이 내 인생의 목표"라고 밝혔다. 르쿤의 생각은 독특하다. 동물 뇌가 세상에 대한 일종의 시뮬레이션을 실행이라고 했다. 이 시뮬레이션을 '세계모델(상식모델)'이라고 불렀다. 세계모델을 유아기에 학습하면 사람을 포함한 동물들은 주변에 어떤 일이 벌어지고 있는지 추측할 수 있다. 아기는 주변 세상을 관찰하며 인생의 처음 몇 달 동안 삶에 필요한 기본적인 것들을 습득한다. 공이 바닥으로 떨어지는 모습을 몇 번 보고 나면 아이들은 중력이 어떻게 작동하는지에 관해 느낄 것이다. 상식이란 이런 종류의 추론을 모두 아우르는 용어이다. 상식에는 간단한 물리학을 이해하는 것도 포함된다. 상식을 통해 공이 어디로 튈지, 질주하는 오토바이가 몇 초 후에 어디에 도달할지 예측할 수 있다. 상식을 통해 불완전한 정보의 조각들은 서로 연결될 수 있다. 이를 테면 유리잔이 바닥에 떨어져 깨졌다면, 누군가가 유리잔을 떨어뜨렸다고 추측할 수 있다. 왜냐하면 우리는 어떤 종류의 물체가 그런 소음을 만드는지, 언제 그런 소음이 생기는지 상식을 통해 알고 있기 때문이다. 쉽게 말해 상식을 통해 어떤 사건이 가능하거나 불가능한지 알 수 있다는 말이다. 이어 발생 가능성이 더 큰 사건도 예측할 수 있다. 상식을 바탕으로 행동의 결과를 예측하고 계획을 세울 수 있으며 관련 없는 세부 사항은 무시할 수 있다. 그러나, 연구자들은 벽에 부닥쳤다. 기계에 상식을 가르치기는 어렵다는 점이다. 신경망이 상식적 패턴을 인식하도록 하려면 인공신경망 수천 개를 미리 학습시켜야 한다. 르쿤은 "상식은 지능의 본질"이라고 말했다. 그렇기 때문에 르쿤과 동료 연구원들이 모델을 학습시키는 데 영상을 사용했다.

기존 머신러닝 기술은 픽셀 단위로 생성해야 했다. 영상의 다음 프레임에 어떤 일이 벌어질 것인지 예측해서 답을 픽셀 단위로 생성하는 것이다. 이는 매우 어려운 일이다. 르쿤은 이렇게 제안한다.

"우리가 펜을 하나 들고 있다가 놔 버렸다고 생각해보자. 상식을 통해 우리는 펜이 바닥으로 떨어질 것임을 알고 있다. 하지만 어디에 떨어질지 정확한 위치는 알 수 없다. 만약 그 위치를 정확히 예측하려면 매우 어려운 물리학 방정식이 필요하다. 그러나, 일상사에서 정확한 위치를 알 필요는 없다. 펜이 바닥에 떨어진다는 것은 예측할 수 있지만 정확히 어디에 떨어질지는 예측할 필요가 없을 것이다."

이런 식으로 학습한 인공신경망을 동물들이 의존하는 세계모델에 적용해보자는 것이다. 르쿤은 기본적인 물체 인식을 할 수 있는 초기 버전의 세계모델을 개발했다. 이어 이런 세계모델이 상황을 예측할 수 있도록 학습시키고 있다. 그러나, 특정 신경망과 아울러 짝지을 여타 신경망인 컨피규레이터의 작동 문제가 여전히 남아 있다. 르쿤은 각각의 신경망이 뇌의 영역들과 유사하다고 설명했다. 예를 들어 컨피규레이터와 동물 뇌와 유사한 세계모델은 전전두피질prefrontal cortex의 기능을 모방하기 위한 것이다. 동기부여 모델은 편도체의 특정 기능에 상응한다.

범용 AI 구축, 즉 AGI 구축과 관련해 크게 두 개의 진영이 있다. 한쪽 진영에서는 규모가 더 큰 모델을 계속 만들다 보면 범용 AI에 가까워질 수 있다고 생각한다. 이러한 주장을 옹호하는 연구자들은 챗GPT(GPT-3.5)나 GPT-3, DALL-E 같은 대형언어모델이다.

다른 진영에서는 강화학습법을 주장한다. 신경망이 시행착오를 통해 학습하도록 하는 '강화학습reinforcement learning' 기법이다. 강화학습법은 딥마인드Deep Mind가 게임 플랫폼인알파고제로AlphaGoZero에 사용했던 방식이다.

르쿤은 이 두 가지 아이디어에 모두 반대한다. 그는 "현재 대형언어모델의 규모만 더 키우다 보면 결국에 인간과 비슷한 수준의 AI가 탄생할 것이라는 주장을 단 한 순간도 믿어본 적이 없다"고 밝혔다. 그는 강화학습에도 회의적이다. 강화학습 방식을 사용하려면 모델에게 간단한 작업만 학습시킨다고 해도 방대한 데이터가 필요하다.

강화학습을 옹호하는 딥마인드의 데이비드 실버David Silver는 르쿤이 제시한 견해에 긍정적이다. 그는 "그의 비전은 세계모델이 어떻게 구현되고 학습될 수 있는지 보여주는 흥미진진한 새 제안"이라고 평했다.

산타페연구소Santa Fe Institute의 AI 연구원 멜라니 미첼Melanie

Mitchell도 르쿤의 아이디어에 흥미를 보였다. 미첼은 대형언어모델이 정답이 아니라는 르쿤의 생각에 동의한다.

구글브레인Google Brain의 연구원 나타샤 자크스Natasha Jaques는 그래도 언어모델이 역할을 해야 한다고 주장한다. 그녀는 "대형언어모델이 매우 효과적이며 수많은 인간의 지식을 활용한다는 사실"이라고 했다. 그러면서 "언어가 없다면 얀이 제안하는 이 세계 모델을 어떻게 업데이트할 수 있겠는가?"라고 물었다.

자크스는 비판한다. 르쿤의 제안이 당장 실용적으로 적용될 수 있는 것이라기보다는 여전히 그냥 아이디어에 불과하다는 것이다. 미첼 역시 "르쿤의 아이디어를 바탕으로 빠른 시일 내에 인간 수준의 AI가 만들어질 가능성은 거의 없다"고 했다. 르쿤은 적어도 대형언어모델과 강화학습이 앞으로 사용할 수 있는 유일한 방법이 아니라는 점을 사람들에게 이해시키고자 했다.

7가지 키워드로 보는
AI의 미래

◆ ◆ ◆

    기술 진보는 끊임없이 움직이는 생명체와 같다. 첫째, AI의 발전은 기하급수적으로 가속화할 것이다. IT 기술의 발전 양상을 이야기할 때 흔히 사용하는 개념이 무어의 법칙이다. 반도체 회로의 트랜지스터 수가 1.5년마다 2배가 되는 것을 의미한다. 그러나 AI의 기술 발전의 속도는 무어의 법칙보다 5배에서 100배에 이를 것으로 보고 있다. AI 학습모델의 연산처리 능력이 매년 10배씩 성장하고 있어서 앞으로 이러한 기하급수적 성장은 지속될 것이다.

    둘째, 데이터 빅뱅 시대이다. 데이터는 AI 모델링을 위한 필수 재료다. 데이터 통계를 분석하는 데이터네버슬립Data Never Sleeps은 지난 4월 각종 애플리케이션 및 서비스를 통해 매 1분 동안 생산되는 데이터의 양을 제시했다. 유튜브는 1분에 500시간 분량의 동

출처 : Data never sleep, 2020

영상이 업로드되면서 수많은 데이터를 쏟아내고 있다. 페이스북에는 약 14만 7,000장의 사진이 업로드 되고 15만 개의 메시지가 공유되며, SNS 서비스인 왓츠앱WhatsApp에서도 1분에 약 4,100만 개의 메시지가 공유된다. 줌Zoom은 1분당 20만 명 이상이 회의차 접속하며, 틱톡TikTok은 2,704명이 애플리케이션을 설치하고 아마존은 1분에 6,659개의 상품이 출하되고 있다.(그림참조)

셋째로 AI 학습비용의 감소이다. 딥러닝과 같은 고도의 AI 모델은 우수한 성능을 제공하지만 비용이 만만찮다는 것이 단점이었다. 딥러닝 훈련을 위해 고난도의 하드웨어가 잘 준비되어야 하고

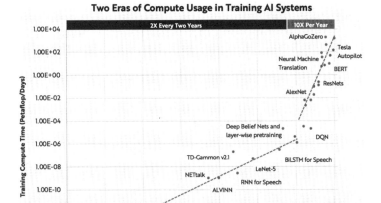

출처 : https://arkinv.st/2MUITyO.
지난 10년 간 AI 훈련 모델(ML, DL)에 투입된 컴퓨팅 리소스(데이터 등)는 폭발적으로 증가했다. 1960년부터 2010년까지 매 2년마다 두 배씩 늘어나 2009년부터 매년 10배씩 급증하고 있다. 기업 입장에서 보면 수익 창출의 경쟁 우위와 아울러 하드웨어 비용이 지속적으로 감소하고 있다.

방대한 데이터 학습에도 오랜 시간이 걸린다. 데이터를 준비하여 모델링을 진행하기 위하여 투입되는 인력도 많을 것이다. 하지만, 최근 GPU, TPU 등 하드웨어 기술이 발전하고 있고 보다 효율적인 데이터 처리 방식이 등장함에 따라 학습 비용은 지속 감소하고 있다.

넷째, 기술 간 결합이 가속될 것이다. AI는 다양한 기술과 호환되어 부가가치를 창출할 수 있다. 메타버스Metaverse와 AI의 융합이 가장 획기적이다. 메타버스는 가상, 초월을 뜻하는 메타Meta와 현실세계를 의미하는 유니버스Universe의 합성어로 가상과 현실이

Cost to Train a Neural Network (ResNet-50)

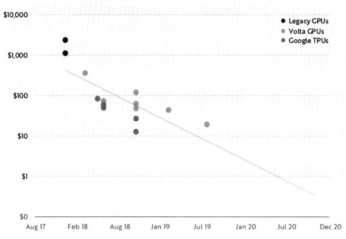

출처 : https://arkinv.st/2MUITyO.

AI를 학습시키는 비용이 무어의 법칙의 50배 속도로 값싸지고 있다. AI 훈련 비용이 매년 약 10배씩 감소했다. 2017년에 퍼블릭클라우드에서 ResNet-50 등 이미지 인식 네트워크를 훈련시키는 데 드는 비용은 약 1,000달러였다. 2019년 ~10달러선으로 떨어졌다. 현재는 1달러 이하로 떨어졌다. 예를 들어, 지난 2년 동안 10억 개의 이미지를 분류하는 데 드는 비용은 2017년 10,000달러에서 2021년 초 0.03달러로 떨어졌다.

상호작용하는 혼합 현실을 말한다. AI는 메타버스 내의 아바타를 사용자의 실제 모습과 유사하게 생성할 수 있고, 자연어처리 기반의 소통모델이 적용되어 사용자와 대화를 나눌 수 있도록 설계할 수 있다. 또한, 가상현실 속에서 사용자를 인지하여 맞춤 광고를 보여줄 수도 있다. AI는 이렇게 메타버스 세계를 지능화하는 데 핵심 역할을 할 것이다. 또한 블록체인과 결합하여 지능형 보안체계를 확립하거나, 가상화폐의 변동성을 예측하여 자산 안정성을 제고할 것이다. 4차 산업혁명 시기는 고도화된 신기술이 동시다발적으로 등장하는 시기이다. AI는 다른 기술들과의 결합을 통해 파괴적 혁신을 촉진할 것이다.

다섯째, 첨단 기술의 보편적 활용 시대가 열릴 것이다. 1990년 초 인터넷 초기, 인터넷 붐이 일어났을 때 많은 기업들은 웹서비스와 전자상거래를 도입했다. 하지만, 모두가 인터넷을 이용하는 상황에서 지금은 인터넷 자체가 차별화를 만들어내지 못한다. AI도 마찬가지다. 잠재성이 큰 만큼 많은 기업들이 이 기술을 도입할 것이고 시간이 지나면 점차 범용기술이 될 것이다.

여섯째, 기업들 사이에서 AI 통해 창출되는 임팩트의 격차가 점점 벌어질 것이다. AI를 도입했다고 동일하게 임팩트를 창출할 수 있는 것은 아니다. 실제 AI 도입 기업 중 소수만 AI가 작동하는 방법을 정확히 알고 이를 뚜렷한 가치 창출로 연결시키고 있다. 맥킨지 조사에 따르면 AI를 성공적으로 도입한 성숙 기업은 후발기업에 비해 3~4배 높은 영업이익을 거둘 것으로 나타났다. 여기에 해당되는 기업은 전체의 10% 정도이다. 반면 AI 도입했으나 아직 효과적으로 활용하지 못하는 미성숙 기업은 후발기업보다 1.8배 정도의 영업이익 효과를 내는 데 그친다. 즉, AI 도입으로 임팩트가 생길 수는 있지만, 얼마나 효과적으로 AI를 이용하느냐에 따라 임팩트 갭Impact gap이 생길 수 있다는 얘기다. 시간이 지남에 따라 이러한 임팩트 갭은 더욱 커질 전망이다.

일곱째, AI의 기술적 성능과 가성비는 더욱 향상될 것이고 기술 융합은 전 산업 영역으로 가속화될 것이다. 반면, 기술이 범용화 됨에 따라 AI 도입 자체의 이점은 점차 사라질 것이다. 앞으로는

얼마나 AI를 효과적으로 도입하여 임팩트를 많이 창출했는지에
따라 경쟁력의 차이가 벌어질 것이다. AI 기술을 유연하게 자사의
비즈니스에 흡수하고, 이를 통해 뚜렷한 임팩트를 창출할 전략을
갖는 게 중요하다.

AI 공유의 시대 "기적을 창출"

흔히 데이터를 AI 원료라 부르며 AI 모델 못지 않게 중요시 한
다. 소중한 데이터는 개인이나 기업에게 자산이다. 개인도 기업도
자신의 데이터를 공개하거나 공유하고 싶어하지 않는다. 개인은
사생활 보호를 위해 그렇고, 기업도 자사의 고객 데이터 공유는
법적으로 불가능하다. 사업적으로도 공유할 이유도 없다. 데이터
를 공유하라고 압박을 하면 오히려 질 낮은 데이터만 공개될 우려
가 있기 때문에, 데이터 공유 대신 AI 공유^{AI Sharing}를 해야 한다.

AI 공유란 AI 모델 공유를 의미한다. 데이터는 각 주체가 소유
및 유지하면서, 대신 AI 모델을 상호 공유한다. 이렇게 하면 성과
를 높이고 비용을 낮출 수 있다. 개인사업자, 소상공인, 중소기업
에 큰 이득이 된다.

개별 개발은 큰 문제이다. 각 회사가 자체 데이터를 가지고 AI
를 개발하는 것은 규모 큰 기업만 할 수 있어 중소기업과 영세상
인에게는 그림의 떡이다. AI 격차(AI 디바이드)가 발생하고, 독과점
빅테크 기업의 AI는 종속 문제를 일으키며, 정부 주도 데이터 댐

은 데이터 품질에 문제가 있다.

똑똑한 AI를 잘 만드는 방법론이 AI 모델 공유이다. 자기 데이터를 안전히 지키며 계속 고도화하는 AI를 가질 수 있는 것이 AI공유의 장점이다. 챗GPT는 스스로 학습하면서 점점 똑똑해질 것이다. 이 처럼 딥러닝 기반 AI는 경험할수록, 데이터가 많아질수록 더 똑똑해지기 때문이다. 예컨대 3개 병원의 데이터를 합치면 더 강력한 모델을 만들 수 있다. AI 공유를 구현해주는 기술이 연합학습Federated Learning이다. 2015년 구글이 처음 제안했다. AI 공유 아이디어는 누가 제일 처음 냈을까? 이 교수에 따르면 2016년 MIT테크놀로지뷰에 관련 논문(Privacy-Preserving Deep Learning)을 게재한 레자 쇼크리Reza Shokri와 비탈리 쉬마티코브Vitaly Shmatikov이다.

AI는 기적을 창출할 것이다. 이경전 경희대 교수는 한 세미나에서 EXAM을 소개했다. EXAM은 작년 10월 네이처 메디슨Nature Medicine에 보고된 코로나19 관련 최초 AI 공유 실험이다. 세계 4개 대륙에서 20개 의료 기관을 대상으로 코로나19 환자 데이터를 공유하지 않고 AI공유 방식으로 학습했더니, AI가 더 잘 작동하고 훨씬 더 좋은 결과를 얻었다는 것이다. 이는 AI를 시민에게 돌려줄 수 있는 방법이며, 기적을 창출하는 방법이다.

AI 공유가 의료 분야에만 적용되는 것이 아니다. 교통 흐름 예측을 위한 모빌리티 서비스, 기업 간 AI 공유, 금융 사기 방지를 위한 신용카드 회사 간 AI 공유, 스마트공장에서 용접 로봇 간 AI 공유, 개인건강 모니터링을 위한 AI 공유 등 다양한 사례가 개발

될 것이다. 내 데이터를 플랫폼이 가져가는게 아니라 오히려 플랫폼이 나에게 AI를 주면 그 AI를 활용해 내가 원하는 성과를 거둘 수 있다. 소상공인이 AI 공유 플랫폼에 참여하면 프랜차이즈 같은 거대 플랫폼이 아니더라도 사용자 중심 AI[UCAI]기반 추천 서비스로 새로운 고객을 끌어모을 수 있다.

그렇다면, 데이터 뭉치에서 개인 민감 정보를 포함하는 데이터는 어떻게 할까? 여기에는 '프라이빗 AI와 연합학습(페더레이티드 러닝)이 있다. 연합학습은 분산된 로컬 데이터를 모으거나 교환하지 않고, 대신 데이터를 보유하고 있는 여러 분산형 장치 또는 서버에서 한번 정제 작업을 거친 중간 값들을 보내 모델을 훈련시키면 가능하다. 분산 데이터를 한 곳에 모으려면 비용 문제가 발생하고, 원본 데이터를 전달하거나 공유할때는 프라이버시 누출 문제가 있는데 이 둘을 해결한 것이 연합학습이라는 것이다. 이 교수는 연합학습 알고리즘으로 FedSGD[Federated Stochastic Gradient Descent] 등을 소개했다. 연합학습은 질병 예측 같은 정밀 의료와 음악 추천 등의 스마트 시티 분야에 활용할 수 있다.다만 예컨대 연합학습을 스마트 시티에 활용할때 다수 장치를 사용하기 때문에 네트워크 통신이 느려지는 문제가 발생할 수 있는데, 이는 시스템 개선으로 해결할 수 있다.

인재개발에서 AI의 역할

International Data Corporation ^{IDC}은 2022년까지 전 세계 기업들이 인지 시스템과 AI 시스템에 776억달러를 투자할 것으로 예상했다. 다음 분야에서 가장 많은 투자가 예상된다.

- 자동화된 소비자 서비스 에이전트

- 자동화된 위험 정보 발굴와 방지 시스템

- 세일즈 프로세스의 권장과 반복적인 업무의 자동화

- 예방 작업의 자동화

- 의약품의 연구와 발명

- 소비자에 대한 쇼핑 조언 및 제품 추천

- 기업의 지식인을 위한 디지털 어시스턴트

- 지적인 데이터 처리의 자동화

기업의 이런 노력에도 관련 인재는 턱없이 부족하다. 인도에서는 혁신적인 AI 채용을 실행하고 있다. 교사의 질적 부족을 극복하기 위해 많은 학교에서 AI 도입으로 보완하고 있다. 예를 들면 아래와 같은 유형으로 인공지능을 학습에 활용하고 있다.

적응성을 길러주는 실행 알고리즘 Adaptive practice은 학생 개개인에게 각자의 학습 이력을 토대로 적절한 활동을 선택하고, 학생이 흥미를 가지고, 낙담하지 않고 다음 수준에 도달하도록 노력하는 데 충분한 기회를 제공한다. 개인에 맞춘 콘텐츠 personalised contents는 인공지능 교사가 과거 성적 데이터를 바탕으로 학생 각자의 학력에 맞는 콘텐츠를 제공한다. 거시적 진단 macro 진단은 인공지능 교사와의 개별 대화로 얻어진 과거의 성적 데이터를 기초로, 학생의 요구에 맞는 알고리즘을 예측한다.

오늘날 로봇은 인간과 지식을 공유하고, 코칭하며, 개개인별로 특화된 학습을 어드바이스하기도 한다. 특히 AI는 방대한 분량의 빅데이터를 처리하고, 어떤 사람에게는 어떤 유형의 학습을 필요로 하는지 등 통찰력을 지원하고 장래의 필요성도 예측해준다. 앞으로 AI는 보다 사회적이고, 감정적이며, 지적인 존재로 진화할 것이다. 하지만, 말로 표현할 수 없는 영역인 뉘앙스나 창조성, 공감 능력, 사랑 같은 인간의 정성적 작용을 대체하려면 아직 멀었다. 시간이 많이 걸릴 것이다. 현 AI기술 수준 단계에서 가장 가능성이 높은 것은, 인간의 뇌와 신체를 AI라는 기계로 보강하는 분야이다. 이는 생각만큼 그리 먼 미래의 것이 아닐 수 있다. 조만간 우리 앞에 시현될 것이다. AI와 인재개발은 이미 융합되고 있다. 농업에서 교통기관까지, 오락에서 의료 분야까지, 은행에서 소셜 미디어까지 AI는 그 범위를 크게 넓혀가고 있다. AI는 기본적으로 파괴적인 기술이다. 앞으로 인간이 만들어낸 모든 유형을 바꿀 것이다. AI는 특히 인재 개발에서 파괴적 혁신을 가져올 것이다. 모집에서 훈련, 급여에 이르기까지 AI는 직장이나 인재 개발 분야 전문가의 역할을 바꾸고 있다. 기업들은 현재 이런 변혁의 시대에 대비해야 살아남을 수 있다.

인공지능 어시스턴트의 채용

개인비서로 쓸 수 있는 디지털 퍼스널 어시스턴트의 상용화가 다가오고 있다. 어느 정도의 훈련이 필요할지 아직 불투명하다. 하지만, 약간의 노력과 인내만 있으면 즉시 보조적으로 간단한 업무를 맡길 수 있을 것이다. 이를 테면 시총 1위(2022년 1월 4조 달러)인 애플의 음성 어시스턴트 '시리'는 메일을 읽고 음성을 입력하며, 저녁 식사 예약도 가능하다. 음성으로 조작할 수 있는 간단한 인터페이스는 사실상 비서 역할을 수행할 수 있다. 사용자는 보다 복잡한 업무에 시간을 할애할 수 있다. 디지털 도우미 또는 개인 비서는 다음과 같은 일을 할 수 있다.

- 전자메일의 내용을 토대로 주요 회의 어젠다를 작성한다.

- 전자메일이나 문서를 교정한다.

- 복수의 달력을 사용하여 회의 일정표를 짜거나, 모든 관계자가 참여할 수 있는 시간대를 골라 초대장을 보낸다.

- 뉴스를 요약해서 읽어준다.

- 중요한 업무나 마감 날짜를 재강조한다.

- 주변 극장에서 상영되는 영화 정보 제공 및 입장권을 구입한다.

- 운동 및 수면 패턴을 추적하고 건강한 습관을 권장한다.

- 좋아하는 음악을 틀거나, 노래를 불러서, 당신의 날을 밝게 한다.

- 아침에 활기차게 안녕하세요 라고 인사하고, 커피메이커의 스위치를 켠다.

디지털 도우미 프로그램을 사용하여 다음과 같은 학습 보조업무를 맡길 수 있다.

- 클래스의 스케줄과 자율업무, 숙제, 평가 기일을 알림

- 연습 내용의 강화를 위한 복습 문제 제공

- 작업보조원이나 기타 퍼포먼스 지원을 위한 업무 지원 앱 제공(매뉴얼이나 대조표 등)

보조 작가(로봇라이터)의 활용

사실 매력적이고 정확한 콘텐츠는 사람만이 작성할 수 있다. 로

봇 작가는 몇 년 전부터 언론사나 온라인마케팅 기업에서 채용되고 있다. 현재 독자들은 인간의 손을 일절 빌리지 않고 쓰여진 뉴스 기사를 읽고 있을 가능성도 있다. AI프로그램을 최소 범위 내에서 기사작성에 정기적으로 사용하고 있는 주요 언론사는 몇 개 있다. 경제전문 잡지 포브스Forbs, 워싱턴포스트Washington Post, LA타임즈LosAngeles Times、AP통신 등이다.

AI는 경험이 풍부한 베테랑 기자로부터 기술을 배워 보다 유능한 역할을 할 수 있다. 저널리스트에게 꼭 필요하지만 시간이 걸리는 작업에는 AI를 동원할 수 있다. AI에게 맡길 수 있는 업무로는 데이터의 수집과 해석, 트렌드 포착, 정보원에 대한 검증 작업, 연락처 검색 등을 들 수 있다.

인터넷은 나날이 경이로운 성장을 거듭하고 데이터는 쏟아지고 있다. 학습 콘텐츠에 AI를 어느 정도 사용할 수 있을까. 인간이 따라갈 수 없을 정도로 초고속 개발이 진행되고 있다. AI는 성격상 쓸수록 좋아진다. 데이터 사이언티스트, 프로그래머, 인지과학자들은 AI의 힘을 바이러스 퇴치로 돌리기 위해 날마다 새로운 기술을 연마하고 있다. 이런 기술은 의료, 테크놀로지, 컴퓨터 사이언스, 의약품 등 분야의 진보로 이어지게 될 것이다. 결론적으로 팬데믹 이후의 세계는 AI에 의해 구동되는 세계가 될 가능성이 높다.

AI와 기업전략

인공지능 시대의 기업 전략

AI 시대가 열리고 있다. 이런 변환기야말로 발상 전환이 절실하다. 생명지능적인 전략을 시도해야한다. 기존 전략에서는 코스트 퍼포먼스(투입된 비용이나 노력에 대한 성과의 비율. 비용 대비 효과)를 기대할 수 없기 때문이다. 지금까지와는 다른 것을 시도해야 한다.

그러기 위해서는 새로운 평가 기준과 가치관을 여러 개 만드는 것이 좋다. 어떤 평가 기준을 어떤 비율로 도출할지는 생활과 환경에 맞게 각자가 도파민을 최대로 생성하는 쪽으로 해야할 것이다. 모두 일률적 기준을 설정할 필요는 없다. 목표 지향 사회의 다양성은 인종이나 성별의 상생뿐 아니라 다양한 평가 기준과 가치관의 공존이 필요하다. 어떻게 새로운 평가 기준을 만들거나, 또 어떻게 평가 기준을 선택하느냐에 확실한 논리가 있을 수 없다. 다만, 논리가 없다는 것은 인공지능적인 전략은 도움이 안된다는 의미다. 앞에서 설명했지만, AI는 룰이 불필요하다. 당연하지만 평가 기준과 가치관은 스스로 결정하지 않으면 안된다. 무수한 가능성 속에서 자신만의 세계를 만드는 것이다. 바로 의식 시스템이다. 다양성이 상실되는 사회는 AI 사회로 변질된다. AI가 사람의 일을 빼앗을 것이란 위기감이 회자되고 있다. 그러나, 이는 섣부른 걱정이다. 절대적인 평가 기준이 있는 경우에 한정된 얘기다. 사람이 스스로 평가기준을 결정한다면, AI가 사람을 석권할 수는 없을 것이다. 사람이 AI에 느끼는 위협은 좀비처럼 죽이고 사는 공포감인지도 모른다. 종합하면 AI가 가능한 것은 AI에 맡기고 낭비를 덜면 매우 효과적이다. 이것이 AI와 사람이 공존하는 유형, 다시 말해 AI는 도우미가 될 것이다. 거듭 정리해본다.

- 의식 세계를 만들기 때문에 처리 시간이 필요하다. 그러므로 필연적으로 시간 지연이 생긴다. 이런 대응책으로서 인간 뇌는 타임스탬프 방식을 채용했다.
- 의사와는 상관 없이 생각과 행동 프로그램은 이미 기동하고 있다.
- 인간 뇌는 병렬 정보처리를 발달시켰다. 그러나, 뇌에서 실시간 처리할 수 없는 정보도 유입된다. 이 대응책으로 일련의 연속적 정보처리의 의식 세계를 만들었다. 뇌 의식 세계에서 정보를 취사 선택하는 대신, 시간 축을 분명히 함으로써 인과성을 찾도록 했다.

- 종교 역할은 사회의 질서 유지에 있다. 교리는 시대와 함께 바뀐다.
- 인과성은 오감처럼 느끼는 것이다. 인과성이야말로 창조성의 원천이다.
- 과학도 종교도, 행복하고 즐겁게 살라는 요구에 맞는 기능적 설계의 솔루션이다.

바야흐로 AI-로봇 결합이 메타버스와 융합하는 시대로 접어들고 있다. 우려되는 것은 AI나 로봇 기술 자체가 아니다. 사람이나 사회 자체가 인공지능화하는 것이다. 인공지능화된 사람이 AI와 경쟁해서 이길 수는 없다. 또 인공지능화된 사람이 의식 시스템의 활용을 멈추는것, 즉 좀비화될 우려가 있다. 좀비를 다룬 영화를 보면, 무신경, 무감각, 무감정으로 행동하는 인간들로 묘사된다.

최근 실력을 인정받는 일본 노무라종합연구소 보고서에 따르면, 일본의 노동인구 가운데 49%가 AI나 로봇 등으로 대체될 전망이다. AI가 대신할 업무로는 사무원이나 접수, 점원, 운전기사, 공장 근로자, 수리기사 등이 거론되고 있다. 반면 인공지능에 의한 대체 가능성이 낮은 직업으로 교원, 의사, 조산사, 카운슬러, 연구자, 탤런트, 아티스트 등이 꼽혔다.

전자는 명확한 매뉴얼과 규칙이 있고 그에 따라 진행될 수 있지만, 후자 그룹은 정해진 매뉴얼이나 규칙으로는 대응할 수 없는 업무가 대부분이다. 예를 들면, 타인과의 커뮤니케이션, 예상치 못한 사태에 대한 대응, 시행착오 등이다. 커뮤니케이션이란, 자신 의식 세계와 상대방 의식 세계 사이의 정보 공유이다.

예상치 못한 상황에 자율적으로 대처하는 것은 인간으로서 가능한 일이다. 사람은 AI가 할 수 없는 일을 대신 해야할 경우가 더욱 많아질 것이다. 인공지능은 자동화, 생명지능은 자율화를 위해 일할 것이다. 자율화란 스스로 만드는 것이다. 즉 스스로 행동하거나 스스로 생각하는 것이 사람 뇌, 즉 생명지능이다.

고품질 AI가 갖춰야 할 것들

우선 데이터, 즉 지식의 뭉치에 관한 것이다. 여기에는 크게 여섯 가지를 들 수 있다.

첫째, 데이터의 최적화 과정에서 AI가 데이터 부족을 스스로 파악할 수 있도록 설계하는 것이다. 다시 말해, 늘 옳은 답변을 내놓도록 AI를 설계하기보다, 옳지 않은 답변을 내는 순간을 파악하도록 AI를 설계한다. AI 스스로 역량의 한계를 알아낼 수 있는 알고리즘을 구성한다. 마치 AI에게 '너 자신을 알라'라는 지혜를 주는 셈이다. AI 사용자들은 실시간으로 AI의 한계를 확인할 수는 없다. 기계 즉, 바보가 자신을 발견하도록 프로그래밍하는 것이다.

둘째, 인간-AI 인터페이스를 개선해야 한다. 사람의 뇌가 서로 견제하고 균형을 이루는 분리된 인지 메커니즘(논리, 서술, 감정)을 포함하고 있듯이, AI도 서로 다른 추론 아키텍처를 결합하도록 설계되어야 한다. 이와 유사한 머신러닝 프로그램이 일본 소니에서 출시됐다.

셋째, 분량^{volume}이다. 빅데이터는 먼저 방대한 분량이 중요하다. 통상 빅데이터는 날 것의 저밀도 비정형 데이터를 특징으로 한다. 트윗 데이터 피드, 웹페이지나 모바일 앱의 클릭 스트림, 센서 지원 장비 같은 알려지지 않은 값의 데이터가 여기에 해당된다. 데이터 양이 수십 테라바이트가 될 수 있다. 아니면 수백 페타바이트가 될 수 있다. 알고리즘에 입력하는 데이터가 많을수록 알고리즘은 더 깊이 학습하고 사용자의 행동을 더 효율적이고 더 정확하게 예측할 수 있다. 구글, 아마존, 넷플릭스 등 네트워크 플랫폼 대기업들은 이를 제대로 이용해 덩치를 키웠다. 웹사이트, 소비자 지원센터, 채팅봇, 소셜 미디어, e커머스 시스템 등이 생산하는 수많은 데이터를 꺼내어 가공한다. 데이터 과학자들은 페타바이트^{Petabyte} (1024 테라바이트^{terabytes}) or 또는 엑사바이트^{Exabyte} (1024 페타바이트, pairs)로 표기한다.

넷째, 속도^{velocity}이다. 속도는 데이터가 얼마나 빨리 수신 및 처리되는가를 나타낸다. 데이터는 모든 방면에서 쇄도하며, 속도는 날마다 빨라지고 있다. 빅데이터를 제대로 활용하기 위해서는 방대한 정보를분석하는 기술이 필요하다. 정보가 압도적인 초고속으로 입수되지 않으면 빅데이터 앱으로 기능할 수 없다. 일반적으로 데이터를 디스크에 입력하는 것보다 메모리로 직접 스트리밍할 때 속도가 빨라진다. 일부 인터넷 지원 스마트 제품은 거의 실시간으로 작동한다. 최근 선풍을 몰고 있는 챗GPT는 아직 새로운 데이터로 학습시키려면 상당한 시간이 소요된다. 초기 모델이기 때문이다.

다섯째, 다양성^{variety}이다. 전통적인 데이터 유형은 정형화되어 관계형 데이터베이스에 적합하다. 그러나, 이제는 빅데이터의 등장으로 인해 비정형 데이터가 대세이다. 텍스트, 오디오 및 비디오 같은 비정형 및 반정형 데이터 유형에서 의미를 도출하고 메타 데이터를 지원한다.

여섯째, 가치와^{value}과 정확성^{veracity}이다. AI에쓰일 데이터는 내재적 가치를 갖는다. 그러나, 데이터가 가치로 인식되기 전까지는 무용지물이다. 더 중요한 요소는 정확성이다. 데이터가 얼마나 진실하며 얼마나 신뢰할 수 있느냐의 문제이다. AI로 유익한 통찰을 얻기 위해서는 데이터의 정확성이 절대 필요하다. 데이터의 불확실성 정도는 데이터의 신빙성을 반영한다. IT 업계에서는 'GIGO'로 통한다. "Garbage in, garbage out (쓰레기를 넣으면 쓰레기가 나온다)" 이는 컴퓨터 프로그래밍, 데이터 분석과 교육 등에도 들어맞는다. 질 좋은 결과를 얻기 위해서는 질 좋은 인풋이 중요하다는 의미다.

소니는 지난 2022년 2월 9일 자체 개발한 AI 운전자 '그란투리스모 소피^{GT Sophy}'를 소개했다. 비디오 레이싱 게임 '그란투리스모 스포트' 경기에서 인간 챔피언을 이겼다. 그란투리스모는

1997년 출시돼 전 세계에 8000만개 이상 팔린 레이싱 게임이다. 대규모 e스포츠 대회도 열린다.

바둑이나 체스 같은 보드게임에서는 AI가 인간을 진작에 이겼지만, 레이싱 게임은 달랐다. 고속 레이싱 게임은 운전자가 급격한 코너링과 빠른 가속 구간 등 시시각각 변하는 상황에 즉각적으로 대처해야 한다. 다른 레이싱카와 충돌에도 대비하고, 주행 중 실격이 되지 않기 위한 경기 규칙도 숙지해야 한다. 실시간으로 순간적인 판단이 필요한 영역이라 AI 모델로는 인간을 앞서기가 매우 어렵다고 평가되었다.

그런데, 소니는 머신러닝 강화학습법을 고안해 AI 운전자인 그란투리스모 소피를 훈련시켰다. 특정 환경을 제시하고 AI가 목표를 달성했느냐에 따라 긍정적, 부정적 피드백을 주는 시행착오형 학습법이다. 소니는 게임 콘솔인 플레이스테이션 20대를 동시에 돌리며 열흘 동안 소피를 조련했다. 소피의 학습 과정은 과학저널 네이처 최신호에 게재됐다. 훈련을 마친 소피는 작년 7월과 10월 그란투리스모 e스포츠 챔피언들과 레이싱 대결을 펼쳐 가뿐히 승리했다. 챔피언팀(4명)과 AI팀(소피 4개)이 벌인 단체경기는 총 6경기 중 5번을 소피가 이겼다.

앞으로 소피에 적용된 AI 기술은 자율주행차와 로봇 분야에 탑재된다. 시행착오를 스스로 인지하는 피드백을 추가한 기술이다. 향후 AI는 이처럼 피드백을 장착한 특화된 제품으로 출시될 것이 분명하다.

AI가 가져올 일자리의 혁신

앞으로 AI챗봇은 화이트칼라 일자리를 위협할 수 있다. 시장조사 사업체 마케츠앤마케츠에 따르면 작년 869억달러(약 107조원)였던 전 세계 AI 시장 규모는 매년 36.2% 성장해 2027년엔 4070억달러(501조원)가 될 것으로 전망했다. 챗GPT 같은 AI가 늘면서 이를 구동하는 데 필수적인 GPU(그래픽처리장치)와 클라우드(가상서버)가 더욱 중요해질 것이다.

특히 교사, 금융 애널리스트, 낮은 수준의 코딩을 하는 엔지니어, 기자를 포함한 콘텐츠 크리에이터, 그래픽디자이너 등이 AI로 대체될 가능성 높은 직업군으로 꼽힌다. 뉴욕포스트는 "AI가 사무직 노동자를 대체하고 있다. 이미 늑대는 문 앞에 있다"고 전했다

챗GPT를 한국어에
적용하는 것은 시기상조

◆ ◆ ◆

'AI와 로봇의 융합' 챕터에서 데이터 규모의 차이, 즉 말뭉치의 능력이 AI 능력에 결정적 차이를 가져올 것이라고 앞에서 설명했다. 복기해보면, AI 챗봇에 사용할 수 있는 한국어 말뭉치 데이터 18억개는 턱없이 부족하다. 일본어 150억 개, 중국어 800억 개, 영어 3000억 개에 비해 턱없이 적은 수준이다. 이마저도 국립국어원이 최근 구축한 '모두의 말뭉치'이다. AI 챗봇에 쓸 수 있는 공공 데이터이다. 국립국어원의 18억개 말뭉치도 비속어 등 논란에 휘말린 나머지, 데이터를 전수 검토하여 수정하는 작업을 거치고 있다.

그럼에도 마이크로소프트^{MS} 창업자인 빌 게이츠는 "인터넷 발명만큼 중대한 사건"이라고 했다. 자신이 개발했으니 그렇게 말하겠지만, 필자 역시 조만간 인간 사회의 게임체인저가 될 것이라고

챗GPT

개발사	오픈AI
출시일	2022년 11월 30일
내용	대화형 AI 챗봇
일 사용자 수	1000만명
성능	미 의사면허시험 통과 수준
	로스쿨 졸업시험 평균 C+ 학점
자료=오픈AI, 업계	와튼스쿨 MBA 기말시험 B 학점 수준

챗GPT 같은 생성AI가 위협하는 직업군

그래픽 디자이너   금융 애널리스트   교사 등 교육가

기자 포함
콘텐츠 크리에이터   낮은 수준의
코딩 설계 엔지니어

세계 AI 시장 규모

36.2%
연평균 성장률

869억
2022년

4070억달러
2027년

출처 : 조선일보 2023년 2월 2일자 기사 내용

확신한다. 챗GPT는 인터넷에 나온 모든 지식을 통계해 나온 확률값을 언어로 표현한 것인데 조만간 영어 말뭉치 3000억 개는 몇 배로 확장할 것이다. 한국어 말뭉치도 영어 수준의 말뭉치 수준으로 확대될 것이다. 그러면 인간 사회 대부분 현존 문명은 AI가 알아서 분석 해석하고 미래를 예측할 것이다.

게이츠는 또한 "지금까지 AI는 읽고 쓸 수 있었지만 그 내용을 이해하지는 못했다"며 "챗GPT와 같은 새 프로그램은 청구서나 편지 쓰는 일을 도움으로써 수많은 사무실 업무를 보다 효율적으로 만들어줄 것"이라고 내다봤다.

게이츠는 "챗GPT와 같은 생성형 AI가 우리의 세상을 바꿀 것"이라며 "읽기와 쓰기 작업의 최적화가 어마어마한 영향을 줄 것"이라고 했다. 보건의료·교육 분야에서 특히 큰 효과가 나타날 것이다.